人工智能前沿实践丛书

深度学习和大模型原理与实践

常耀斌　王文惠　著

清华大学出版社
北京

内 容 简 介

本书是一本全面深入探讨深度学习领域的核心原理与应用实践的专业书籍。本书旨在为读者提供系统的学习路径，从深度学习的基础知识出发，逐步深入到复杂的大模型架构和算法实现。本书适合深度学习初学者、中级开发者以及对大模型有深入研究需求的专业人士。通过阅读本书，读者不仅能够掌握深度学习的理论基础，还能通过丰富的实战案例，提升解决实际问题的能力。

本书封面贴有清华大学出版社防伪标签，无标签者不得销售。
版权所有，侵权必究。举报：010-62782989，beiqinquan@tup.tsinghua.edu.cn。

图书在版编目（CIP）数据

深度学习和大模型原理与实践 / 常耀斌，王文惠著.
北京：清华大学出版社，2024.11. --（人工智能前沿实践丛书）. --ISBN 978-7-302-67541-9

Ⅰ. TP18
中国国家版本馆 CIP 数据核字第 2024DH7127 号

责任编辑：王秋阳
封面设计：秦　丽
版式设计：楠竹文化
责任校对：范文芳
责任印制：刘海龙

出版发行：清华大学出版社
网　　址：https://www.tup.com.cn，https://www.wqxuetang.com
地　　址：北京清华大学学研大厦 A 座　　邮　　编：100084
社 总 机：010-83470000　　邮　　购：010-62786544
投稿与读者服务：010-62776969，c-service@tup.tsinghua.edu.cn
质量反馈：010-62772015，zhiliang@tup.tsinghua.edu.cn
印 装 者：小森印刷霸州有限公司
经　　销：全国新华书店
开　　本：185mm×230mm　　印　张：22　　字　数：480 千字
版　　次：2024 年 11 月第 1 版　　印　次：2024 年 11 月第 1 次印刷
定　　价：119.00 元

产品编号：105016-01

前言
Preface

在这个信息爆炸、技术革新日新月异的时代，深度学习作为人工智能领域的重要分支，正引领着新一轮的技术革命。《深度学习和大模型原理与实践》一书，旨在为读者提供深度学习及其大模型技术的全面知识和实践应用的指南。

本书特色在于其深入浅出的理论知识讲解与丰富的实战案例分析。从深度学习的基础概念到复杂的神经网络架构，从 PyTorch 编程基础到前沿的 Transformer 模型，每一章节都旨在帮助读者构建扎实的理论基础，并提供实际操作的技巧和经验。

本书内容

第 1 章讨论了企业数字化转型如何推动 AI 技术的发展，涵盖了 AI 技术革命、机器学习、深度学习的核心思想，以及大语言模型的崛起和应用。

第 2 章介绍了 PyTorch 编程的基础知识，包括 NumPy 库的使用、Tensor 操作、自动求导机制，以及如何使用 GPU 加速神经网络的训练。

第 3 章深入讲解卷积神经网络的原理和结构，为读者提供了深度学习在图像识别等领域应用的理论基础。

第 4 章详细阐释了 Transformer 模型及其衍生模型 BERT 的原理和应用，探讨了自注意力机制和多头自注意力等关键技术。

第 5 章讨论了基于深度学习的推荐系统，通过实战代码展示了如何实现 DeepFM 等推荐模型。

第 6 章系统地介绍了 YOLO 目标检测模型的发展历程，从 YOLO V1 到 YOLO V8，为读者提供了目标检测技术的全面认识。

第 7 章专注于人脸识别技术，从 RetinaFace 到 ArcFace，为读者揭示了人脸识别技术背后的原理和实践。

第 8 章详解了 Swin Transformer 这一视觉大模型，探讨了其在计算机视觉领域的创新和应用。

第 9 章讨论了地图智能搜索算法，特别是 ERNIE 模型在文本匹配任务中的应用。

第 10 章作为本书的压轴，为读者提供了 ChatGPT 等 AI 大模型的知识，涵盖了预训练、模型原理及其应用场景。

适合读者

本书适合所有对深度学习和大模型技术感兴趣的读者，无论是在校大学生、研究人员，还是行业工程师和开发者，都能在本书中找到适合自己学习的内容。对前沿 AI 技术感兴趣的读者可以阅读我的博客 https://blog.csdn.net/Peter_Changyb，定期分享新技术。

致谢

本书在编写过程中得到了许多专家和同行的支持和宝贵意见。在此，我们向所有参与本书编写、审校和提供反馈的个人和团队表示衷心的感谢。

我们希望本书能够成为读者在深度学习和大模型技术领域的良师益友，帮助他们在理论与实践之间架起桥梁，探索人工智能的无限可能。

数字化转型引领 AI 技术革命（代引言）

在当今这个由数据驱动的时代，新一轮的 AI 技术革命正以前所未有的速度重塑我们的世界。这场变革的核心是企业数字化转型的深化，它不仅是技术层面的革新，更是一场深刻的思想和战略的转变。

数字化转型是指企业借助人工智能（artificial intelligence，AI）技术，改变其实现目标的方式、方法和规律，以增强企业自身的竞争力和创新能力，进而实现企业转型升级。在数字时代，企业需要将数字化技术应用于企业的各个领域和业务流程中，从数据采集、数据治理、数据建模、数据分析、数据应用、数据增值等数据全生命周期中实现数据的共享、融合、创新，从而提升企业的核心竞争力。

数字化转型可以提升企业的运营效率、减少人工和时间成本、优化客户服务与体验、提高企业的市场价值、增强企业的生存能力、提高企业的生产效率和资源利用率。数字化转型可以通过优化企业的客户服务和体验，来提升企业与客户之间的互动和信任度，从而增加客户的满意度和忠诚度。

数字化转型可以提升企业的核心竞争力，是指对企业拥有的独特的、长期性的、强有力的资源和能力，能够使其在竞争激烈的市场中具有优势，并以此获得相对于竞争对手更好的市场地位、更高的利润和更多的客户。

从资本市场的角度审视，值得投资的企业具备以下特征。
- ☑ 高竞争壁垒：具有强大的竞争优势，这是企业能在竞争中立于不败之地的保障。
- ☑ 行业市场规模较大：这是被资本青睐举足轻重的因素。
- ☑ 具有长期稳定的盈利能力：这是企业持续增长的基础。
- ☑ 具有卓越的管理团队：这是企业持续发展的核心，尤其是高管团队。

华为对数字化转型的定义，是通过新一代数字技术的深入运用，构建一个全感知、全联接、全场景、全智能的数字世界，进而优化再造物理世界的业务，对传统管理模式、业务模式、商业模式进行创新和重塑,实现业务成功。

新一代数字技术的核心就是 AI,从深度和广度来推动产业和场景的全面数字化、网络化、信息化和智能化的转型与升级。中国经济由高速增长阶段转向高质量发展阶段,智能经济会催生新的业态,重塑商业模式和消费需求。

在数字时代,企业数字化转型的核心驱动力如下。

(1) 创新业务能力。数字化转型本质上是在 AI 技术的驱动下,对业务、管理和商业模式的深度转型和重构,技术是支点,业务是核心。通过数字化支持企业转型,提升产品创新能力,实现收入增长。

(2) 提升产能效率。应用 AI 可以提高企业的效率,通过数字化转型优化内部组织,规范内部流程,明确岗位职责,促进企业健康发展,达到降本增效的目的。IT 建设要求企业建立包括业务、数据、应用、技术架构在内,对企业业务信息系统中的体系性、普遍性问题提供通用解决方案的企业架构。同时,基于业务导向和驱动的架构来理解、分析、设计、构建、集成、扩展、运行和管理信息系统。

(3) 提升产品和服务竞争力。在数字化转型的过程中,AI 的应用不是目的,转型的根本目的是提升产品和服务的竞争力,使企业获得更大的竞争优势。团队管理要求企业树立数字化转型的战略意识,从上至下建立数字化转型战略意识,领导要带头,重视数字化转型发展,并向下传递,让团队成员知道企业已经进入数字化的时代。同时,企业需要梳理现有资源,开展适当的人才培养和引进,以构建合适的团队。

企业数字化转型的首要任务是创新业务能力,创新的出发点是持续创造客户价值。

《价值》一书中谈到商业模式,它是指企业如何创造价值并获得收益的逻辑过程,它包括一系列的要素和组成部分,如价值主张、客户细分、分销渠道、客户关系、收入来源、关键资源和能力、关键业务、重要伙伴以及成本结构等。这些要素之间相互作用,共同构成企业的商业模式。一个好的商业模式,必须解决三个基本问题。

- ☑ 企业能为客户创造什么价值。
- ☑ 企业能为客户创造哪些独特服务。
- ☑ 企业如何持续获得合理利润。

以上三个基本问题概括说,就是如何持续创造独特的客户价值。

一般来说,是否能创造独特的客户价值,要具备四个判断标准:用户体验、团队、控制成本、效率提升。

用户体验,本质上是提升业务价值和战略输出问题。首先是抓定位,即产品给客户带来什么价值，解决了哪些客户刚需，客户购买产品的理由是什么。其次是定目标，即业务战略能解决哪些长期的客户痛点。最后是做决策，即如何升级产品线，如何提升客户价值，如何做路径选择。

团队，是企业发展的核心要素，也是核心竞争力。经营团队比管理团队更难，调动团队积极性是管理团队的本质，让团队有成长、有收获、有创新，最终能打胜仗，并持续业绩增长，才是经营团队的目标。

控制成本，是企业生存的基础，只有通过控制成本、提升毛利、增长业绩，才能提升企业的市场价值。运营效率低，是企业家和管理者面临的时代难题。站在数字时代审视，最佳解决方案是，通过数字化技术来提升效率，释放人力成本，提升管理效率，让企业在产品、体验和成本的三要素上达到最优匹配。

效率提升，是把数据转变为服务，贯穿业务流，打通组织壁垒，提升服务效率。数字经济作为一种新的经济型态，不仅承载核心技术（包括云计算、大数据、人工智能、物联网、区块链、移动互联网等），而且驱动效率提升（涵盖社会生产方式的改变和生产效率的提升）。比如，人脸识别技术的广泛应用，不仅提升了安检效率，而且建设了统一人脸库，让客户身份识别成为数字医疗的基础数据服务，让统一客户身份认证成为企业转型的数据资产。

总结，根据商业模式的四个判断标准，核心要解决的是用户体验问题，因为这是以客户为中心的战略要求，其他三个标准是企业经营管理问题。

因此，围绕企业经营的数字化转型，不仅要审视数字化转型愿景、聚焦商业模式、对准业务战略，更重要是提升用户体验，从明确客户的诉求、关注行业趋势、明察自身的能力出发，对标业界标杆的差距。在提升用户体验上，具体策略分解如下。

（1）夯实业务战略。

☑ 解读企业的"业务战略"和"商业模式"的变化。

☑ 识别企业的"新定位、新业务、新模式"。

☑ 思考企业的业务战略目标的实现路径，通过一系列变革项目来改变业务运作模式，支撑业务发展和商业成功。

（2）聚焦客户价值。

☑ 面向B端客户，企业更多采用直销或分销的方式。

☑ 面向C端客户，企业更多采用零售的方式。不同的销售模式，需要企业构建不同的数字化平台。

☑ 客户对体验需求的变化。瞄准客户与企业的交易界面，识别关键协同场景和触点，思考如何引入数字技术提升交易便利性和效率，进而提升客户体验和满意度。

在聚焦客户价值方面，华为主要与三类客户打交道，包括客户（运营商客户和政企客户）、消费者、伙伴，每一类客户都有不同的交互场景和体验要求，需要区别对待。针对每一类客户，要识别客户触点，畅想在这些触点上分别为客户实现什么样的 ROADS 体验。

华为将实现 ROADS 体验作为公司内部数字化转型的驱动力，在公司自身转型过程中加深对数字化的理解，积累能力来更好地服务客户，帮助运营商和其他企业客户提升用户体验，提升运营效率，持续创造客户价值。

☑ 实时：信息实时获取，即业务对用户需求进行快速响应，让用户零等待；企业内部流程快速流转，业务快速运作。

☑ 按需：按需定制，即让用户可以按照自己的实际需要定制各项服务，自由选择。

☑ 全在线：即让用户在线进行业务操作，实现资源全在线，服务全在线，协同全在线。

☑ 自助：用户可自助服务，即让用户拥有更多的自主权，提升用户的参与感。

☑ 社交：社交分享，即让用户可以协同交流、分享经验和使用心得，以增加用户归属感和黏性。

（3）重塑业务模式。

☑ 提炼业务价值流，然后通过价值流给出企业的业务全视图以及价值创造的过程。

☑ 梳理业务流程和业务卡点。确定流程和关键业务点，将调研结果与行业数字化转型的趋势及最佳实践进行对标，从一些关键业务指标中进一步分析与行业标杆的差距。

☑ 分阶段来调整解决方案：针对业务差距，思考是否可以通过引入数字技术和转变业务运作模式来加以改进。2021 年，Gartner 给出的技术组合调查研究结果表明，信息安全、数据分析、云平台服务和解决方案、流程自动化、用户体验、人工智能是企业最关注的前 6 位技术战略方向。

总之，企业数字化转型的核心驱动力是 AI 技术，它是新一轮科技革命和产业变革的重要驱动力量。实施数字化转型，首先，企业要建立优秀的商业模式，深入智能产业，降本增效，提升客户和业务价值，升级产业链条，最终夯实企业核心竞争力；其次，企业要借助 AI 技术，沉淀大数据，优化产业链，穿透业务线，贯穿经营全流程，以客户为中心，以价值为主线，建立企业技术壁垒。

目 录
Contents

第 1 章 从机器学习到大模型 ………………………………………………… 1

1.1　AI 的两次技术革命 ………………………………………………………… 1
1.2　AI 技术发展历程 …………………………………………………………… 3
1.3　机器学习是什么 ……………………………………………………………… 4
1.4　机器学习有哪些分支 ………………………………………………………… 5
1.5　什么是强化学习 ……………………………………………………………… 6
1.6　深度学习的核心思想 ………………………………………………………… 6
1.7　卷积神经网络 ………………………………………………………………… 11
1.8　生成式 AI 是如何发展起来的 ……………………………………………… 12
1.9　大语言模型 …………………………………………………………………… 13
1.10　是否所有大语言模型都是生成式 AI ……………………………………… 13
1.11　大语言模型 LLM 能干什么 ……………………………………………… 14
1.12　大语言模型的"大"是什么含义 ………………………………………… 14
1.13　大模型的核心技术 ………………………………………………………… 15
1.14　Transformer 背后的黑科技 ……………………………………………… 18
1.15　Transformer 演变了哪些成功的模型 …………………………………… 20
1.16　主流算法框架介绍 ………………………………………………………… 22
1.17　Transformer 模型的应用 ………………………………………………… 22

第 2 章 PyTorch 编程基础 …………………………………………………… 25

2.1　PyTorch 的卓越历程 ……………………………………………………… 25

- 2.2 PyTorch 的优点 ·············· 26
- 2.3 PyTorch 的使用场景 ·············· 27
- 2.4 NumPy 库的数组 ·············· 28
  - 2.4.1 创建数组 ·············· 28
  - 2.4.2 数组运算 ·············· 29
  - 2.4.3 索引 ·············· 30
  - 2.4.4 矩阵运算 ·············· 30
- 2.5 tensor 操作 ·············· 33
- 2.6 GPU 加速 ·············· 35
- 2.7 自动求导 ·············· 37
- 2.8 PyTorch 神经网络 ·············· 38
  - 2.8.1 继承 Module 类来构造模型 ·············· 38
  - 2.8.2 Sequential 类 ·············· 39
  - 2.8.3 ModuleList 类 ·············· 40
  - 2.8.4 ModuleDict 类 ·············· 41
  - 2.8.5 含模型参数的自定义层 ·············· 41
- 2.9 构建神经网络 ·············· 43
  - 2.9.1 DataLoader 介绍 ·············· 44
  - 2.9.2 自定义数据集 ·············· 45
  - 2.9.3 模型的保存和加载 ·············· 46
- 2.10 使用 GPU 加速 ·············· 47
  - 2.10.1 Tensor 在 CPU 和 GPU 之间转移 ·············· 48
  - 2.10.2 将模型转移到 GPU 上 ·············· 48
  - 2.10.3 使用 torchvision 进行图像操作 ·············· 48
  - 2.10.4 使用 TensorBoard 进行可视化 ·············· 50
- 2.11 PyTorch 实战案例 ·············· 51
  - 2.11.1 数据加载和预处理 ·············· 51
  - 2.11.2 定义网络模型 ·············· 52
  - 2.11.3 定义损失函数和优化器 ·············· 53
  - 2.11.4 训练网络 ·············· 53
  - 2.11.5 测试网络 ·············· 54

2.11.6　保存和加载模型 ·· 56

第3章　卷积神经网络 ·· 57

3.1　神经网络结构 ··· 57
3.2　感知机 ·· 59
3.3　前馈神经网络 ··· 60
3.4　学习率 ·· 62
3.5　激活函数 ·· 67
3.6　深度学习 ·· 72
3.7　卷积神经网络详解 ·· 73

第4章　Transformer ·· 83

4.1　Transformer原理 ··· 83
    4.1.1　背景 ··· 83
    4.1.2　模型架构 ··· 84
    4.1.3　位置编码器 ··· 86
    4.1.4　编码器 ··· 87
    4.1.5　自注意力机制 ··· 87
    4.1.6　多头自注意力 ··· 90
    4.1.7　基于位置的前馈网络 ··· 91
    4.1.8　残差连接和层规范化 ··· 92
    4.1.9　整合代码 ··· 93
    4.1.10　解码器 ··· 94
    4.1.11　输出部分 ··· 96
    4.1.12　整合代码 ··· 96
    4.1.13　读取数据集 ··· 98
    4.1.14　损失函数 ··· 104
    4.1.15　模型训练 ··· 105
    4.1.16　模型预测 ··· 109
    4.1.17　模型应用 ··· 110
4.2　BERT介绍 ·· 111

		4.2.1	BERT 架构	112
		4.2.2	预训练任务	115
		4.2.3	掩蔽语言模型	115
		4.2.4	下一个句子预测	117
		4.2.5	整合代码	118
		4.2.6	损失函数	119
		4.2.7	微调任务	120
	4.3	其他预训练模型		121
		4.3.1	模型应用之一：自然语言处理	121
		4.3.2	模型应用之二：语音识别	126
		4.3.3	模型应用之三：计算机视觉	129

第 5 章　基于深度学习的推荐　133

	5.1	基于行为的协同过滤	133
	5.2	基于深度学习的推荐	134
	5.3	基于 Pytorch 的 DeepFM 的完整实战代码	140
	5.4	模型训练代码实战	148

第 6 章　YOLO 目标检测　153

	6.1	什么是 YOLO		153
	6.2	YOLO V1		154
		6.2.1	YOLO V1 工作流程	154
		6.2.2	网络结构	156
		6.2.3	损失函数	158
		6.2.4	预测	165
		6.2.5	优点及局限性	165
	6.3	YOLO V2		166
		6.3.1	YOLO V2 的改进点	166
		6.3.2	YOLO V2 网络结构	168
		6.3.3	YOLO V2 训练策略	170
	6.4	YOLO V3		170

目录

　　　6.4.1　主干网络 … 171
　　　6.4.2　多尺度预测 … 172
　6.5　YOLO V4 … 173
　　　6.5.1　网络结构 … 173
　　　6.5.2　优化策略 … 177
　6.6　YOLO V5 … 180
　6.7　YOLO V8 … 182

第7章　人脸识别应用 … 183

　7.1　应用场景介绍 … 183
　7.2　人脸识别系统架构 … 183
　7.3　人脸检测模型：RetinaFace … 184
　　　7.3.1　模型 … 185
　　　7.3.2　主干网络 … 185
　　　7.3.3　特征金字塔网络 … 187
　　　7.3.4　上下文信息模块 … 189
　　　7.3.5　多检测头模块 … 192
　　　7.3.6　锚框 … 194
　7.4　训练模型 … 202
　　　7.4.1　数据集 … 202
　　　7.4.2　图像增广 … 204
　　　7.4.3　损失函数 … 209
　7.5　预测目标 … 216
　　　7.5.1　偏移量解码器 … 216
　　　7.5.2　非极大值抑制 … 218
　　　7.5.3　模型预测 … 220
　　　7.5.4　人脸对齐 … 224
　7.6　人脸识别模型 ArcFace … 226
　　　7.6.1　Softmax 损失函数 … 226
　　　7.6.2　Triplet 损失函数 … 227
　　　7.6.3　ArcFace 损失函数 … 227

7.7 应用实战 ·· 229

第 8 章 Swin Transformer 视觉大模型详解 ················· 236

8.1 Vision Transformer 如何工作 ··· 236
8.2 第一代 CV 大模型 Vision Transformer ······························ 237
8.3 ViT 模型架构 ··· 238
8.4 第二代 CV 大模型 Swin Transformer ································ 244
8.5 核心代码讲解 ··· 251

第 9 章 地图智能搜索算法应用 ····································· 284

9.1 产品介绍 ·· 284
9.2 文本匹配任务 ··· 287
9.3 ERNIE 简介 ··· 288
9.4 深度语义召回 ··· 291
9.5 深度语义相关性 ·· 310

第 10 章 AI 大模型与 ChatGPT ······································ 328

10.1 大模型发展的驱动力 ·· 328
10.2 语言模型的定义及作用 ··· 328
10.3 语言模型的发展历程 ·· 328
10.4 ChatGPT 是什么 ··· 329
10.5 预训练 ChatGPT 的步骤 ·· 330
10.6 ChatGPT 模型的基本原理 ·· 335

第1章
从机器学习到大模型

1.1 AI 的两次技术革命

今天,我们突然发现,AI 可以生成文字、图片、音频和视频等内容,而且让人难以分清背后的创作者到底是人类还是 AI。这些 AI 生成的内容被叫作 AIGC,它是 AI generated content,即 AI 生成内容的简写。像 ChatGPT 生成的文章、GitHub Copilot 生成的代码、Midjourney 生成的图片等,都属于 AIGC。而当 AIGC 这个词在国内火爆的同时,海外更流行的是另一个词 Generative AI,即生成式 AI。从字面上来看,生成式 AI 很好理解,其所生成的内容就是 AIGC。所以,ChatGPT、GitHub Copilot、Midjourney 等都属于生成式 AI。因为 AI 这个词在国内比生成式 AI 更加流行,所以很多语境下 AIGC 也被用于指代生成式 AI。

AIGC 主要有两种类型:一种是基于模板的自动化生成,另一种是基于深度学习技术的自动化生成。

首先,基于模板的自动化生成是一种较为简单的 AIGC 方法。其基本原理是先设计一个模板,然后填充模板中的空白部分以生成内容。这种方法的优点是生成的内容结构清晰、逻辑严谨,但缺点是生成的内容形式单一、难以与其他文章区分开来。

其次,基于深度学习技术的自动化生成则更加灵活,可以根据需求自由生成不同风格、不同主题的内容。与基于模板的自动化生成相比,基于深度学习技术的自动化生成能够更好地满足用户的需求,但也存在着一些问题,例如,生成的内容质量和可信度难以保证,需要经过人工编辑和审核。

迄今为止，AI 一共经历了两次革命性发展。

第一次是基于逻辑表示的"符号主义"，即知识驱动 AI，旨在模仿人类的推理和思考能力，如由 IBM 开发的"深蓝"计算机。知识驱动 AI 的推理过程完全基于人类的经验。由于缺乏数学基础，其推理仅限于数理逻辑等确定性推理，只能解决特定问题。

第二次是基于神经网络的"连接主义"，即数据驱动 AI，旨在利用统计方法将模型的输入数据转换为输出结果。数据驱动 AI 可以分为判别式、养成式以及生成式。

（1）判别式 AI 根据需求分辨内容与需求是否匹配，从已有的数据中判断出最符合要求的数据，主要适用于图像识别、推荐系统等，如 2016 年的 AlphaGo。

（2）养成式 AI 是 DeepMind 公司于 2022 年提出的，该 AI 模型具有类似人类婴孩的思维能力。当简单物理规则被打破时会表现出惊讶，可以对集中视频训练不同的对象和事件进行概括，并且还可以通过在一个相对较小的动画上集中训练，不断成长。

（3）生成式 AI 技术（简称 AIGC）是近年来人工智能领域的一个重要分支，可以通过对现有数据集的训练来生成全新的、完全原创的内容，主要适用于图像与自然语言生成。近年来，生成式 AI 技术获得了显著发展，2022 年以 ChatGPT 为代表的生成式 AI 技术的火爆在全球引起了一股新的 AI 热潮。由 2018 年的 GPT-1 发展到 2023 年的 GPT-4，大模型的参数（可学习的权重和偏置变量）已从初始的 1.17 亿增长到了 10 000 亿，训练数据也从 5 GB 增长到了 100 TB。GPT 模型参数量的提升，使得训练结果越来越精确，其突飞猛进的增长速度是惊人的。在两年的时间里，AI 模型规模增长了 25 倍，Transformer 模型（一种深度学习模型框架）更是增长了 275 倍。虽然大模型可以在数据中心进行训练，但其高算力、高效率、低成本的特点将推动其上云。

2024 年 4 月 17 日，在由量子位举办的中国 AIGC 产业峰会上，《中国 AIGC 应用全景报告》被发布。该报告提出，今年中国 AIGC 应用市场规模将达 200 亿元，2030 年达万亿规模，2024 年到 2028 年的年平均复合增长率将超 30%。报告分析，AIGC 产业投资正呈现方向性转移——模型层投融资的雪球效应明显，资源向头部企业聚集，潜在资本重点关注应用方向。其预测，2024 年中国 AI 资本市场将进一步向头部企业聚拢。中国 AIGC 行业市场规模增长，如图 1-1 所示。

总之，AI 的两次革命，涵盖了生成式 AI、监督学习、无监督学习、强化学习、深度学习、大语言模型、Transformer 等诸多经典算法，那么，这些算法到底都是为了解决哪些业务问题？

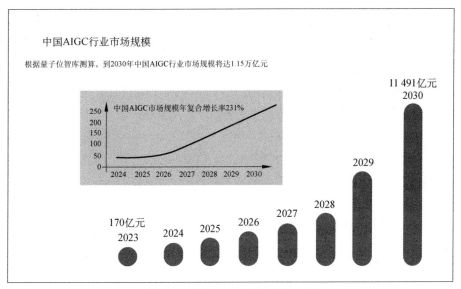

图 1-1 中国 AIGC 行业市场规模

接下来，我们从技术本质和原理出发，先认识 AI 这个大家族的背后技术驱动力。

1.2 AI 技术发展历程

AI 是计算机科学的一个分支学科，旨在让计算机系统去模拟人类的智能，从而解决问题和完成任务。早在 1956 年，AI 就被确立为一个学科领域，在此后数十年间经历过多轮低谷与繁荣。AI 是新一轮科技革命和产业变革的重要驱动力量，是研究、开发用于模拟、延伸和扩展人的智能的理论、方法、技术及应用系统的一门新的技术科学。AI 是智能学科重要的组成部分，它企图了解智能的实质，并生产出一种新的能以与人类智能相似的方式做出反应的智能机器。AI 是十分广泛的科学，包括机器人、语言识别、图像识别、自然语言处理、专家系统、机器学习、计算机视觉等。AI 发展经历了很多举足轻重的关键里程碑，如图 1-2 所示。

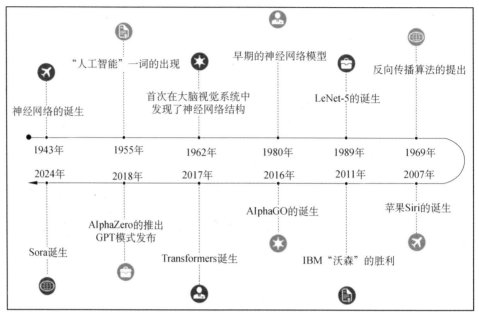

图 1-2　AI 发展历程里程碑

1.3　机器学习是什么

　　机器学习（machine learning，ML）是 AI 的一个子集，它的核心在于不需要人类做显示编程，而是让计算机通过算法自行学习和改进，去识别模式，做出预测和决策。什么是机器学习？如果我们通过代码告诉计算机，图片里有红色说明是玫瑰，图片里有橙色说明是向日葵，则程序对花种类的判断就是通过人类直接明确编写逻辑达成的，这不属于机器学习。如果我的计算机，有大量玫瑰和向日葵的图片，让计算机自行识别模式，总结规律，从而能对其没见过的图片进行预测和判断，这才是机器学习。

　　机器学习，是指从业务的历史数据中学习或者抽取数据规律，并利用数据规律对未知业务数据进行预测的方法，是人工智能的一个重要分支，传统的机器学习主要聚焦在如何学习一个预测模型。第一，将数据表示为一组特征（feature），特征的表示形式可以是连续的数值、离散的符号或其他形式。第二，将这些特征输入预测模型，并输出预测结果。机器学习，主要靠人工经验或特征转换方法来抽取特征，使用机器学习模型包含以下四步。

（1）数据预处理：对数据进行预处理，如去除噪声、在文本分类中抽取词条等。

（2）特征提取：从原始数据中提取一些有效的特征。如在图像分类中提取边缘、尺度、纹理等不变特征进行变换等。

（3）特征工程：对特征进行一定的加工和处理，如降维和升维。降维包括特征抽取和特征选择两种途径，常用的特征转换方法有主成分分析等。

（4）目标预测：机器学习的核心部分，就是学习一个方程，再进行预测。

1.4 机器学习有哪些分支

机器学习有多个分支，包括监督学习、无监督学习、强化学习。在监督学习中，机器学习算法会接受有标签的训练数据，标签就是期望的输出值，所以每个训练数据点都既包括输入特征，也包括期望的输出值。算法的目标是学习输入和输出之间的映射关系，从而在给定新的输入特征后，能够准确预测出相应的输出值。

监督学习（supervised learning）是机器学习中的一种训练方式，指利用一组已知类别的样本调整分类器的参数，使其达到所要求性能的过程。监督学习是从标记的训练数据来推断一个功能的机器学习任务。通俗讲，就是通过给定一个带"标签"的数据集来训练网络，从而得到一个最优的模型。在无人驾驶应用中，收集在不同路况下驾驶员的行为，并打标签进行模型训练，当新司机驾驶车辆时，根据不同路况来指导驾驶员的行为，让训练模型能支撑行为预测的能力。

监督学习主要解决两类问题：分类和回归。解决图像分类任务，用分类模型；解决预测类问题，用回归模型。例如，拿一些猫和狗的照片，与照片对应的猫狗标签进行训练，然后让模型根据没见过的照片预测是猫还是狗，这就属于分类。例如，拿一些房子特征的数据，如面积、卧室数、是否带阳台等与相应的房价作为标签进行训练。回归是让模型根据没见过的房子的特征预测房价是什么数值。无监督学习和监督学习不同，主要是其学习的数据是没有标签的，所以算法的任务是自主发现数据里的规律。无监督学习的任务包括聚类，就是把数据进行分组，例如，给出几篇新闻文章，让模型根据主题或内容的特征，自动把相似文章进行组织。

1.5 什么是强化学习

强化学习，是让模型在环境里采取行动，获得结果反馈，再从反馈里学习，从而能在一定情况下采取最佳行动来最大化奖励或最小化损失。例如，在训练小狗时，刚开始小狗会随心所欲地做出很多动作，但随着和训犬师的互动，小狗会发现某些动作能够获得零食，某些动作没有零食，某些动作甚至会遭受惩罚。通过观察动作和奖惩之间的联系，小狗的行为会逐渐接近训犬师的期望。这就是强化学习，可以应用在很多任务上，例如，让模型在下围棋时获得不同行动导致的奖励或损失反馈，从而在一局游戏里优化策略，学习如何采取行动得到高分。

1.6 深度学习的核心思想

1950 年，阿兰·图灵（Alan Turing）发表了一篇有着重要影响力的论文 *Computing Machinery and Intelligence*（《计算机器与智能》），讨论了创造一种"智能机器"的可能性。图灵测试是促使人工智能从哲学探讨到科学研究的一个重要因素，引导了人工智能的很多研究方向。

1956 年的达特茅斯（Dartmouth）会议，John McCarthy 提出了人工智能的定义：人工智能就是要让机器的行为看起来像是人所表现出的智能行为一样。John McCarthy 是图灵奖得主，是人工智能学科奠基人之一。

人工智能的主要领域分为以下三个方面。

- ☑ 感知能力模拟：研究对外部视觉和语音等进行感知和加工，包括语音信息处理和计算机视觉等。
- ☑ 学习能力模拟：研究如何从样例或与环境的交互中进行学习，包括监督学习、无监督学习和强化学习等。

☑ 认知能力的模拟：研究领域包括知识表示、自然语言理解、推理、规划、决策等。

人工智能技术在各行业发展前景广阔，引领了产业数字化革命，依托知识图谱及 AI 大模型，人工智能技术在企业数字化转型快速落地并持续发展，涵盖了主流 AI 智能识别、检测和推荐算法、自然语言处理和数据建模等典型实践。

在自动驾驶领域，人工智能技术实现了无人驾驶的智能汽车，集成人工智能、机器视觉、传感器和定位技术，实现了感知、规划和控制的三个阶段，其基本原理和工作流程如下。

（1）场景采集：机器视觉采集场景物体信息，进行实时的图像语义理解，以判断可行驶区域和目标障碍物。

（2）预测方向：通过视频等传感器预测每一个像素的运动速度和方向。

（3）目标检测：检测每一个目标车辆、行人和非机动车等物体。

（4）场景分析：进行场景标注和分割，实现全场景分析。

（5）定位技术：结合定位技术，在地图上展示位置。

在影像识别领域，人工智能技术集成了图像标注、图像检测、图像识别，提升了诊断效率。其基本原理和工作流程如下。

（1）基于卷积神经网络（convolutional neural network，CNN），CNN 获取输入图像的像素值，并通过卷积层、整流线性单元（RELU）层和池化层对其进行变换，以完成特征提取。

（2）输入全连接层，该层计算各分类的分数或概率，最高得分（或最高概率）者即为最后的分类结果。

在医学辅助诊断领域，通过人工智能技术集成了患者的病历档案、用药和诊疗方案，以综合推荐治疗方案，其基本原理和工作流程如下。

（1）通过医学智能问答、数字人就医助手、智能自由问诊、病历自动生成、AI 合理用药、智能化随访管理等，实现患者的全流程病程管理和客户画像。

（2）结合大量的诊疗方案和客户画像，借助 AI 的推荐技术，进行精准的辅助诊疗推荐；借助 AI 识别，助力患者就医体验以及临床医生、药剂师服务效率和质量的双向提升。

深度学习属于机器学习中的特殊类，是机器学习的一个分支，其核心在于：使用人工神经网络模仿人脑处理信息的方式，通过层次化的方法提取和表示数据的特征，专注于非结构化数据处理。神经网络由许多基本的计算和储存单元组成，这些单元被称为神经元。这些神经元通过层层连接来处理数据，由于深度学习模型通常有很多层，因此称为"深度"。例如，用计算机识别小猫的照片。在深度学习中，数据首先被传递到一个输入层，就像人类的眼睛看到图片一样。然后数据通过多个隐藏层，每一层都会对数据进行一些复杂的数学运算，来帮助计算机理解图片中的特征，如小猫的耳朵、眼睛等。最后计算机会输出一个答案，表明这是否是一张小猫的图片。神经网络可以用于监督学习、无监督学习、强化学习，所以深度学习不属于它们的子集。

深度神经网络是一种层次化的模型，由多个神经网络层组成。每个神经网络层由多个神经元组成，每个神经元接收上一层的输入并进行线性变换和非线性激活，输出给下一层。深度神经网络的训练依赖于反向传播算法（back-propagation），通过最小化损失函数来优化网络权重，使其能够更好地适应训练数据和测试数据。

Transformer 是一种基于自注意力机制（self-attention）的序列到序列（sequence-to-sequence，Seq2Seq）模型，用于处理序列数据，如自然语言文本。Transformer 模型由编码器和解码器组成，编码器将输入序列转换为上下文向量，解码器使用上下文向量生成输出序列。对于每个位置，Transformer 模型通过计算输入序列中所有位置的加权和来计算上下文向量。这种加权和的权重由自注意力机制计算得出，自注意力机制可以捕捉输入序列中不同位置之间的依赖关系。

深度神经网络通常需要对输入数据进行预处理和特征提取，以便网络能够更好地学习数据的表示。而在 Transformer 中，输入数据被转换为多头注意力机制的查询、键和值，这些查询、键和值可以被用来计算自注意力权重。深度神经网络和 Transformer 都可以用于自然语言处理任务，它们的性能和适用场景有所不同。深度神经网络在处理文本分类、情感分析和命名实体识别等任务上表现出色，而 Transformer 在机器翻译、文本生成和阅读理解等任务上表现出色。

深度学习是机器学习的一个特定领域，它利用人工神经网络模型进行学习和训练。深度学习模型由多个层次（称为神经网络的层）组成，每一层都会对输入数据进行变换和表示。这些网络层通过一系列的非线性转换将输入数据映射到输出结果。深度学习模型的核心是深度神经网络（deep neural network，DNN），它可以通过大量的标记数据进行训练，从而实现高度准确的预测和分类任务。

深度学习是革命性的技术成果，有力推动了计算机视觉、自然语言处理、语音识别、强化学习和统计建模的快速发展。

深度学习在计算机视觉领域发展突飞猛进，尤其是图像分类成绩斐然。2012 年，Alex 和 Hinton 在 ImageNet 大规模图像识别竞赛 ILSVRC 中夺冠，以 83.6%的 Top5 精度，超过传统的计算机视觉计算的 74.2%，深度学习开始发力，卷积神经网络一战成名。2013 年，ImageNet 大规模图像识别竞赛的冠军成绩达到 88.8%。2014 年，VGG 网络战绩达到 92.7%，GoogLeNet 网络战绩达到 93.3%。2015 年，在 1000 类的图像识别中，微软提出的残差网（ResNet）以 96.43%的 Top5 正确率，达到了超过人类 94.9%的水平。

深度学习在图像检测方面聚焦在如何把物体用矩形框准确圈起来。自 2014 年以来，检测平均精度 MAP 经历了多次升级迭代，包括 R-CNN 的 53.3%、Fast R-CNN 的 68.4%、Faster R-CNN 的 75.9%、 Faster R-CNN 结合残差网（Resnet-101）的 83.8%精度、YOLO 的 52.7%、SSD 的 75.1%。

深度学习在自然语言处理技术上发展前景广阔，技术架构包含了文本预处理和清洗、词嵌入和表示学习、语法分析和句法树、命名实体识别、情感分析、机器翻译以及问答系统等关键步骤。通过这些技术，计算机能够更好地理解和处理人类语言，为我们提供更智能化、便捷化的服务和体验。

深度学习在 AI 大模型的落地应用上，由"数据、算法、算力"演变为"场景、产品、算力"。从技术架构上看，Transformer 架构是 AI 大模型领域主流的算法架构基础，形成了 GPT 和 BERT 两条主要的技术路线，其中 BERT 最有名的是谷歌的 AlphaGo。在 GPT3.0 发布后，GPT 逐渐成为大模型的主流路线。目前，几乎所有参数规模超过千亿的大型语言模型都采取 GPT 模式，如百度的文心一言，阿里的通义千问等。从模态支持上看，AI 大模型可分为自然语言处理大模型，CV 大模型、科学计算大模型等。AI 大模型支持的模态更加多样，从支持文本、图片、图像、语音单一模态下的单一任务，逐渐发展为支持多种模态下的多种任务。从应用领域上看，大模型可分为通用大模型和行业大模型两种。通用大模型是具有强大泛化能力的，ChatGPT、华为的盘古都是通用大模型。行业大模型则是利用行业知识对大模型进行微调，让 AI 完成"专业教育"，以满足不同领域的需求，如金融领域的 BloombergGPT、百度携手中国航天发布的大模型"航天-百度文心大模型"等。

总结，深度学习的工程实践，具体步骤如下。

（1）理解业务痛点和核心价值分析，如人脸识别中，必须要解决实体检测的需求。

（2）不同神经网络组合后的模型的数学原理，这是模型评估和优化的基础知识。

（3）拟合复杂和深层模型的优化算法，这是提升模型的准确率的关键环节。

（4）工程实践中的技术调优，通过容器自动分配应用的计算资源和算法效率。

从企业架构讲，AI 平台的工程建设包括五层，如图 1-3 所示。

- ☑ 数据源层：只有完全掌握数据源的结构和规律，才能真正理解业务的痛点和核心价值，不仅要理解行业的数据地图，包括电信、医疗、健康和保险等数据，而且要划分结构化、非结构化和半结构化等多模态数据类型。
- ☑ 数据预处理层：除了包括结构化数据标签化、非结构化数据的标注处理，还达成了训练集、验证集和测试集的不断治理和优化。数据预处理还包括基于数据主题、业务规则的处理。
- ☑ 模型训练层：包括基础算法框架和模型评估，尤其是深度学习在图像上的应用，结合 GPU 硬件处理速度、以计算图为核心的算法框架，可以快速从历史数据中自动学习有效的、多维的特征表示。同时，通过多层的特征转换，把原始数据变成更高层次、更抽象的表示，用这些学习到的表示来替代人工的"特征工程"，是历史性的技术突破。
- ☑ 工程部署：需要一套体系化的工程级别的部署方案，可以保证工程的可靠性和可扩展性。
- ☑ AI 引擎：本书侧重主流的 AI 技术在企业级的应用，包括个性化方案推荐、人脸识别、智能问答、文本识别等核心应用，让读者能深入浅出，理解 AI 技术的原理并能应用到工程实践中。

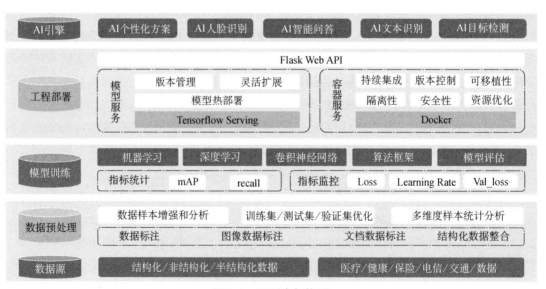

图 1-3 AI 平台架构图

1.7 卷积神经网络

卷积神经网络是深度学习的杰出代表，作为深度学习中的一种重要网络结构，其具有自动提取特征和高效分类的能力。随着深度学习技术的发展，CNN 在计算机视觉、自然语言处理、语音识别等领域取得了显著的成果。

那么，卷积神经网络为什么是革命性的网络模型呢？

深度学习，是从数据中自动学习有效的特征表示，它通过多层的特征转换，把原始数据变成更高层次、更抽象的表示，目的是把这些学习到的表示替代人工设计的特征，从而避免"特征工程"。深度学习采用的模型主要是神经网络模型，原因是神经网络模型使用的是误差反向传播算法，可以有效解决贡献颗粒问题。

人脑神经系统是一个非常复杂的组织，包含近百亿个神经元，每个神经元有上千个突触和其他神经元相连接。神经元分为细胞体和细胞突起，赫布理论指出：当神经元 A 的一个轴突和神经元 B 很近，足以对它产生影响，并且持续地、重复地参与了对神经元 B 的兴奋点的刺激，那么这两个神经元或其中之一会发生某种生长过程或新陈代谢变化，以致神经元 A 作为能使神经元 B 兴奋的细胞之一，它的效能加强了。人工神经网络模拟人脑神经网络，用节点替代人工神经元，进行互相连接，不同节点之间的连接被赋予了不同的权重，每个权重代表了一个节点对另一个节点的影响大小，每个节点代表一种特定函数。

人工神经元网络是由大量神经元连接而构成的自适应非线性系统，这个自适应就是不断调整权重到最优，使得网络的预测效果最佳。神经元的个数越多越好吗？实际上，有利有弊，可以分类或者预测复杂数据，但是容易造成过拟合，过拟合就是泛化能力不足，对非训练数据的噪声拟合能力弱。

在 20 世纪 80 年代，Fukushima 在感受野概念的基础之上提出了神经认知机的概念，可以看作卷积神经网络的第一个实现网络，神经认知机将一个视觉模式分解成许多子模式（特征），然后进入分层递阶式相连的特征平面进行处理，它试图将视觉系统模型化，使其能够在即使物体有位移或轻微变形的时候，也能完成识别。

CNN 是多层感知机的变种，由生物学家休博尔和维瑟尔在早期关于猫视觉皮层的研究发展而来。视觉皮层的细胞存在一个复杂的构造，这些细胞对视觉输入空间的子区域非常敏感，我们称之为感受野，以这种方式平铺覆盖到整个视野区域。

CNN 由纽约大学的 Yann LeCun 于 1998 年提出。CNN 本质上是一个多层感知机，其成功的关键在于它所采用的"稀疏连接"和"权值共享"的方式，一方面减少了权值的数量使得网络易于优化，另一方面降低了过拟合的风险。

目前的 CNN 一般是由卷积层、汇聚层和全连接层交叉堆叠而成的前馈神经网络，使用反向传播算法进行训练，卷积神经网络有三个结构上的特性：局部连接，权重共享以及汇聚。这些特性使得卷积神经网络具有一定程度上的平移、缩放和旋转不变性。和前馈神经网络相比，卷积神经网络的参数更少。卷积神经网络主要应用在图像和视频分析的各种任务上，如图像分类、人脸识别、物体识别、图像分割等，其准确率一般也远远超出了其他的神经网络模型。

1.8 生成式 AI 是如何发展起来的

生成式 AI 是深度学习的一种应用，它利用神经网络来识别现有的模式和结构，学习生成新的内容，内容形式可以是文本、图片、音频。而大语言模型（large language model，LLM），也是深度学习的一种应用，专门用于进行自然语言处理任务。

生成式 AI 的原理主要基于深度学习技术和神经网络。其基本原理是，通过训练模型来学习从输入到输出的映射关系。这种映射关系通常由一组权重和偏置参数来定义，这些参数是通过优化损失函数来获得的。通过调整这些参数，模型可以逐渐改进其预测和生成结果的能力。

生成式 AI 的神经网络通常采用前馈神经网络（feedforward neural network，FFNN）或循环神经网络（recurrent neural network，RNN）。在前馈神经网络中，信息从输入层逐层传递到输出层，每个神经元只与前一层的神经元相连。而在循环神经网络中，信息在同一个网络中循环传递，每个神经元可以与自身的多个输出相连。这两种网络结构都可以用于生成式 AI，但它们的应用场景有所不同。

生成式 AI 的优点在于，它可以高效地生成大量有意义的内容，如文章、图像、音频等。此外，它还可以根据用户的个性化需求，生成符合用户兴趣和需求的内容。但是，生成式

AI 也存在一些缺点，如它可能会出现语法错误、语义错误等问题，而且它生成的内容可能缺乏创新性和独特性。

2024 年 2 月 16 日，OpenAI 发布了"文生视频"（text-to-video）的大模型工具 Sora（利用自然语言描述生成视频）。这个消息一经发出，全球主流社交媒体平台以及整个世界都再次被 OpenAI 震撼了。AI 视频的高度一下子被 Sora 拉高了，要知道 Runway Pika 等文生视频工具，都还在突破视频时长几秒内的连贯性，而 Sora 已经可以直接生成长达 60 秒的一镜到底视频，目前 Sora 还没有正式发布，就已经能达到这个效果。

1.9 大语言模型

大语言模型里面的"大"字说明了模型的参数量非常大，可能有数十亿个甚至到万亿个，而且大模型在训练过程中也需要海量文本数据集，所以能更好地理解自然语言以及生成高质量的文本。大语言模型的例子有非常多，如国外的 GPT、LLaMA，国内的 ERNIE、ChatGLM 等，都可以进行文本的理解和生成。以 GPT3 这个模型为例，它会根据输入 prompt（提示词，简单来说，就是告诉 Chatgpt 它需要做什么，类似程序员编程。但不同之处在于，你只需要输入纯文本，ChatGPT 会尽可能地理解你的意思，并完成你提出的任务）以及前面生成过的词，通过概率计算逐步生成下一个词或 token（标记，是指将输入文本分解为更小的单位，如单词、字母或字符。在自然语言处理中，将文本分解为标记有助于模型理解语义和语法结构。当一个 prompt 被发送给 GPT 时，它会被分解成多个 token，这个过程被称为 tokenier。一般情况下，对于英文单词，四个字符表示一个 token。对于 ChatGPT3.5 来说，它最开始支持的 token 最大值是 4096）来输出文本序列。

1.10 是否所有大语言模型都是生成式 AI

不是所有的生成式 AI 都是大语言模型，而所有的大语言模型是否都是生成式 AI，这也存在些许争议。生成图像的扩散模型（如 Sora）就不是大语言模型，它并不输出文本。因为有些大语言模型其架构特点不适合进行文本生成。谷歌的 BERT 就是一个例子，它的参数量和训练数据很大，属于大语言模型。应用方面，BERT 理解上下文的能力很强，因此被谷歌用在搜索上，用来提高搜索排名和信息摘录的准确性。它也被用于情感分析、文本分类等任务。但同时其不擅长文本生成，特别是连贯的长文本生成，所以普遍认为此类模型不属于生成式 AI 的范畴。

1.11 大语言模型 LLM 能干什么

2022 年 10 月 30 日，OpenAI 发布 ChatGPT，一跃成为当下最快达到 100 万用户的线上产品，也带动大语言模型成为了当下热点，更多 AI 聊天助手，如雨后春笋一般出现在大家的视野里。大语言模型，是用于做自然语言相关任务的深度学习模型，可以模拟一些文本内容输入，它能返回相应的输出，完成的具体任务可以是生成、分类、总结、改写等。大语言模型首先需要通过大量文本进行无监督学习。以 GPT3 为例，它的训练数据有多个互联网文本语料库，覆盖线上书籍、新闻文章、科学论文、维基百科、社交媒体帖子等。接受海量的训练文本数据，模型能更多了解单词与上下文之间的关系，从而更好地理解文本的含义，并形成更准确的预测。

1.12 大语言模型的"大"是什么含义

大语言模型的"大"，指的不仅是训练数据巨大，而是参数数量巨大。参数是模型内部的变量，可以理解为是模型在训练过程中学到的知识。参数决定了模型如何对输入数据做出反应，从而决定模型的行为。在过去的语言模型研究中发现，用更多的数据和算力来训练具有更多参数的模型，很多时候能带来更好的模型表现。这就需要 AI 学习。例如，做蛋糕，一是只允许 AI 调整面粉、糖和蛋的量；二是可允许 AI 调整面粉、糖和蛋、奶油、牛奶、苏打粉、可可粉的量，以及烤箱的时长和温度。因为后者可以调整的变量更多，更能让 AI 模仿做出更好吃的蛋糕。随着参数的增加，AI 甚至有能力做出别的品类，创造一些全新的食品。所以，如今语言模型的参数数量可能是曾经的数万倍甚至数百万倍。

以 Open AI 的第一个大模型 GPT1 为例，它有 1.17 亿个参数，到了 GPT2，参数有 15 亿个，而 GPT3 参数增长到了 1750 亿个。大模型不像小模型那样局限于单项或某几项任务，而是具有更加广泛的能力。比如在这之前，我们可能要训练单独的模型，分别去做总结、分类、提取等任务，但现在一个大模型就可以完成这一切。像 GPT Cloud、文心一言、通义千问等 AI 聊天助手，都是基于大语言模型的应用。

1.13 大模型的核心技术

大语言模型的技术发展里程碑，其实要回溯到 2017 年 6 月，谷歌团队发表论文 *Attention is all you need*，提出了 transformer 架构，至此，自然语言处理的发展方向被革命性地颠覆了。随后，出现了一系列基于 transformer 架构的模型，2018 年 OpenAI 发布 GPT1.0，谷歌发布 BERT，2019 年 OpenAI 发布了 GPT2.0，百度发布 ERNIE1.0 等。所以，大语言模型的发展早就如火如荼了。

为什么 Transformer 模型是集大成者，能一统江湖？

GPT 直接向公众开放，而且能让用户在网页上用对话的方式进行交互体验，很流畅，大众的目光才被 GPT（Generative Pre-trained Transformer，生成式预训练）吸引过去，Transformer 是其中的关键。所以，要了解大语言模型，必须了解 Transformer。在 Transformer 架构被提出之前，语言模型的主流架构主要是循环神经网络，其按照顺序逐字处理每一步，输出取决于先前的隐藏状态和当前的输入，要等上一个步骤完成后，才能进行当前的计算。因此，无法完成并行计算，训练效率低，而且 RNN 不擅长处理长序列，因为难以捕捉长距离依赖性的语义关系。之后，为了捕捉长距离依赖性，也出现了 RNN 的改良版本，就是 LSTM（Long short-term memory，长短期记忆网络），但是这也并没有解决传统并行计算的问题，而且在处理非常长的序列时依然受到限制。

如今，Transformer 横空出世了，它有能力学习输入序列里所有词的相关性和上下文，不会受到短时记忆的影响。能做到这一点的关键，在于 Transformer 的自注意力机制。也正如论文标题所说，Attention is all you need，注意力就是你所需要的一切。具体分析如下。

1. 来历

在自然语言处理任务中，往往需要对句子进行编码表示，以便被后续任务使用。传统的序列模型，如 RNN 和 LSTM，能够在某种程度上解决这个问题，但是由于序列模型的特殊结构，使得其难以并行计算，并且在处理长文本时，性能下降明显。因此，Google 提出了一种全新的模型——Transformer。

2. 模型结构

Transformer 模型是基于 Self-Attention 机制构建的。Self-Attention 机制是一种能够计算序列中不同位置之间关系的方法。在 Transformer 中，每个输入经过 Embedding 层后，被分为多个子序列，每个子序列经过多层 Self-Attention 和全连接层，最终通过一个线性变换得到输出。

具体而言，Transformer 模型包含两个部分：编码器和解码器。编码器主要负责将输入序列转化为一个定长的向量表示，解码器则将这个向量解码为输出序列。

在编码器中，每一层包括两个子层：Multi-Head Attention 和全连接层。Multi-Head Attention 层将输入序列中的每个位置都作为查询（Q）、键（K）和值（V），计算出每个位置和所有位置之间的注意力分布，得到一个加权和表示该位置的上下文信息。全连接层则对该上下文信息进行前向传播，得到该层的输出。

在解码器中，除了编码器中的 Multi-Head Attention 和全连接层，还增加了一个 Masked Multi-Head Attention 层。该层和编码器中的 Multi-Head Attention 类似，但是在计算注意力分布时，只考虑该位置之前的位置，从而避免了在解码器中使用未来信息的问题。

3. 模型训练

Transformer 模型的训练过程通常使用最大似然估计（maximum likelihood estimation，MLE）来完成，即对于给定的输入序列，模型预测输出序列的概率，并最大化其概率值。同时，为了避免过拟合，通常还会加入正则化项，如 L2 正则化等。

Transformer 的自注意力机制是干什么的？

简单来说，Transformer 在处理每个词的时候，不仅会注意这个词本身以及它附近的词，还会去注意输入序列里所有的词，每个词都有不一样的注意力权重。权重是模型在训练过程中通过大量文本逐渐学习到的，因此，Transformer 有能力知道当前这个词和其他词之间的相关性有多强，然后去专注于输入里真正重要的部分。即使两个词的位置隔得很远，Transformer 依然可以捕获他们之间的依赖关系。

举例：给出一个句子，使用一些关键词，如 animal 和 street，来描述 it 到底指代什么。

以上题目写出了一些关键词（如 animal 和 street）作为提示，其中这些给出的关键词就可以看作 key，而整个文本信息就相当于 query，脑子里浮现的答案信息是 value，默认是 street。Transformer 分析句子的指代关系，如图 1-4 所示。

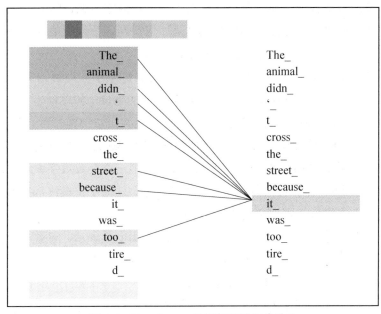

图 1-4　Transformer 分析句子的指代关系

第一次看到这段文本后，脑子里浮现的信息就只有这些提示信息，此时，key 与 value = street 基本是相同的。

第二次进行深入理解后，脑子里想起来的东西原来越多，对 query 这一个句子，提取关键信息 tired 进行关联，这就是注意力作用的过程，通过这个过程，最终我们脑子里的 value 发生了变化，变成了 animal。

总结一下，一般注意力机制，是使用不同于给定文本的关键词表示它。而自注意力机制，需要用给定文本自身来表达自己，也就是说你需要从给定文本中抽取关键词来表述它，相当于对文本自身的一次特征提取。

1.14　Transformer 背后的黑科技

　　Transformer 的目标是通过预测出现概率最高的下一个词，来实现文本生成，这种效果有点像搜索引擎的自动补全功能。每当我们输入一个新的字或词，输入框就开始预测后面的文本，概率越高的排在越上面。但模型具体是如何得到各个词出现的概率呢？有两个核心部分组成，编码器 Encoder 和解码器 Decoder。

　　（1）转换为计算机可以计算的向量 token。中文的每个字被理解为文本的一个基本单位，翻译成不同的 token，是指将输入文本分解为更小的单位，如单词、字母或字符。在自然语言处理中，将文本分解为标记有助于模型理解语义和语法结构。当一个 prompt 被发送给 GPT 时，它会被分解成多个 token，这个过程被称为 tokenier。短单词可能每个词是一个 token，长单词可能被拆成多个 token。每个 token 会被用一个整数数字表示，这个数字被叫作 token ID。这是因为，计算机内部是无法储存文字的，任何字符最终都用数字来表示。有了数字表示的输入文本后，再把它传入嵌入层。

　　（2）Embedding 嵌入层。其作用是让每个 token 都用向量表示，向量可以被简单的看作一串数字。假设把向量长度简化为 1～521，实际向量长度可以非常长。为什么要用一串数字表示 token？重要原因是，一串数字能表达的含义是大于一个数字的，而且它能包含更多语法、语义信息等。这就好比人的画像，如果只有男人和女人这两个属性，则太少维度的描述，需要增加籍贯、身高、爱好和专业等维度，才能更好地刻画人的特征。多个数字就是多个特征，我们就可以进行更多维度的表示特征。嵌入层的向量里面包含了词汇之间的语法、语义等关系。向量长度到底可以多长呢？在 transformer 论文里，向量长度是 512，GPT3 里设置为 12 288，可以想象能包含多少信息。

　　（3）位置编码。Transformer 的一项关键机制是位置编码。在语言里，文字顺序很重要，即使句子里包含的字都是一样的，但顺序不一样也能导致意思大相迳庭。这就是为什么自然语言处理领域会用序列这个词，因为它表示一系列按照特定顺序排序的元素。前面提到，

RNN 和人类阅读文本一样，对输入序列同样是按顺序依次处理，这就造成了训练速度的瓶颈，因为只能串行，没办法并行，也就是没法同时去学习所有信息。Transformer 把词输入给神经网络前，除了会先对词进行嵌入转换成向量，也就是把词用一串数字表示，它还会把每个词在句子中的位置也各用一串数字表示，并将其添加到输入序列的表示中，然后把这个结果给神经网络，模型既可以理解每个词的意义，又能够捕获词在句子中的位置，从而理解不同词之间的顺序关系。借助位置编码，可以不按顺序输入给 Transformer 模型，可以同时处理输入序列里的所有位置，而不需要像 RNN 那样依次处理。那么，在计算时每个输出都可以独立计算，不需要等待其他位置的计算，结果就大大提高了训练速度。训练速度加快，训练出巨大的模型也不是这么难了。位置编码就是把表示各个词在文本里顺序的向量和上一步得到词向量相加，然后把得到的结果传给编码器。这样做的意义是，模型既可以理解每个词的意义，又能够捕捉词在句子中的位置，从而理解不同词之间的顺序关系。

（4）编码器。它的主要任务是把输入转换成一种更抽象的表示形式，这种表示形式也是向量表示的一串数字，里面既保留了输入文本的词汇信息和顺序关系，也捕捉了语法语义上的关键特征。捕捉关键特征的核心是编码器的自注意力机制。模型在处理每个词的时候，不仅会关注这个词本身和它附近的词，还会关注序列中其他的词。自注意力机制通过计算每对词之间的相关性，来决定注意力权重。实际执行中，Transformer 使用了多头注意力机制，也就是编码器不只有一个注意力机制模块，每个头都有自己的注意力权重，用来关注文本里的不同特征或方面，如有的关注动词、有的关注修饰词、有的关注情感、有的关注病理实体等。而且各模块之间可以做并行运算，也就是计算进展上互不影响。例如，我们想测试部门中谁与谁的关系最近。先对部门中的每个成员进行个体画像，再总结关系最近的人是谁。这个可以分组进行，第一组（第一个头）按照个人信息进行关联；第二组（第二个头）按照大家的项目经验关联；第三组（第三个头）按照个人职业规划进行关联。通过多组并行打分操作，可以很快发现个体之间的关系。每个自注意力头的权重，都是模型在之前的训练过程中，通过大量文本逐渐学习和调整的。在多头注意力机制后面，还有一个前馈神经网络，它会对输出进行进一步的增强表达。

（5）解码器。它是大语言模型生成词的关键。通过前面的编码器，我们有了输入序列里各个 token 的抽象表示，可以把它传给解码器。解码器会先接收一个特殊值，这个值表示输出序列的开头。这样做的原因是，解码器不仅会把来自编码器的输入序列的抽象表示作为输入，还会把之前已经生成的作为输入，来保持输出的连贯性和上下文相关性。因为刚开始还没有任何已生成的文本，所以把表示开头的特殊值先作为输入。具体的生成过程仍然要经过多个步骤。首先，和编码器一样，文本要经过嵌入层和位置编码，然后被输入进多头自注意力层，但它和编码器里的多头自注意力层却不一样。当编码器在处理各个词的时候，会关注输入序列里所有其他词，但解码器的自注意力机制只会关注这个词和它前面的其他词，后面的词要被遮住而不去关注。这样做是为了确保解码器生成文本时遵循正确的时间顺序，不能先让它偷看后面的词，在预测下一个词时，只是用前面的词作为上下文。这种类型的多头注意力机制被叫作带掩码的多头注意力机制。另外的一个注意力机制，会捕捉编码器的输出和解码器即将生成的输出之间的对应关系，从而将原始输入序列的信息融合到输出序列的生成过程中。解码器里的前馈神经网络作用和编码器里的类似，也是通过额外的计算，来增强模型的表达能力。最后，和编码器一样，解码器同样是多个堆叠到一起的，这可以增加模型的性能，有助于处理复杂的输入输出关系。解码器的最后阶段，包含了一个线性和一个 softmax 层，其作用是，把解码器输出的表示转化为词汇表的概率分布，这个词汇表的概率分布代表下一次被生成 token 的概率，一般来说，模型会选择概率最高的 token 作为下一个输出。因此，解码器就是预测下一个输出的 token，与 GPT 的功能类似。

1.15 Transformer 演变了哪些成功的模型

Transformer 演变出了多种具有影响力的模型。

第一个是仅编码器模型，也叫自编码器模型。如 BERT，让模型猜文本里被遮住的词是什么，让模型判断文本情感是积极还是消极。目标是理解语言的任务。

第二个是仅解码器模型，也叫自回归模型。如 GPT2 和 GPT3，通过预测下一个词来预测文本生成。

第三个是编码器和解码器模型，也叫序列到序列模型。如 T5 和 BART，一个序列转换为另外一个序列，目标是翻译和总结。

在人工智能自然语言处理领域，transformer 是大语言模型的基础。Transformers 最初被用于机器翻译领域，但是现在已经逐渐取代了主流 NLP 中的 RNNs。该架构采用了一种全新的表示学习方法，它完全抛弃了递归的方法，Transformers 使用注意力机制构建每个词的特征，从而找出句子中所有其他单词对上述单词的重要性。如今的大火 ChatGPT 中的 T 指的就是 transformer。transformer 基于自注意力机制，由编码器（encoder）和解码器（decoder）组成。它可以说是一个完全基于自注意力机制的模型，不依赖于 CNN、RNN 等模型，但可以做并行计算，相比 LSTM 更好地解决了长距离依赖问题，综合了 RNN 和 LSTM 的优点。RNN 可以并行计算，但无法解决长时依赖问题；LSTM 在一定程度上能解决长距离依赖问题，但距离太长的还是不行。在 sequence to sequence 机器翻译任务中，一般采用的是基于 CNN 或 RNN 的 encoder-decoder 框架，在 encoder 和 decoder 之间使用 attention 机制进行语义信息的连接，但这存在着一些问题。

论文 attention is all you need 提出的 transformer 做的就是这件事。它在机器翻译任务上，遵循 encoder-decoder 框架，不使用 CNN/RNN，完全使用 attention 机制来捕捉输入和输出序列之间的全局依赖，允许并行化，训练时间短，取得的翻译效果好。Transformer 不仅设计了多头自注意力机制（multi-head self-attentiom），而且结合了 CNN、RNN 的优点，一是 CNN 的多通道机制（从多个角度去提取数据特征）和并行计算能力；二是 RNN 理论上的长时依赖建模能力（捕捉长距离的语义关联）。为了对序列的词序 order 进行建模，引入了位置编码 position embedding。

下面介绍 Transformer 的三类模型架构，如表 1-1 所示。

表 1-1 Transformer 的三种模型架构

模型架构	代表模型	具体用途	训练方式
encoder	ALBERT、BERT、DistilBERT、ELECTRA、RoBERTa	"编码器"模型最适合需要理解完整句子的任务，它的作用就是将现实问题转化为数学问题	这些模型的预训练通常围绕着以某种方式破坏给定的句子（例如，通过随机遮盖其中的单词），并让模型寻找或重建给定的句子
decoder	CTRL、GPT、GPT-2、Transformer XL	作用是求解数学问题，并转化为现实世界的解决方案	"解码器"模型的预训练通常围绕预测句子中的下一个单词进行
encoder-decoder	BART、T5、Marian、mBART	核心思路是将现实问题转化为数学问题，通过求解数学问题，从而解决现实问题	这些模型的预训练，可以使用训练编码器或解码器模型的方式来完成，但通常涉及更复杂的内容。例如，T5 通过将文本的随机跨度（可以包含多个单词）替换为单个特殊单词来进行预训练，目标是预测该掩码单词替换的文本

1.16 主流算法框架介绍

在深度学习中，一般通过误差反向传播算法来进行参数调整，由于深度学习模型需要的计算资源比较多，一般需要借助 GPU 进行训练，使用 CPU 开发的难度较大，项目工程上必须用 GPU 来训练模型，因此一些支持自动梯度计算、实现 CPU 和 GPU 切换等功能的深度学习框架就应运而生，主流框架包括 Theano、Caffe、TensorFlow、PyTorch 和 MXNet。

- ☑ Theano 框架：由蒙特利尔大学开发的 Python 工具包，本项目目前已停止维护，用来高效地定义、优化和计算张量数据的数学表达式。
- ☑ Caffe 框架：由加州大学伯克利分校主导的卷积神经网络的计算框架，主要用于计算机视觉。Caffe 用 C++ 和 Python 实现，但可以通过配置文件来实现所要的网络结构，不需要编码。Caffe2 已经被集成到 PyTorch 框架中。
- ☑ TensorFlow 框架：由 Google 公司开发的深度学习框架，可以兼容 CPU 或者 GPU 的设备上运行，TensorFlow 的计算过程使用数据流图来表示。TensorFlow 的名字来源于其计算过程中的操作对象为多维数组，即张量（Tensor）。TensorFlow 1.0 版本采用静态计算图，2.0 版本之后也支持动态计算图。
- ☑ PyTorch 框架：由 Facebook、NVIDIA、Twitter 等公司开发维护的深度学习框架。PyTorch 是基于动态计算图的框架，在需要动态改变神经网络结构的任务中有着明显的优势。
- ☑ MXNet 框架：由亚马逊、华盛顿大学和卡内基·梅隆大学等开发维护的深度学习框架。MXNet 支持混合使用符号和命令式编程来最大化提高效率和生产率，并可以有效地扩展到多个 GPU 和多台机器上。

1.17 Transformer 模型的应用

Transformer 模型已经在自然语言处理领域得到了广泛应用，包括机器翻译、文本分类、问答系统等。下面将分别介绍这些应用场景。

1. 机器翻译

在机器翻译中，Transformer 模型主要用于将源语言文本转化为目标语言文本。具体而言，输入序列为源语言文本，输出序列为目标语言文本。Transformer 模型通过编码器将源语言文本转化为一个定长向量表示，然后通过解码器将该向量表示解码为目标语言文本。其中，编码器和解码器均使用 self-attention 机制，可以有效地捕捉输入文本的语义信息，从而提高翻译质量。

2. 文本分类

在文本分类中，Transformer 模型主要用于将文本转化为向量表示，并使用该向量表示进行分类。具体而言，输入序列为文本，输出为文本所属类别。Transformer 模型通过编码器将文本转化为一个定长向量表示，然后通过全连接层将该向量表示映射到类别空间。由于 Transformer 模型具有处理长文本的优势，因此在处理自然语言任务时，取得了很好的效果。

3. 问答系统

在问答系统中，Transformer 模型主要用于对问题和答案进行匹配，从而提供答案。具体而言，输入序列为问题和答案，输出为问题和答案之间的匹配分数。Transformer 模型通过编码器将问题和答案分别转化为向量表示，然后通过 multi-head attention 层计算问题和答案之间的注意力分布，最终得到匹配分数。

4. BERT

BERT（bidirectional encoder representations from transformers）是由 Google 在 2018 年提出的一种预训练模型，其基于 Transformer 编码器构建。BERT 模型通过预训练的方式，学习并得到文本的上下文信息，从而在各种自然语言处理任务中取得了领先的效果。与传统的基于标签的监督学习不同，BERT 模型采用无监督的方式进行预训练，即在大规模未标注的语料库上进行训练。

预训练过程包括两个阶段，分别是掩蔽语言模型（masked language model，MLM）和下一句预测（next sentence prediction，NSP）。MLM 是一种通过掩盖输入文本中的一些单词来预测缺失单词的任务。例如，给定一句话"我想去看电影，但我没带（[MASK]）钱"，MLM 任务就是预测中括号中应该填写什么单词。NSP 是一种判断两个文本是否具有逻辑关系的任务。例如，给定一对文本（"你是谁？""我是谁？"），NSP 任务就是判断这两个文本是否具有逻辑关系。

5. GPT-2

GPT-2（Generative Pre-trained Transformer 2）是由 OpenAI 在 2019 年提出的一种预训练模型，其基于 Transformer 解码器构建。GPT-2 模型通过预训练的方式，学习并得到文本的上下文信息，从而可以生成连贯、自然的文本。与 BERT 模型不同，GPT-2 模型采用单向的方式进行预训练，即仅利用前文的信息预测后文的信息。

GPT-2 模型在生成文本方面取得了很好的效果，在多项自然语言处理任务中均取得了领先的效果。例如，在阅读理解任务中，GPT-2 模型的效果超过了人类的表现水平。同时，GPT-2 模型也引起了一定的争议，因为它可以生成非常逼真的假新闻和虚假内容。

6. text-to-text transfer transformer

text-to-text transfer transformer（T5）是由 Google 在 2020 年提出的一种预训练模型，其基于 Transformer 编码器-解码器构建。T5 模型的特点在于，它可以将所有的自然语言处理任务都转化为文本到文本的转化任务，从而可以用相同的方式进行训练和推理。具体而言，输入序列和输出序列都是文本，模型的任务就是将输入序列转化为输出序列。

T5 模型在多项自然语言处理任务中取得了领先的效果。例如，文本分类、机器翻译、语言推理等。同时，T5 模型也启发了一些新的研究方向，例如，将视觉任务转化为文本任务、将程序生成任务转化为文本任务等。

Transformer 模型作为一种新兴的深度学习模型，在自然语言处理领域中得到了广泛的应用。其强大的上下文信息处理能力，使得 Transformer 模型在自然语言生成、文本分类、语义理解等任务中表现出色。在 Transformer 模型的基础上，BERT、GPT-2、T5 等预训练模型不断涌现，取得了越来越好的效果。

同时，Transformer 模型也存在一些问题。例如，计算复杂度高、需要大量的训练数据等。针对这些问题，研究者们提出了一些改进的方案，如 BERT 模型中的小批量随机掩码（masked）和预测，以及 GPT-2 模型中的 top-k 随机采样等。这些改进措施不仅可以提高模型的效率和准确性，也使得 Transformer 模型更加适合实际应用场景。

总之，Transformer 模型在自然语言处理领域中的应用前景广阔，未来还有很大的发展空间。随着研究的深入和技术的进步，Transformer 模型一定会在自然语言处理领域中发挥越来越重要的作用。

第 2 章
PyTorch 编程基础

2.1 PyTorch 的卓越历程

PyTorch 是一个由 Facebook 的人工智能研究团队开发的开源深度学习框架。在 2016 年发布后，PyTorch 很快就因其易用性、灵活性和强大的功能而在科研社区中广受欢迎。下面我们将详细介绍 PyTorch 的发展历程。

在 2016 年，Facebook 的 AI 研究团队（FAIR）公开了 PyTorch，其旨在提供一个快速、灵活且动态的深度学习框架。PyTorch 的设计哲学与 Python 的设计哲学非常相似，易读性和简洁性优于隐式的复杂性。PyTorch 是用 Python 语言编写的，是 Python 的一种扩展，这使得其更易于学习和使用。

PyTorch 在设计上最突出的优点就是选择动态计算图（dynamic computation graph，DCG）作为其核心。动态计算图与其他框架（如 TensorFlow 和 Theano）中的静态计算图有着本质的区别，它允许我们在程序运行时改变计算图。这使得 PyTorch 在处理复杂模型时更具灵活性，并且对于研究人员来说，其更易于理解和调试。

在 2019 年，PyTorch 发布了 1.0 版本，引入了一些重要的新功能，包括支持 ONNX、一个新的分布式包以及对 C++ 的前端支持等。这些功能使得 PyTorch 在工业界的应用更加广泛。

在 2021 年，PyTorch 已经成为全球最流行的深度学习框架之一。其在 GitHub 上的星标数量超过了 50k，从最新的研究论文到大规模的工业应用，被落地在各行各业的 AI 项目中。

综上，PyTorch 的发展历程是一部充满创新和挑战的历史，它从一个科研项目发展成为全球最流行的深度学习框架之一。

2.2 PyTorch 的优点

PyTorch 不仅是最受欢迎的深度学习框架之一，而且也是最强大的深度学习框架之一。它有许多独特的优点，使其在学术界和工业界都受到广泛的关注和使用。接下来我们就来详细地探讨一下 PyTorch 的优点。

1. 动态计算图

PyTorch 最突出的优点之一，就是它使用了动态计算图，与 TensorFlow 和其他框架使用的静态计算图不同。动态计算图允许你在程序运行时更改图的行为。这使得 PyTorch 非常灵活，在处理不确定性或复杂性场景时具有优势，因此非常适合研究和原型设计。

2. 易用性

PyTorch 被设计成易于理解和使用。其 API 设计的直观性使得学习和使用 PyTorch 成为一件非常愉快的事情。此外，由于 PyTorch 与 Python 的深度集成，它在 Python 程序员中非常受欢迎。

3. 易于调试

由于 PyTorch 的动态性和 Python 性质，调试 PyTorch 程序变得相当直接。你可以使用 Python 的标准调试工具，如 PDB 或 PyCharm，直接查看每个操作的结果和中间变量的状态。

4. 强大的社区支持

PyTorch 的社区非常活跃，在其官方论坛、GitHub、Stack Overflow 等平台上有大量的 PyTorch 用户和开发者，你可以从中找到大量的资源和获得帮助。

5. 广泛的预训练模型

PyTorch 提供了大量的预训练模型，包括但不限于 ResNet、VGG、Inception、SqueezeNet、EfficientNet 等。这些预训练模型可以帮助你快速开始新的项目。

6. 高效的 GPU 利用

PyTorch 可以非常高效地利用 NVIDIA 的 CUDA 库来进行 GPU 计算。同时，它还支持分布式计算，让你可以在多个 GPU 或服务器上训练模型。

综上所述，PyTorch 因其易用性、灵活性、丰富的功能以及强大的社区支持，在深度学习领域中备受欢迎。

2.3 PyTorch 的使用场景

PyTorch 的强大功能和灵活性使其在许多深度学习应用场景中都能够发挥重要作用，以下是 PyTorch 在各种应用中的一些典型用例。

1. 计算机视觉

在计算机视觉方面，PyTorch 提供了许多预训练模型（如 ResNet、VGG、Inception 等）和工具（如 TorchVision），可以用于图像分类、物体检测、语义分割和图像生成等任务。这些预训练模型和工具大大简化了开发计算机视觉应用的过程。

2. 自然语言处理

在自然语言处理领域，PyTorch 的动态计算图特性使得其非常适合处理变长输入，这对于许多自然语言处理任务来说是非常重要的。同时，PyTorch 也提供了一系列的自然语言处理工具和预训练模型（如 Transformer、BERT 等），可以帮助我们处理文本分类、情感分析、命名实体识别、机器翻译和问答系统等任务。

3. 生成对抗网络

生成对抗网络是一种强大的深度学习模型，被广泛应用于图像生成、图像到图像的转换、样式迁移和数据增强等任务。PyTorch 的灵活性使得其非常适合开发和训练 GAN 模型。

4. 强化学习

强化学习是一种学习方法，其中智能体通过与环境的交互来学习如何执行任务。PyTorch 的动态计算图和易于使用的 API 使得其在实现强化学习算法时表现出极高的效率。

5. 时序数据分析

在处理时序数据的任务中，如语音识别、时间序列预测等，PyTorch 的动态计算图为处理可变长度的序列数据提供了便利。同时，PyTorch 提供了包括 RNN、LSTM、GRU（gated recurrent unit，门控循环单元）在内的各种循环神经网络模型。

总结，PyTorch 凭借其强大的功能和极高的灵活性，在许多深度学习的应用场景中都能够发挥重要作用。无论你是在研究新的深度学习模型，还是在开发实际的深度学习应用，PyTorch 都能够提供强大的支持。

2.4 NumPy 库的数组

NumPy 是 Python 语言的一个扩展程序库，支持大量的维度数组与矩阵运算，此外也针对数组运算提供大量的数学函数库。NumPy 是一个运行速度非常快的数学库，主要用于数组计算，包含以下内容。
- ☑ 一个强大的 N 维数组对象 ndarray。
- ☑ 广播功能函数。
- ☑ 整合 C/C++/Fortran 代码的工具。
- ☑ 具有线性代数、傅里叶变换、随机数生成等功能。

2.4.1 创建数组

我们可以通过传递一个 Python 列表并使用 np.array()来创建 NumPy 数组（极大可能是多维数组）。Python 创建的数组，如图 2-1 所示。

图 2-1 创建数组

通常我们希望 NumPy 能初始化数组的值，为此 NumPy 提供了 ones()、zeros()和 random.random()等方法。如图 2-2 所示，我们只需传递希望 NumPy 生成的元素数量即可。

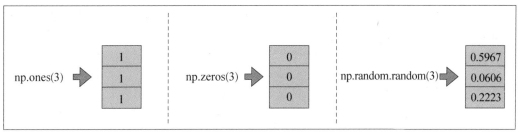

图 2-2 初始化数组

一旦创建了数组,我们就可以尽情对它们进行操作。

2.4.2 数组运算

让我们创建两个 NumPy 数组来展示数组运算功能。如图 2-3 所示,我们将两个数组称为 data 和 ones。

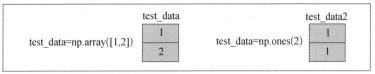

图 2-3 创建两个数组

(1)进行加法运算。将它们按位置相加(即每行对应相加),如图 2-4 所示,直接输入 data+ones 即可。

图 2-4 数组加法

(2)进行减法、乘法和除法运算,如图 2-5 所示。

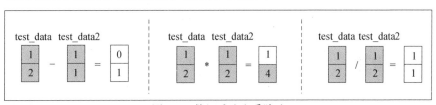

图 2-5 数组减法和乘除法

（3）进行向量和标量运算。如图 2-6 所示，数组表示以英里为单位的距离，将其单位转换为千米。只需输入 data*1.6 即可。

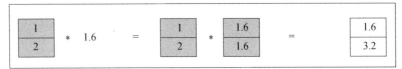

图 2-6　向量和标量运算

NumPy 进行运算操作使用的是广播机制（broadcasting），它非常有用。

2.4.3　索引

我们可以像对 Python 列表进行切片一样，对 NumPy 数组进行任意的索引和切片，如图 2-7 所示。

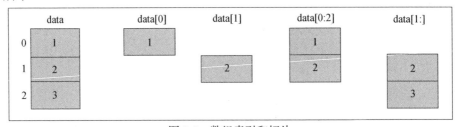

图 2-7　数组索引和切片

除了 min、max 和 sum 运算，还可以使用 mean 得到平均值、使用 prod 得到所有元素的乘积、使用 std 得到标准差等，如图 2-8 所示。

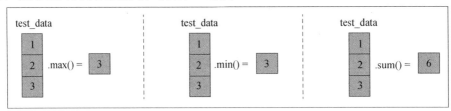

图 2-8　数组聚合

2.4.4　矩阵运算

如果两个矩阵大小相同，我们可以使用算术运算符（+、−、×、/）对矩阵进行加和乘运算。NumPy 将它们视为 position-wise 运算，如图 2-9 所示。

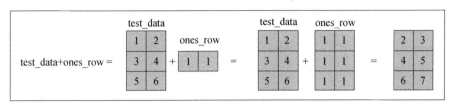

图 2-9　矩阵运算

我们也可以对不同大小的两个矩阵执行此类算术运算，但前提是某一个维度为 1（如矩阵只有一列或一行），在这种情况下，NumPy 使用广播规则执行算术运算。

1．点乘

算术运算和矩阵运算的一个关键区别是，矩阵乘法使用点乘。可以用 NumPy 的 dot() 方法与其他矩阵执行点乘操作，如图 2-10 所示。

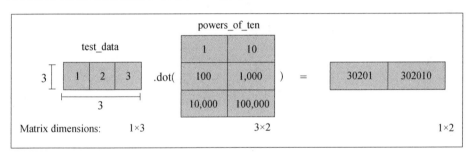

图 2-10　矩阵点乘

如图 2-11 所示，右下角添加了矩阵维数，用来强调这两个矩阵的临近边必须有相同的维数。

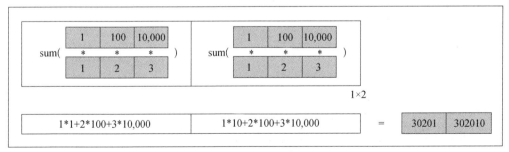

图 2-11　矩阵维数

2. 矩阵索引

当我们处理矩阵时，索引和切片操作变得更加有用，如图 2-12 所示。

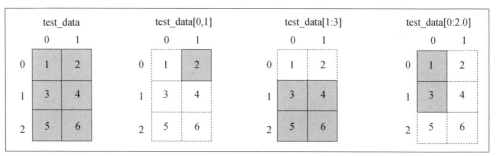

图 2-12　矩阵索引

我们可以像聚合向量一样聚合矩阵，如图 2-13 所示。

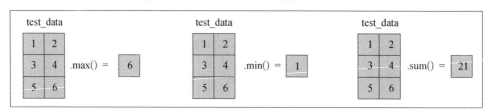

图 2-13　聚合矩阵

跨行或跨列聚合，如图 2-14 所示。

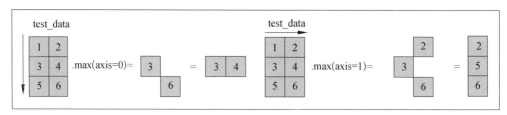

图 2-14　跨行或跨列聚合

3. 转置和重塑

处理矩阵时的一个常见需求是旋转矩阵。当需要对两个矩阵执行点乘运算并对齐它们共享的维度时，通常需要进行转置。NumPy 数组有一个方便的方法 T 可以用来求得矩阵转置，如图 2-15 所示。

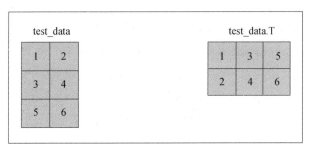

图 2-15　矩阵转置和重塑

4．变换特定矩阵的维度

在机器学习应用中，经常会遇到某个模型对输入形状的要求与你的数据集不同的情况。在这种情况下，NumPy 的 reshape()方法就可以发挥作用了。只需将矩阵所需的新维度赋值给它即可。可以为维度赋值−1，NumPy 可以根据你的矩阵推断出正确的维度，如图 2-16 所示。

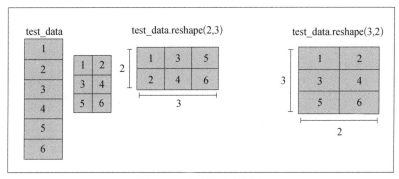

图 2-16　变换矩阵的维度

2.5　tensor 操作

tensor 是 PyTorch 中最基本的数据结构，具体介绍如下。
- ☑ 分类：0 维张量（标量）、1 维张量（向量）、2 维张量（矩阵）、3 维张量（时间序列）、4 维张量（图像）、5 维张量（视频）

- ☑ 概念：一个数据容器，可以包含数据、字符串等。
- ☑ 数据结构：是一种特殊的数据结构，与数组和矩阵非常相似。在 PyTorch 中，我们使用张量对模型的输入和输出以及模型的参数进行编码。PyTorch tensor 和 NumPy array 非常相似，tensor 还可以在 GPU 上进行运算，而 NumPy array 则只能在 CPU 上运算。事实上，张量和 NumPy 数组通常可以共享相同的底层内存，从而无需复制数据。

下面，我们将介绍一些基本的 tensor 操作。

首先，我们需要导入 PyTorch 库。

```
import torch
```

然后，我们可以创建一个新的 tensor。以下是一些创建 tensor 的方法。

```
# 创建一个未初始化的 5x3 矩阵
x = torch.empty(5, 3)
print(x)

# 创建一个随机初始化的 5x3 矩阵
x = torch.rand(5, 3)
print(x)

# 创建一个 5x3 的零矩阵，类型为 long
x = torch.zeros(5, 3, dtype=torch.long)
print(x)

# 直接从数据创建 tensor
x = torch.tensor([5.5, 3])
print(x)
```
基础构造函数：Tensor(*sizes)。
全 1Tensor：ones(*sizes)。
全 0Tensor：zeros(*sizes)。
对角线为 1，其他为 0：eye(*sizes)。
从 s 到 e，步长为 step：arange(s,e,step)。
从 s 到 e，均匀切分成 steps 份：linspace(s,e,steps)。
正态分布/均匀分布：normal(mean,std)/uniform(from,to)。
随机排列：randperm(m)。

下面对已有的 tensor 进行操作，具体如下。

```
# 创建一个 tensor，并设置 requires_grad=True 以跟踪计算历史
x = torch.ones(2, 2, requires_grad=True)
print(x)
# 对 tensor 进行操作
y = x + 2
print(y)
# y 是操作的结果，所以它有 grad_fn 属性
print(y.grad_fn)
# 对 y 进行更多操作
z = y * y * 3
out = z.mean()
print(z, out)
```

上述操作的结果如下。

```
tensor([[1., 1.],
        [1., 1.]], requires_grad=True)
tensor([[3., 3.],
        [3., 3.]], grad_fn=<AddBackward0>)
<AddBackward0 object at 0x7f36c0a7f1d0>
tensor([[27., 27.],
        [27., 27.]], grad_fn=<MulBackward0>) tensor(27., grad_fn=<MeanBackward0>)
```

在 PyTorch 中，我们可以使用 backward() 方法来计算梯度，代码如下。

```
# 因为 out 包含一个标量，out.backward() 等价于 out.backward(torch.tensor(1.))
out.backward()
# 打印梯度 d(out)/dx
print(x.grad)
```

以上是 PyTorch tensor 的基本操作，我们可以看到 PyTorch tensor 操作非常简单和直观。

2.6　GPU 加速

在深度学习训练中，GPU（graphics processing unit，图形处理器）加速是非常重要的一

部分。GPU 的并行计算能力使得其比 CPU 在大规模矩阵运算上更具优势。PyTorch 提供了简单易用的 API，让我们可以很容易地在 CPU 和 GPU 之间切换计算。

首先，我们需要检查系统中是否存在可用的 GPU。在 PyTorch 中，我们可以使用 torch.cuda.is_available()方法来进行检查。

```
import torch
# 检查是否有可用的 GPU
if torch.cuda.is_available():
    print("There is a GPU available.")
else:
    print("There is no GPU available.")
```

如果存在可用的 GPU，我们可以使用 to()方法将 tensor 移动到 GPU 上。

```
# 创建一个 tensor
x = torch.tensor([1.0, 2.0])

# 移动 tensor 到 GPU 上
if torch.cuda.is_available():
    x = x.to('cuda')
```

我们也可以直接在创建 tensor 的时候就指定其设备。

```
# 直接在 GPU 上创建 tensor
if torch.cuda.is_available():
    x = torch.tensor([1.0, 2.0], device='cuda')
```

在进行模型训练时，我们通常会将模型和数据都移动到 GPU 上。

```
# 创建一个简单的模型
model = torch.nn.Linear(10, 1)

# 创建一些数据
data = torch.randn(100, 10)

# 移动模型和数据到 GPU
if torch.cuda.is_available():
    model = model.to('cuda')
    data = data.to('cuda')
```

以上就是在 PyTorch 中进行 GPU 加速的基本操作。使用 GPU 加速可以显著提高深度学习模型的训练速度。但需要注意的是，数据在 CPU 和 GPU 之间的传输会消耗一定的时间，因此我们应该尽量减少数据的传输次数。

2.7 自动求导

在深度学习中，我们经常需要进行梯度下降优化。这就需要我们计算梯度，也就是函数的导数。在 PyTorch 中，我们可以使用自动求导机制（autograd）来自动计算梯度。

在 PyTorch 中，我们可以设置 tensor.requires_grad=True 来追踪其上的所有操作。完成计算后，我们可以调用 backward()方法，PyTorch 会自动计算和存储梯度。这个梯度可以通过 grad 属性进行访问。

下面是一个简单的示例。

```
import torch
# 创建一个 tensor 并设置 requires_grad=True 来追踪其计算历史
x = torch.ones(2, 2, requires_grad=True)
# 对这个 tensor 做一次运算
y = x + 2
# y 是计算的结果，所以它有 grad_fn 属性
print(y.grad_fn)
# 对 y 进行更多的操作
z = y * y * 3
out = z.mean()
print(z, out)
# 使用 backward()来进行反向传播，计算梯度
out.backward()
# 输出梯度 d(out)/dx
print(x.grad)
```

以上示例中，out.backward()等同于 out.backward（torch.tensor（1.））。如果 out 不是一个标量，而 tensor 是矩阵，那么在调用 backward()时就需要传入一个与 out 同形的权重向量

进行相乘。

示例如下。

```
x = torch.randn(3, requires_grad=True)
y = x * 2
while y.data.norm() < 1000:
    y = y * 2
print(y)
v = torch.tensor([0.1, 1.0, 0.0001], dtype=torch.float)
y.backward(v)
print(x.grad)
```

以上就是 PyTorch 中自动求导的基本使用方法。自动求导是 PyTorch 的重要特性之一，它为深度学习模型的训练提供了极大的便利。

2.8 PyTorch 神经网络

我们先探索一些更为高级的特性和用法，包括神经网络构建、数据加载以及模型保存和加载等。

2.8.1 继承 Module 类来构造模型

Module 类是 nn 模块里提供的一个模型构造类，是所有神经网络模块的基类，我们可以通过继承它来定义我们想要的模型。下面通过继承 Module 类来构造多层感知机。这里定义的 MLP 类重载了 Module 类的 __init__ 函数和 forward 函数。它们分别用于创建模型参数和定义前向计算。前向计算即正向传播。

```
import torch
from torch import nn
class MLP(nn.Module):
    # 声明带有模型参数的层，这里声明了两个全连接层
    def __init__(self,**kwargs):
```

```
    # 调用 MLP 父类 Module 的构造函数来进行必要的初始化。这样在构造实例时还可以指定
其他函数
    super(MLP,self).__init__(**kwargs)
    self.hidden = nn.Linear(784,256) # 隐藏层
    self.act = nn.ReLU()
    self.output = nn.Linear(256,10) # 输出层
# 定义模型的前向计算,即如何根据输入 x 计算返回所需要的模型输出
def forward(self,x):
    a = self.act(self.hidden(x))
    return self.output(a)
```

以上的 MLP 类中无须定义反向传播函数,系统将通过自动求梯度而自动生成反向传播所需的 backward 函数。

Module 类是一个通用的部件。事实上,PyTorch 还实现了继承自 Module 的可以方便构建模型的类,如 Sequential、ModuleList 和 ModuleDict 等。

2.8.2 Sequential 类

当模型的前向计算为简单串联各个层的计算时,Sequential 类可以通过更加简单的方式定义模型。这正是 Sequential 类的目的,它可以接收一个子模块的有序字典(orderedDict)或者一系列子模块作为参数来逐一添加 Module 的实例,而模型的前向计算就是将这些实例按添加的顺序逐一计算。

```
class MySequential(nn.Module):
    from collections import OrderedDict
    def __init__(self,*args):
        super(MySequential,self).__init__()
        if len(args) == 1 and isinstance(args[0],OrderedDict): # 如果传入的
是一个 OrderedDict
            for key,module in args[0].items():
                self.add_module(key,module) # add_module 方法会将 module 添加到
self._modules(一个 OrderedDict)
        else: # 传入的是一些 Module
            for idx,module in enumerate(args):
                self.add_module(str(idx),module)
```

```
def forward(self,input):
    # self._modules 返回一个 OrderedDict，保证会按照成员添加时的顺序遍历成员
    for module in self._modules.values():
        input = module(input)
    return input
```

下面我们用 MySequential 类来实现前面描述的 MLP 类，并使用随机初始化的模型做一次前向计算。

```
net = MySequential(
    nn.Linear(784,256),
    nn.ReLU(),
    nn.Linear(256,10),
    )
print(net)
net(X)
```

2.8.3 ModuleList 类

ModuleList 接收一个子模块的列表作为输入，然后也可以同 List 一样进行 append 和 extend 操作。

```
net = nn.ModuleList([nn.Linear(784, 256), nn.ReLU()])
net.append(nn.Linear(256, 10)) # 类似 List 的 append 操作
print(net[-1])   # 类似 List 的索引访问
print(net)

>>> Linear(in_features=256, out_features=10, bias=True)
>>> ModuleList(
>>>   (0): Linear(in_features=784, out_features=256, bias=True)
>>>   (1): ReLU()
>>>   (2): Linear(in_features=256, out_features=10, bias=True)
>>> )
```

既然 Sequential 和 ModuleList 都可以进行列表化构造网络，那么二者的区别是什么呢？ModuleList 仅是一个储存各种模块的列表，这些模块之间没有联系，也没有顺序（所以不用保证相邻层的输入输出维度匹配），而且没有实现 forward 功能，需要自己去实现。而

Sequential 内的模块需要按照顺序排列，要保证相邻层的输入输出大小相匹配，内部 forward 功能也已经实现。ModuleList 的出现只是让网络定义前向传播时更加灵活。

2.8.4 ModuleDict 类

ModuleDict 类接收一个子模块的字典作为输入，然后也可以类似字典进行添加访问操作。

```
net = nn.ModuleDict({
    'linear': nn.Linear(784, 256),
    'act': nn.ReLU(),
})
net['output'] = nn.Linear(256, 10) # 添加
print(net['linear']) # 访问
print(net.output)
print(net)
```

和 ModuleList 一样，ModuleDict 实例仅是存放了一些模块的字典，并没有定义 forward 函数，需要自己定义。同样，ModuleDict 也与 Python 的 Dict 有所不同，ModuleDict 里所有模块的参数会被自动添加到整个网络中。

2.8.5 含模型参数的自定义层

可以自定义含模型参数的自定义层。其中的模型参数可以通过训练得出。除了直接定义成 Parameter 类，还可以使用 ParameterList 和 ParameterDict 分别定义参数的列表和字典。

ParameterList 接收一个 Parameter 实例的列表作为输入，然后得到一个参数列表，使用的时候可以用索引来访问某个参数。另外，也可以使用 append 和 extend 在列表后面新增参数。

```
class MyDense(nn.Module):
    def __init__(self):
        super(MyDense, self).__init__()
        self.params = nn.ParameterList([nn.Parameter(torch.randn(4, 4)) for i in range(3)])
```

```
        self.params.append(nn.Parameter(torch.randn(4, 1)))

    def forward(self, x):
        for i in range(len(self.params)):
            x = torch.mm(x, self.params[i])
        return x
net = MyDense()
print(net)
>>> MyDense(
>>>   (params): ParameterList(
>>>       (0): Parameter containing: [torch.FloatTensor of size 4x4]
>>>       (1): Parameter containing: [torch.FloatTensor of size 4x4]
>>>       (2): Parameter containing: [torch.FloatTensor of size 4x4]
>>>       (3): Parameter containing: [torch.FloatTensor of size 4x1]
>>>   )
>>> )
```

ParameterDict 接收一个 Parameter 实例的字典作为输入，然后得到一个参数字典，就可以按照字典的规则使用了。例如，使用 update() 新增参数、使用 keys() 返回所有键值、使用 items() 返回所有键值对等。

```
class MyDictDense(nn.Module):
    def __init__(self):
        super(MyDictDense, self).__init__()
        self.params = nn.ParameterDict({
            'linear1': nn.Parameter(torch.randn(4, 4)),
            'linear2': nn.Parameter(torch.randn(4, 1))
        })
        self.params.update({'linear3': nn.Parameter(torch.randn(4, 2))}) # 新增

    def forward(self, x, choice='linear1'):
        return torch.mm(x, self.params[choice])

net = MyDictDense()
print(net)
```

```
>>> MyDictDense(
>>>   (params): ParameterDict(
>>>       (linear1): Parameter containing: [torch.FloatTensor of size 4x4]
>>>       (linear2): Parameter containing: [torch.FloatTensor of size 4x1]
>>>       (linear3): Parameter containing: [torch.FloatTensor of size 4x2]
>>>   )
>>> )
```

2.9 构建神经网络

PyTorch 提供了 torch.nn 库，它是用于构建神经网络的工具库。torch.nn 库依赖 autograd 库来定义和计算梯度。nn.Module 包含了神经网络的层以及返回输出的 forward（input）方法。以下是一个简单的神经网络的构建示例。

```
import torch
import torch.nn as nn
import torch.nn.functional as F

class Net(nn.Module):
    def __init__(self):
        super(Net, self).__init__()

        # 输入图像 channel: 1，输出 channel: 6，5x5 卷积核
        self.conv1 = nn.Conv2d(1, 6, 5)
        self.conv2 = nn.Conv2d(6, 16, 5)

        # 全连接层
        self.fc1 = nn.Linear(16 * 5 * 5, 120)
        self.fc2 = nn.Linear(120, 84)
        self.fc3 = nn.Linear(84, 10)

    def forward(self, x):
        # 使用 2x2 窗口进行最大池化
```

```
        x = F.max_pool2d(F.relu(self.conv1(x)), (2, 2))
        # 如果窗口是方的,只需要指定一个维度
        x = F.max_pool2d(F.relu(self.conv2(x)), 2)

        x = x.view(-1, self.num_flat_features(x))

        x = F.relu(self.fc1(x))
        x = F.relu(self.fc2(x))
        x = self.fc3(x)

        return x

    def num_flat_features(self, x):
        size = x.size()[1:]  # 获取除了batch维度的其他维度
        num_features = 1
        for s in size:
            num_features *= s
        return num_features

net = Net()
print(net)
```

以上就是一个简单神经网络的构建方法。我们首先定义了一个 Net 类,这个类继承自 nn.Module。然后在 __init__()方法中定义了网络的结构,在 forward()方法中定义了数据的流向。在网络的构建过程中,我们可以使用任何 tensor 操作。

需要注意的是,backward 函数(用于计算梯度)会被 autograd 自动创建和实现。你只需要在 nn.Module 的子类中定义 forward 函数。

在创建好神经网络后,我们可以使用 net.parameters()方法来返回网络的可学习参数。

2.9.1 DataLoader 介绍

在深度学习项目中,除了模型设计,数据的加载和处理也是非常重要的一部分。PyTorch 提供了 torch.utils.data.DataLoader 类,可以帮助我们方便地进行数据的加载和处理。

DataLoader 类提供了对数据集的并行加载,可以有效地加载大量数据,并提供了多种数据采样方式。常用的参数如下。
- ☑ dataset：加载的数据集（Dataset 对象）。
- ☑ batch_size：batch 大小。
- ☑ shuffle：是否每个 epoch 时都打乱数据。
- ☑ num_workers：使用多进程加载的进程数，0 表示不使用多进程。

以下是一个简单的使用示例。

```
from torch.utils.data import DataLoader
from torchvision import datasets, transforms
# 数据转换
transform = transforms.Compose([
    transforms.ToTensor(),
    transforms.Normalize((0.5, 0.5, 0.5), (0.5, 0.5, 0.5))
])
# 下载并加载训练集
trainset = datasets.CIFAR10(root='./data', train=True, download=True, transform=transform)
trainloader = DataLoader(trainset, batch_size=4, shuffle=True, num_workers=2)
# 下载并加载测试集
testset = datasets.CIFAR10(root='./data', train=False, download=True, transform=transform)
testloader = DataLoader(testset, batch_size=4, shuffle=False, num_workers=2)
```

2.9.2 自定义数据集

除了使用内置的数据集，我们也可以自定义数据集。自定义数据集需要继承 Dataset 类，并实现 __len__ 和 __getitem__ 两个方法。

以下是一个自定义数据集的简单示例。

```
from torch.utils.data import Dataset, DataLoader
class MyDataset(Dataset):
    def __init__(self, x_tensor, y_tensor):
        self.x = x_tensor
```

```python
        self.y = y_tensor
    def __getitem__(self, index):
        return (self.x[index], self.y[index])
    def __len__(self):
        return len(self.x)
x = torch.arange(10)
y = torch.arange(10) + 1
my_dataset = MyDataset(x, y)
loader = DataLoader(my_dataset, batch_size=4, shuffle=True, num_workers=0)
for x, y in loader:
    print("x:", x, "y:", y)
```

以上例子中，我们创建了一个简单的数据集，包含 10 个数据。然后我们使用 DataLoader 加载数据，并设置了 batch 大小和 shuffle 参数。

以上就是 PyTorch 中进行数据加载和处理的主要方法，通过这些方法，我们可以方便地对数据进行加载和处理。

2.9.3 模型的保存和加载

在深度学习模型的训练过程中，我们经常需要保存模型的参数以便将来重新加载。这对于中断训练过程的恢复，或者用于模型的分享和部署都是非常有用的。

PyTorch 提供了简单的 API 来保存和加载模型。最常见的方法是使用 torch.save 来保存模型的参数，然后通过 torch.load 来加载模型的参数。

1. 保存和加载模型参数

以下是一个简单的示例。

```
# 保存
torch.save(model.state_dict(), PATH)
# 加载
model = TheModelClass(*args, **kwargs)
model.load_state_dict(torch.load(PATH))
model.eval()
```

在保存模型参数时，我们通常使用 state_dict()方法来获取模型的参数。state_dict()是一个从参数名字映射到参数值的字典对象。

在加载模型参数时，我们首先需要实例化一个和原模型结构相同的模型，然后使用 load_state_dict()方法加载参数。

注意，load_state_dict()方法接收一个字典对象，而不是保存对象的路径。这意味着在传入 load_state_dict()方法之前，必须反序列化你保存的 state_dict。

在加载模型后，我们通常调用 eval()方法将 dropout 和 batch normalization 层设置为评估模式。否则，它们会在评估模式下保持训练模式。

2. 保存和加载整个模型

除了保存模型的参数，我们也可以保存整个模型。

```
# 保存
torch.save(model, PATH)
# 加载
model = torch.load(PATH)
model.eval()
```

保存整个模型会将模型的结构和参数一起保存。这意味着在加载模型时，我们不再需要手动创建模型实例。

以上就是 PyTorch 中模型的保存和加载的基本方法。适当的保存和加载模型可以帮助我们更好地进行模型的训练和评估。

掌握了 PyTorch 的基础和高级用法之后，我们下面要探讨一些 PyTorch 的进阶技巧，以帮助我们更好地理解和使用这个强大的深度学习框架。

2.10　使用 GPU 加速

PyTorch 支持使用 GPU 进行计算，这可以大大提高训练和推理的速度。使用 GPU 进行计算的核心就是将 Tensor 和模型转移到 GPU 上。

首先，我们需要判断当前的环境是否支持 GPU，可以通过 torch.cuda.is_available()来实现。

```
print(torch.cuda.is_available())   # 输出: True 或 False
```

2.10.1 Tensor 在 CPU 和 GPU 之间转移

如果支持 GPU,我们可以使用 to(device)或 cuda()方法将 Tensor 转移到 GPU 上。同样,我们也可以使用 cpu()方法将 Tensor 转移到 CPU 上。

```
# 判断是否支持 CUDA
device = torch.device("cuda" if torch.cuda.is_available() else "cpu")
# 创建一个 Tensor
x = torch.rand(3, 3)
# 将 Tensor 转移到 GPU 上
x_gpu = x.to(device)
# 或者
x_gpu = x.cuda()
# 将 Tensor 转移到 CPU 上
x_cpu = x_gpu.cpu()
```

2.10.2 将模型转移到 GPU 上

类似的,我们也可以将模型转移到 GPU 上。

```
model = Model()
model.to(device)
```

当模型在 GPU 上运行时,我们需要确保输入的 Tensor 也在 GPU 上,否则会报错。
注意,将模型转移到 GPU 上后,模型的所有参数和缓冲区都会转移到 GPU 上。
以上就是使用 GPU 进行计算的基本方法。通过合理的使用 GPU,我们可以大大提高模型的训练和推理速度。

2.10.3 使用 torchvision 进行图像操作

torchvision 是一个独立于 PyTorch 的包,提供了大量的图像数据集、图像处理工具和预训练模型等。

1. torchvision.datasets

torchvision.datasets 模块提供了各种公共数据集，如 CIFAR10、MNIST、ImageNet 等，我们可以非常方便地下载和使用这些数据集。例如，下面的代码展示了如何下载和加载 CIFAR10 数据集。

```
from torchvision import datasets, transforms
# 数据转换
transform = transforms.Compose([
    transforms.ToTensor(),
    transforms.Normalize((0.5, 0.5, 0.5), (0.5, 0.5, 0.5))
])
# 下载并加载训练集
trainset = datasets.CIFAR10(root='./data', train=True, download=True, transform=transform)
trainloader = torch.utils.data.DataLoader(trainset, batch_size=4, shuffle=True, num_workers=2)
# 下载并加载测试集
testset = datasets.CIFAR10(root='./data', train=False, download=True, transform=transform)
testloader = torch.utils.data.DataLoader(testset, batch_size=4, shuffle=False, num_workers=2)
```

2. torchvision.transforms

torchvision.transforms 模块提供了各种图像转换工具，我们可以使用这些工具进行图像预处理和数据增强。例如，上面的代码中，我们使用 Compose 函数来组合两个图像的处理操作：ToTensor（将图像转换为 Tensor）和 Normalize（标准化图像）。

3. torchvision.models

torchvision.models 模块提供了预训练的模型，如 ResNet、VGG、AlexNet 等。我们可以非常方便地加载这些模型，并使用这些模型进行迁移学习。

```
import torchvision.models as models
# 加载预训练的 resnet18 模型
resnet18 = models.resnet18(pretrained=True)
```

以上就是 torchvision 的基本使用方法，它为我们提供了非常丰富的工具，可以大大提升我们处理图像数据的效率。

2.10.4 使用 TensorBoard 进行可视化

TensorBoard 是一个可视化工具，它可以帮助我们更好地理解、优化和调试深度学习模型。PyTorch 提供了对 TensorBoard 的支持，我们可以非常方便地使用 TensorBoard 来监控模型的训练过程、比较不同模型的性能、可视化模型结构等。

1. 启动 TensorBoard

要启动 TensorBoard，我们需要在命令行中运行 tensorboard --logdir=runs 命令，其中 runs 是保存 TensorBoard 数据的目录。

2. 记录数据

我们可以使用 torch.utils.tensorboard 模块来记录数据。我们首先需要创建一个 SummaryWriter 对象，然后通过这个对象的方法来记录数据。

```python
from torch.utils.tensorboard import SummaryWriter
# 创建一个 SummaryWriter 对象
writer = SummaryWriter('runs/experiment1')

# 使用 writer 来记录数据
for n_iter in range(100):
    writer.add_scalar('Loss/train', np.random.random(), n_iter)
    writer.add_scalar('Loss/test', np.random.random(), n_iter)
    writer.add_scalar('Accuracy/train', np.random.random(), n_iter)
    writer.add_scalar('Accuracy/test', np.random.random(), n_iter)
# 关闭 writer
writer.close()
```

3. 可视化模型结构

我们也可以使用 TensorBoard 来可视化模型结构。

```python
# 添加模型
writer.add_graph(model, images)
```

4. 可视化高维数据

我们还可以使用 TensorBoard 的嵌入功能来可视化高维数据，如图像特征、词嵌入等。

```
# 添加嵌入
writer.add_embedding(features, metadata=class_labels, label_img=images)
```

以上就是 TensorBoard 的基本使用方法。通过使用 TensorBoard，我们可以更好地理解和优化我们的模型。

2.11 PyTorch 实战案例

本节我们将通过一个实战案例来详细介绍如何使用 PyTorch 进行深度学习模型的开发。我们将使用 CIFAR10 数据集来训练一个卷积神经网络。

2.11.1 数据加载和预处理

首先，我们需要加载数据并进行预处理。我们将使用 torchvision 包来下载 CIFAR10 数据集，并使用 transforms 模块来对数据进行预处理。

```
import torch
from torchvision import datasets, transforms
# 定义数据预处理操作
transform = transforms.Compose([
    transforms.RandomHorizontalFlip(), # 数据增强：随机翻转图片
    transforms.RandomCrop(32, padding=4), # 数据增强：随机裁剪图片
    transforms.ToTensor(),  # 将 PIL.Image 或者 numpy.ndarray 数据类型转化为 torch.FloadTensor，并归一化到[0.0, 1.0]
    transforms.Normalize((0.4914, 0.4822, 0.4465), (0.2023, 0.1994, 0.2010))  # 标准化（这里的均值和标准差是 CIFAR10 数据集的）
])
# 下载并加载训练数据集
trainset = datasets.CIFAR10(root='./data', train=True, download=True, transform=transform)
```

```
trainloader = torch.utils.data.DataLoader(trainset, batch_size=64,
shuffle=True, num_workers=2)
# 下载并加载测试数据集
testset = datasets.CIFAR10(root='./data', train=False, download=True,
transform=transform)
testloader = torch.utils.data.DataLoader(testset, batch_size=64,
shuffle=False, num_workers=2)
```

在上面这段代码中,我们首先定义了一系列的数据预处理操作,然后使用 datasets.CIFAR10 来下载 CIFAR10 数据集并进行预处理,最后使用 torch.utils.data.DataLoader 来创建数据加载器,它可以帮助我们在训练过程中按照批次获取数据。

2.11.2 定义网络模型

接下来,我们定义卷积神经网络模型。在这个案例中,我们将使用两个卷积层和两个全连接层。

```
import torch.nn as nn
import torch.nn.functional as F
class Net(nn.Module):
    def __init__(self):
        super(Net, self).__init__()
        self.conv1 = nn.Conv2d(3, 6, 5)  # 输入通道数 3,输出通道数 6,卷积核大小 5
        self.pool = nn.MaxPool2d(2, 2)   # 最大池化,核大小 2,步长 2
        self.conv2 = nn.Conv2d(6, 16, 5) # 输入通道数 6,输出通道数 16,卷积核大小 5
        self.fc1 = nn.Linear(16 * 5 * 5, 120) # 全连接层,输入维度 16*5*5,输出维度 120
        self.fc2 = nn.Linear(120, 84)    # 全连接层,输入维度 120,输出维度 84
        self.fc3 = nn.Linear(84, 10)     # 全连接层,输入维度 84,输出维度 10(CIFAR10 有 10 类)
    def forward(self, x):
        x = self.pool(F.relu(self.conv1(x)))  # 第一层卷积+ReLU 激活函数+池化
        x = self.pool(F.relu(self.conv2(x)))  # 第二层卷积+ReLU 激活函数+池化
        x = x.view(-1, 16 * 5 * 5)  # 将特征图展平
        x = F.relu(self.fc1(x))  # 第一层全连接+ReLU 激活函数
```

```
        x = F.relu(self.fc2(x))   # 第二层全连接+ReLU 激活函数
        x = self.fc3(x)   # 第三层全连接
        return x
# 创建网络
net = Net()
```

在这个网络模型中,我们使用 nn.Module 来定义网络模型,然后在 __init__ 方法中定义网络的层,最后在 forward 方法中定义网络的前向传播过程。

2.11.3 定义损失函数和优化器

现在我们已经有了数据和模型,下一步我们需要定义损失函数和优化器。损失函数用于衡量模型的预测与真实标签的差距,优化器则用于优化模型的参数以减少损失。

在这个案例中,我们将使用交叉熵损失函数(cross entropy loss)和随机梯度下降优化器(stochastic gradient descent,SGD)。

```
import torch.optim as optim
# 定义损失函数
criterion = nn.CrossEntropyLoss()
# 定义优化器
optimizer = optim.SGD(net.parameters(), lr=0.001, momentum=0.9)
```

在上面这段代码中,我们首先使用 nn.CrossEntropyLoss 来定义损失函数,然后使用 optim.SGD 来定义优化器。我们需要将网络的参数传递给优化器,然后设置学习率和动量。

2.11.4 训练网络

一切准备就绪后,我们开始训练网络。在训练过程中,我们首先通过网络进行前向传播得到输出,然后计算输出与真实标签的损失。接着通过后向传播计算梯度,最后使用优化器更新模型参数。

```
for epoch in range(2):   # 在数据集上训练两遍
    running_loss = 0.0
    for i, data in enumerate(trainloader, 0):
        # 获取输入数据
```

```python
        inputs, labels = data

        # 梯度清零
        optimizer.zero_grad()

        # 前向传播
        outputs = net(inputs)

        # 计算损失
        loss = criterion(outputs, labels)

        # 反向传播
        loss.backward()

        # 更新参数
        optimizer.step()

        # 打印统计信息
        running_loss += loss.item()
        if i % 2000 == 1999:    # 每2000个批次打印一次
            print('[%d, %5d] loss: %.3f' %
                  (epoch + 1, i + 1, running_loss / 2000))
            running_loss = 0.0

print('Finished Training')
```

在上面这段代码中，我们首先对数据集进行两轮训练。在每轮训练中，我们遍历数据加载器，获取一批数据，然后通过网络进行前向传播得到输出，计算损失。再进行反向传播，最后更新参数。我们还在每2000个批次后打印一次损失信息，以便我们了解训练过程。

2.11.5 测试网络

训练完成后，我们需要在测试集上测试网络的性能。这可以让我们了解模型在未见过的数据上的表现如何，以评估其泛化能力。

```python
# 加载一些测试图片
```

```
dataiter = iter(testloader)
images, labels = dataiter.next()

# 打印图片
imshow(torchvision.utils.make_grid(images))

# 显示真实的标签
print('GroundTruth: ', ' '.join('%5s' % classes[labels[j]] for j in range(4)))

# 让网络做出预测
outputs = net(images)

# 预测的标签是最大输出的标签
_, predicted = torch.max(outputs, 1)

# 显示预测的标签
print('Predicted: ', ' '.join('%5s' % classes[predicted[j]] for j in range(4)))

# 在整个测试集上测试网络
correct = 0
total = 0
with torch.no_grad():
    for data in testloader:
        images, labels = data
        outputs = net(images)
        _, predicted = torch.max(outputs.data, 1)
        total += labels.size(0)
        correct += (predicted == labels).sum().item()

print('Accuracy of the network on the 10000 test images: %d %%' % (
    100 * correct / total))
```

在上面这段代码中,我们首先加载一些测试图片,并打印出真实的标签。然后我们让网络对这些图片做出预测,并打印出预测的标签。最后,我们在整个测试集上测试网络,并打印出网络在测试集上的准确率。

2.11.6 保存和加载模型

在训练完网络并且对其进行了测试后,我们要保存训练好的模型,以便将来使用,或者继续训练。

```
# 保存模型
torch.save(net.state_dict(), './cifar_net.pth')
```

在上面这段代码中,我们使用 torch.save 函数将训练好的模型参数(通过 net.state_dict() 获得)保存到文件中。

当我们需要加载模型时,首先需要创建一个新的模型实例,然后使用 load_state_dict() 方法将参数加载到模型中。

```
# 加载模型
net = Net()  # 创建新的模型实例
net.load_state_dict(torch.load('./cifar_net.pth'))  # 加载模型参数
```

需要注意的是,load_state_dict()方法加载的是模型的参数,而不是模型本身。因此,在加载模型参数之前,你需要先创建一个模型实例,这个模型需要与保存的模型具有相同的结构。

总结一下,PyTorch 的使用,包括环境安装、基础知识、张量操作、自动求导机制、神经网络创建、数据处理、模型训练、测试以及模型的保存和加载。

至此,我们利用 PyTorch 从头到尾完成了一个完整的神经网络训练流程,并在 CIFAR10 数据集上测试了网络的性能。

第 3 章
卷积神经网络

3.1 神经网络结构

从本节开始,我们将逐步了解神经网络的基本概念与结构。首先,从最简单结构开始。如图 3-1 所示,神经网络包含三个层次,分别是输入层、隐藏层和输出层。最左边的一层称为输入层,位于这一层的神经元称为输入神经元。最右边的一层称为输出层,它包含两个输出神经元。中间的那一层称为隐藏层。一个神经网络的隐藏层可以有很多,可以简单地理解为如果一个层既不是输入层也不是输出层,那么就可以称其为隐藏层。

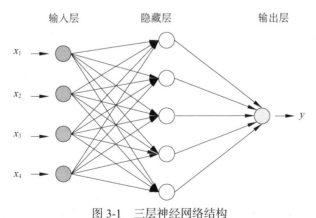

图 3-1　三层神经网络结构

如图 3-1 所示,神经网络中只包含了一个隐藏层,但也有些网络拥有许多隐藏层。如图 3-2 所示的四层网络结构,其包含了两个隐藏层。在这个神经网络模型中有四层网络。

其中每个小圆圈代表一个感知机模型。

第一层称之为输入层，因为它直接跟输入数据相连。第二和第三层称之为隐藏层。第四层为输出层。

第一层网络的各个神经元接收了输入信号，然后通过自身的神经体加权求和以后，输出给下一层神经元。第二层的神经网的神经元的输入，来自前一层的神经网络的输出，以此类推。最后经过中间的神经网络的计算以后，将结果输出到输出层，得出最后的结果。这里的输出层的结果输出可以为一个结果，也可以输出多个结果。一般的分类用途的神经网络，最后会输出 label 相对应个数的输出维度。

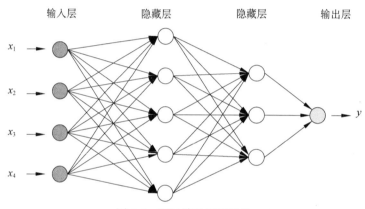

图 3-2　四层神经网络结构

人的大脑拥有数以亿计的神经元细胞，这些神经元细胞通过彼此互相相连，来给大脑传递信息，帮助人类做出决策、分类事物、以及进行各种运算等。

神经元细胞的结构，中间是一个细胞体，一头长出许多用来接收其他神经元传递过来的信号的树突，另一头长出的一根长长的用来给别的神经元传递信号的轴突。一个轴突的末端又分叉出许多树杈，连接到其他的神经元的树突或者轴突上。

现在我们来了解神经元。对于神经元的研究由来已久，1904 年生物学家就已经知晓了神经元的组成结构。如图 3-3 所示，一个神经元通常具有多个树突，主要用来接收传入信息；而轴突只有一条，轴突尾端有许多轴突末梢可以向其他多个神经元传递信息。轴突末梢与其他神经元的树突产生连接，从而传递信号。这个连接的位置在生物学上叫作"突触"。人脑中的神经元形状可以用如图 3-3 所示的结构图做简单的说明。

第 3 章 卷积神经网络

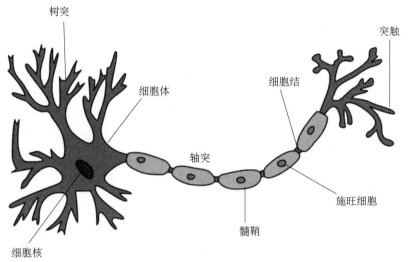

图 3-3 神经元组成

在神经网络中，神经元模型是一个包含输入、输出与计算功能的模型。输入可以类比为神经元的树突，输出可以类比为神经元的轴突，而计算则可以类比为细胞核。图 3-4 所示是一个典型的神经元模型，包含 3 个输入、1 个输出，以及两个计算功能。注意中间的箭头线，这些线称为"连接"，每条连接线上都有一个"权重值"。

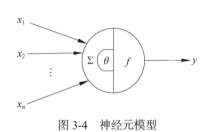

图 3-4 神经元模型

3.2 感知机

感知机在 20 世纪 50 年代末和 60 年代初由科学家 Frank Rosenblatt 提出，灵感来自早期 Warren McCulloch 与 Walter Pitts 的神经研究工作。

我们先看下感知机是如何工作的。

感知机的模型非常类似人类大脑的神经元细胞，包括信号输入和信号输出，如图 3-4 所示，用中间的圆形表示神经细胞体，图中只表示了 3 个输入信号，也可以用更多的输入信号。

科学家 Frank Rosenblatt 提出了一个简单的规则用来计算输出,他给每一个输入都引入了一个权重(weight),然后将他们累加求和,计算的方法如下。

$$\sum_j w_j x_j$$

这个非常像我们大脑的神经元细胞对来自其他神经元细胞传递的刺激脉冲的累加。然后对这个结果的输出给予了一个阈值,阈值是一个实数,是神经元的一个参数。当输出结果大于这个阈值的时候,这个输出就输出 1,小于这个阈值的时候,这个输出就输出 0。公式表示如下。

$$output = \begin{cases} 0 & \text{if} \sum_j w_j x_j \leq threshold \\ 1 & \text{if} \sum_j w_j x_j > threshold \end{cases}$$

这个就是我们知道的激活函数的最初形态,0 表示抑制,1 表示激活。感知机的工作原理可以理解为,将输入信号通过一系列的权重值,加权求和以后,通过中间圆形的某个激活函数得出的结果来跟某个阈值进行比较,以决定是否要继续输出。这种工作机制非常类似我们的大脑的神经元细胞。

从上面内容我们可以看出,单个感知机的用处非常的小,就像我们大脑的神经元细胞一样,单个神经元细胞并不能完成日常生活的种种任务,但是如果我们加入非常多的神经元细胞,并且将它们组成一个网络,它们就能完成很多高难度,复杂的事情。

从感知机的模型来看,单个感知机的功能非常单一,但是它展示了每个感知单元是如何接收信号,并且决定输出的过程。

但是,如果我们将几千、几百、甚至上万个感知的模型,组成像大脑的神经网络一样的网络模型,就可以完成类似大脑一样的复杂的任务,这个就是我们所说的神经网络模型。

3.3　前馈神经网络

前馈神经网络是一种最基本的神经网络模型,也被称为多层感知器(multi-layer perceptron,MLP)。它由多个神经元组成,每个神经元接收来自上一层神经元的输出,并通过一定的权重和偏置进行加权和处理,最终得到本层神经元的输出,进而作为下一层神经元的输入。该网络的信息流是单向的,只能从输入层流向输出层,因此称为前馈神经网络,

第 3 章 卷积神经网络

如图 3-5 所示。

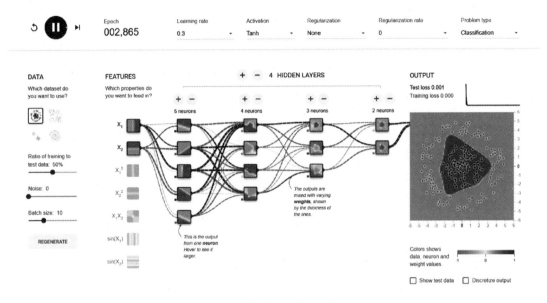

图 3-5 前馈神经网络模型演示

给定一组神经元，我们可以将神经元作为节点来构建一个网络。不同的神经网络模型有着不同网络连接的拓扑结构，一种比较直接的拓扑结构是前馈网络。前馈神经网络是最早发明的简单人工神经网络。前馈神经网络也经常被称为多层感知器。但是，多层感知器的叫法并不是十分合理，因为前馈神经网络其实是由多层的 Logistic 回归模型（连续的非线性函数）组成，而不是由多层的感知器（不连续的非线性函数）组成。在前馈神经网络中，各神经元分别属于不同的层，每一层的神经元可以接收前一层神经元的信号，并产生信号输出到下一层。第 0 层称为输入层，最后一层称为输出层，其他中间层称为隐藏层。整个网络中无反馈，信号从输入层向输出层单向传播，可用一个有向无环图表示。

前馈神经网络通常包括输入层、若干个隐藏层和输出层，其中输入层接收原始数据输入，隐藏层对输入进行一定的变换和特征提取，输出层根据隐藏层的结果输出模型预测值。每个层都由若干个神经元组成，神经元之间的连接带有权重，可以通过反向传播算法来学习优化。前馈神经网络是一种强大的模型，能够处理非线性分类和回归任务。

在进行调整参数之前，我们首先需要了解 MLP 模型的一些重要超参数。

☑ 隐藏层数量：决定了模型的复杂度和能力。隐藏层越多，模型越复杂，但也容易过拟合。
- ☑ 每个隐藏层的神经元数量：较多的神经元可以提高模型的表达能力，但也会增加计算复杂度。
- ☑ 学习率：控制模型在每次迭代中更新权重的速度。较大的学习率可以加速模型的训练，但可能导致模型无法收敛；较小的学习率可以提高模型的稳定性，但训练速度较慢。
- ☑ 激活函数：用于在神经元中引入非线性。常见的激活函数包括 Sigmoid、ReLU 和 Tanh 等。选择适当的激活函数可以提高模型的拟合能力。
- ☑ 正则化参数：用于控制模型的复杂度，防止过拟合。常见的正则化方法包括 L1 正则化和 L2 正则化。
- ☑ 批量大小：指定每次更新权重时使用的样本数量。较大的批量可以提高训练速度，但可能导致模型陷入局部最优。

了解这些超参数的作用可以帮助我们更好地调整模型，以获得更好的性能。

构建 MLP 模型的一般步骤如下。

（1）准备数据：我们需要准备用于训练和测试的数据。通常，我们会将数据拆分为训练集和测试集，以便评估模型的性能。

（2）选择模型：根据问题的性质和要求，选择合适的 MLP 模型。

（3）设置初始超参数：选择初始超参数值，并创建 MLP 模型。

（4）训练模型：使用训练数据对模型进行训练，并通过反向传播算法更新权重。

（5）评估模型：使用测试数据评估模型的性能。常见的评估指标包括准确率、精确率、召回率和 F1 分数等。

（6）调整超参数：根据模型的性能，调整超参数的值，并重新训练模型。

（7）重复步骤（5）和（6）：直到找到最佳的超参数组合。

（8）评估最终模型：使用最佳超参数训练模型，并使用测试数据评估其性能。

3.4　学习率

学习率我们通常设为 0.1，但是在实践中如果验证集上的 loss 或者 accuracy 不变，可以考虑增加 2～5 倍的学习率。

1. Dropout 的原理

Dropout 在深度学习网络训练中是十分常用的,指的是以一定的概率 p 随机丢弃一部分神经元节点,而这个"丢弃"只是临时的,是针对每一次小批量的训练数据而言,由于是随机丢弃,因此每一次的神经网络结构都会不一样,相当于每次迭代都是在训练不同结构的神经网络,有点像传统机器学习中的 Bagging 方法。

具体实现上,在训练过程中,神经元的节点激活值以一定的概率 p 被"丢弃",也就是"停工"。因此,对于包含 N 个神经元节点的网络,在 Dropout 的作用下是生成 2 的 N 次方个模型的集合,这个过程会减弱全体神经元之间的联合适应性,减少过拟合的风险,而增强泛化能力。

2. Batch Normalization 的原理

因为神经网络的训练过程本质就是对数据分布的学习,因此,训练前对输入数据进行归一化处理显得很重要。我们知道,神经网络有很多层,每经过一个隐藏层,训练数据的分布会因为参数的变化而发生改变,导致网络在每次迭代中都需要拟合不同的数据分布,这样会增加训练的复杂度以及过拟合的风险。

因此我们需要对数据进行归一化处理(均值为 0,标准差为 1),把数据分布强制统一在一个数据分布下,而且这一步不是一开始做的,而是在每次进入下一层之前都需要做的。也就是说,在网路的每一层输入之前增加一个当前数据归一化处理,然后再输入到下一层网路中去训练。

3. Regularizations(正则化)的原理

Regularizations 一般就是 L1、L2 比较常见,也是用来防止过拟合的。

- ☑ L1 正则化会使得权重向量 w 在优化期间变得稀疏(如非常接近零向量)。带有 L1 正则化项结尾的神经网络,仅使用它的最重要的接近常量的噪声输入,作为一个稀疏的子集。相比之下,最终的权重向量从 L2 正则化通常是分散的小数字。在实践中,如果你不关心明确的特征选择,可以预计 L2 正则化比 L1 的性能优越。
- ☑ L2 正则化也许是最常用的正则化的形式。它可以通过将模型中所有的参数的平方级作为惩罚项加入目标函数(objective)中来实现,L2 正则化对尖峰向量的惩罚很强,并且倾向于分散权重的向量。

4. Model Ensemble(模型集成)的原理

模型集成在现实中很常用,通俗来说就是针对一个目标,训练多个模型,并将各个模型的预测结果进行加权，输出最后结果。主要有以下 3 种方式。
- ☑ 相同模型，不同的初始化参数。
- ☑ 集成几个在验证集上表现效果较好的模型。
- ☑ 直接采用相关的 Boosting 和 Bagging 算法。

```python
import numpy as np

class FeedForwardNN:
    def __init__(self, input_size, hidden_size, output_size):
        # 初始化神经网络的参数
        self.weights1 = np.random.randn(input_size, hidden_size)
        self.bias1 = np.zeros((1, hidden_size))
        self.weights2 = np.random.randn(hidden_size, output_size)
        self.bias2 = np.zeros((1, output_size))

    def forward(self, x):
        # 前向传播，计算输出值
        self.z1 = np.dot(x, self.weights1) + self.bias1
        self.a1 = np.tanh(self.z1)
        self.z2 = np.dot(self.a1, self.weights2) + self.bias2
        self.output = self.z2

    def backward(self, x, y):
        # 反向传播，计算参数的梯度
        m = x.shape[0]
        delta2 = self.output - y
        dweights2 = np.dot(self.a1.T, delta2) / m
        dbias2 = np.sum(delta2, axis=0, keepdims=True) / m
        delta1 = np.dot(delta2, self.weights2.T) * (1 - np.power(self.a1, 2))
        dweights1 = np.dot(x.T, delta1) / m
        dbias1 = np.sum(delta1, axis=0) / m

        # 更新参数
        self.weights1 -= 0.1 * dweights1
        self.bias1 -= 0.1 * dbias1
        self.weights2 -= 0.1 * dweights2
```

```
        self.bias2 -= 0.1 * dbias2

    def train(self, x, y, epochs):
        # 训练神经网络
        for i in range(epochs):
            self.forward(x)
            self.backward(x, y)

    def predict(self, x):
        self.forward(x)
        return self.output
```

在上面这个示例中,定义了一个名为 FeedForwardNN 的类,它有三个初始化参数:输入层神经元数量 input_size,隐藏层神经元数量 hidden_size,输出层神经元数量 output_size。在初始化方法 __init__ 中,根据这些参数随机初始化了权重和偏置。

该类有三个主要的方法:前向传播方法 forward,反向传播方法 backward 和预测方法 predict。在前向传播方法 forward 中,使用权重和偏置计算加权和,然后通过 tanh 函数计算激活值。在输出层,直接计算加权和和输出值。在反向传播方法 backward 中,首先计算误差,然后计算参数的梯度,并使用梯度下降法更新参数。在训练方法 train 中,进行前向传播和反向传播的交替训练。在预测方法 predict 中,使用训练好的模型进行预测,并返回预测值。

这个示例是一个简单的前馈神经网络,可以用来解决分类和回归问题。

前馈神经网络的具体实例是基于 MNIST 手写数字数据集的手写数字识别问题。该问题的目标是根据输入的手写数字图像,判断其代表的数字是什么。下面是一个简单的前馈神经网络的实现示例。

```
import numpy as np
from sklearn.datasets import fetch_openml
from sklearn.model_selection import train_test_split
# 加载 MNIST 手写数字数据集
mnist = fetch_openml('mnist_784')
X, y = mnist.data / 255., mnist.target.astype(int)
X_train, X_test, y_train, y_test = train_test_split(X, y, test_size=0.2, random_state=42)
# 定义前馈神经网络
```

```python
class FeedForwardNN:
    def __init__(self, input_size, hidden_size, output_size):
        self.weights1 = np.random.randn(input_size, hidden_size) * 0.01
        self.bias1 = np.zeros((1, hidden_size))
        self.weights2 = np.random.randn(hidden_size, output_size) * 0.01
        self.bias2 = np.zeros((1, output_size))
    def forward(self, x):
        self.z1 = np.dot(x, self.weights1) + self.bias1
        self.a1 = np.tanh(self.z1)
        self.z2 = np.dot(self.a1, self.weights2) + self.bias2
        self.output = self.softmax(self.z2)
    def backward(self, x, y):
        m = x.shape[0]
        delta2 = self.output - y
        dweights2 = np.dot(self.a1.T, delta2) / m
        dbias2 = np.sum(delta2, axis=0, keepdims=True) / m
        delta1 = np.dot(delta2, self.weights2.T) * (1 - np.power(self.a1, 2))
        dweights1 = np.dot(x.T, delta1) / m
        dbias1 = np.sum(delta1, axis=0) / m
        self.weights1 -= 0.1 * dweights1
        self.bias1 -= 0.1 * dbias1
        self.weights2 -= 0.1 * dweights2
        self.bias2 -= 0.1 * dbias2
    def train(self, x, y, epochs):
        for i in range(epochs):
            self.forward(x)
            self.backward(x, y)
    def predict(self, x):
        self.forward(x)
        return np.argmax(self.output, axis=1)
    def softmax(self, z):
        e_z = np.exp(z - np.max(z, axis=1, keepdims=True))
        return e_z / np.sum(e_z, axis=1, keepdims=True)
# 初始化神经网络
input_size = X_train.shape[1]
hidden_size = 128
```

```
output_size = 10
nn = FeedForwardNN(input_size, hidden_size, output_size)
# 训练神经网络
nn.train(X_train, np.eye(output_size)[y_train], epochs=100)
# 测试神经网络
y_pred = nn.predict(X_test)
accuracy = np.mean(y_pred == y_test)
print("Accuracy: %.2f%%" % (accuracy * 100))
```

3.5 激活函数

对于 y=ax+b 这样的函数，当 x 的输入很大时，y 的输出也是无限大的，经过多层网络叠加后，值更加膨胀，这显然不符合我们的预期，很多情况下我们希望的输出是一个概率。

线性的表达能力有限，如果不用激励函数，每一层节点的输入都是上一层输出的线性函数，很容易验证，即使经过多层网络的叠加，输出都是输入的线性组合，与没有隐藏层效果相当，这种情况就是最原始的感知机（Perceptron）了，那么网络的逼近能力就相当有限。

总结，激活函数的作用是用来加入非线性因素的，因为线性模型的表达能力不够，而引入了非线性函数作为激励函数，这样深层神经网络表达能力就更加强大，不再是输入的线性组合。

- ☑ 线性激活函数：用于分离非线性可分的数据，是最常用的激活函数。非线性方程控制输入到输出的映射。
- ☑ 非线性激活函数：有 sigmoid、tanh、reLU、Leaky ReLU 等，下文中将详细介绍这些激活函数。

1. sigmoid 激活函数

如图 3-6 所示，sigmoid 函数的图像看起来像一个 S 形曲线。函数表达式如下。

$$f(z) = \frac{1}{1+e^{-z}}$$

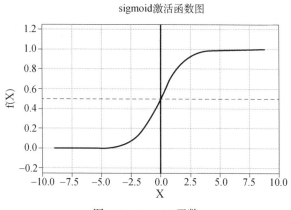

图 3-6　sigmoid 函数

那么，在什么情况下适合使用 sigmoid 激活函数呢？

sigmoid 函数的输出范围是 0～1。由于输出值限定在 0～1，因此它对每个神经元的输出进行了归一化。

由于概率的取值范围是 0～1，因此 sigmoid 函数非常合适用于将预测概率作为输出的模型。梯度平滑，避免跳跃的输出值。函数是可微的这意味着可以找到任意两个点的 sigmoid 曲线的斜率。明确的预测，即非常接近 1 或 0。

- ☑ sigmoid 的优点：sigmoid 应该是神经网络中使用最频繁的激励函数了，它把一个实数（输入的连续实值）压缩到 0～1，当输入的数字非常大的时候，结果会接近 1；当输入非常大的负数时，则会得到接近 0 的结果。在早期的神经网络中使用非常多，因为它很好地解释了神经元受到刺激后是否被激活和向后传递的场景（0：几乎没有被激活；1：完全被激活）。
- ☑ sigmoid 的缺点：近几年在深度学习的应用中比较少见到它的身影，因为使用 sigmoid 函数容易出现梯度弥散或者梯度饱和。当神经网络的层数很多时，如果每一层的激活函数都采用 sigmoid 函数，就会产生梯度弥散和梯度爆炸的问题，其中梯度爆炸发生的概率非常小，而梯度消失发生的概率比较大。

从 sigmoid 函数的导数图可以看到，如果我们初始化神经网络的权重为 [0, 1] 区间的随机数值，则由反向传播算法的数学推导可知，当梯度从后向前传播时，每传递一层梯度值都会减少为原来的 0.25 倍，因为利用反向传播更新参数时，会乘它的导数，所以会一直减少。如果输入的是比较大或比较小的数（例如，输入 100，经 sigmoid 函数计算后结果接近于1,梯度接近于0),会产生梯度消失现象(饱和效应),导致神经元类似于死亡状态。而当网络权重初始化为(1,+∞)区间的值,则会出现梯度爆炸的情况。

另外,sigmoid 函数的 output 不是 0 均值(zero-centered),这是不可取的,因为这会导致后一层的神经元将得到的上一层输出的非 0 均值的信号作为输入。产生一个结果:如 x > 0,则 f = wTx + b,那么对 w 求局部梯度则都为正,这样在反向传播的过程中,w 要么都往正方向更新,要么都往负方向更新,导致一种捆绑的效果,使得收敛缓慢。当然了,如果按照 batch 去训练,那么可能得到不同的信号,所以这个问题还是可以缓解一下的。因此,非 0 均值这个问题虽然会产生一些不好的影响,不过跟上面提到的梯度消失问题相比还是好很多的。

2. tanh 双曲正切激活函数

如图 3-7 所示,tanh 激活函数的图像也是 S 形,其表达式如下。

$$f(z) = \tanh(z) = \frac{\sinh z}{\cosh z} = \frac{e^z - e^{-z}}{e^z + e^{-z}}$$

tanh 是一个双曲正切函数。tanh 函数和 sigmoid 函数的曲线相似,但是它比 sigmoid 函数更有一些优势。

(1)当输入较大或较小时,输出几乎是平滑的并且梯度较小,这不利于权重更新。二者的区别在于输出间隔,tanh 的输出间隔为 1,并且整个函数以 0 为中心,比 sigmoid 函数更好。

如图 3-7 所示,负输入将被强映射为负,而零输入被映射为接近零。

注意:在一般的二元分类问题中,tanh 函数用于隐藏层,而 sigmoid 函数用于输出层。但这并不是固定的,需要根据特定问题进行调整。

(2)同样的,tanh 激活函数和 sigmoid 激活函数一样存在梯度消失的问题,但是 tanh 激活函数整体效果会优于 sigmoid 激活函数。

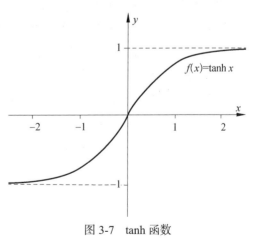

图 3-7 tanh 函数

为什么 sigmoid 和 tanh 激活函数会出现梯度消失的现象？

两者在 z 很大（正无穷）或者很小（负无穷）的时候，其导函数都会趋近于 0，因而造成了梯度消失的现象。

tanh 是双曲函数中的一个，tanh()为双曲正切，关于原点中心对称。在数学中，双曲正切 tanh 是由双曲正弦和双曲余弦这两者的基本双曲函数推导而来的。

（3）tanh 正切函数是非常常见的激活函数，与 sigmoid 函数相比，它的输出均值是 0，使得其收敛速度要比 sigmoid 快，减少迭代次数。相对于 sigmoid 的好处是，它的输出的均值为 0，克服了第二点缺点。但是当饱和的时候还是会杀死梯度。

（4）在神经网络的应用中，tanh 通常要优于 sigmoid，因为 tanh 的输出在-1～1，均值为 0，更方便下一层网络的学习。但是有一个例外，如果做二分类，则输出层可以使用 sigmoid，因为它可以算出属于某一类的概率。

（5）tanh 解决了 sigmoid 函数的不是 zero-centered 输出问题，tanh 函数将输入值压缩到-1～1，该函数与 sigmoid 类似，也存在着梯度弥散或梯度饱和和幂运算的缺点。

3. ReLU 激活函数

针对 sigmoid 和 tanh 的缺点，提出了 ReLU 函数。线性整流函数（Rectified Linear Unit，ReLU），又称修正线性单元，是一种人工神经网络中常用的激活函数（activation function），通常指代以斜坡函数及其变种为代表的非线性函数。

ReLU 最近几年比较受欢迎的一个激活函数，无饱和区，收敛快，计算简单。但有时候也会比较脆弱，如果变量的更新太快，还没有找到最佳值，就进入小于零的分段，则会使得梯度变为零，无法更新直接死掉。

ReLU 激活函数图像、函数表达式如图 3-8 所示。

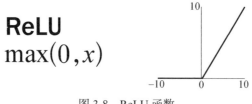

图 3-8　ReLU 函数

ReLU 函数是深度学习中较为流行的一种激活函数，相比于 sigmoid 函数和 tanh 函数，ReLU 的优点分析如下。

ReLU 是修正线性单元（the rectified linear unit）的简称，近些年来在深度学习中使用得很多，可以解决梯度弥散问题。ReLU 函数就是一个取最大值函数，因为它的导数等于 1 或者就是 0（注意：它并不是全区间可导的，但是我们可以取 Sub-gradient）。相对于 sigmoid 和 tanh 激励函数，对 ReLU 求梯度非常简单，计算也很简单，可以非常大程度地提升随机梯度下降的收敛速度（因为 ReLU 是线性的，而 sigmoid 和 tanh 是非线性的）。所以，ReLU 具有以下几大优点。

- 解决了 gradient vanishing （梯度消失）问题（在正区间）。
- 计算方便，求导方便，计算速度非常快，只需要判断输入是否大于 0。
- 收敛速度远远大于 sigmoid 函数和 tanh 函数，可以加速网络训练。

ReLU 的缺点是比较脆弱，随着训练的进行，可能会出现神经元死亡的情况。例如，有一个很大的梯度流经 ReLU 单元后，其权重的更新结果可能是，在此之后任何的数据点都没有办法再激活它了。如果发生这种情况，那么流经神经元的梯度从这一点开始将永远是 0。也就是说，ReLU 神经元在训练中不可逆地死亡了。

ReLU 的缺点，总结如下。

- 由于负数部分恒为零，因此会导致一些神经元无法激活。
- 输出不是以 0 为中心。
- 当 x 为负时导数等于零，但是在实践中没有问题，也可以使用 leaky ReLU。

ReLU 应用时，也有几个需要特别注意的问题。

- ReLU 的输出不是 zero-centered。
- 某些神经元可能永远不会被激活，导致相应的参数永远不会被更新，有两个主要原因可能导致这种情况产生。一是非常不幸的参数初始化，这种情况比较少见；二是 learning rate 太高，导致在训练过程中参数更新太大，不幸使网络进入这种状态。解决方法是采用 Xavier 初始化，以及避免将 learning rate 设置太大或使用 adagrad 等自动调节 learning rate 的算法。尽管存在这两个问题，ReLU 目前仍然是最常见的激活函数，在搭建人工神经网络的时候推荐优先尝试。

4. Leaky ReLU 函数

Leaky ReLU 函数图像如图 3-9 所示。

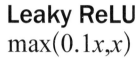
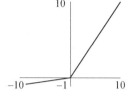

图 3-9　Leaky ReLU 函数

Leaky ReLU 是一种专门被设计用于解决 Dead ReLU 问题的激活函数。

为了解决 Dead ReLU Problem，提出了将 ReLU 的前半段设为 ax 而非 0，通常 a = 0.01。另一种直观的想法是基于参数的方法，即 ParmetricReLU：f（x）=max（ax，x），其中 a 可由方向传播算法得出。理论上来说，Leaky ReLU 有 ReLU 的所有优点，外加不会有 Dead ReLU Problem，但是在实际操作当中，并没有完全证明 Leaky ReLU 总是好于 ReLU。

Leaky ReLU 主要是为了避免梯度消失。当神经元处于非激活状态时，允许一个非 0 的梯度存在，这样不会出现梯度消失，而且收敛速度快。其优缺点和 ReLU 类似。

3.6　深度学习

深度学习可以解决特征工程的自动化问题，自动提取和组合特征，特征可以被计算机认识，被迭代学习。

计算机视觉（图像）处理中的特征提取和关键点识别的最大挑战在移动端支撑速度慢，因为特征量太大了。用上千万级别的参数来训练，该如何优化网络？

如图 3-10 所示，深度学习网络框架包括样本处理、神经网络构建和反向传播三个部分。

一般来说，如果数据规模小，那么机器学习和深度学习相比，其效果差不多。如果数据规模大，那么深度学习（百万级别）的效果会更好。

比如一个图像：32×32×3=3072 个像素点的猫（像素点对分类结果影响不一样，用 W 权重参数表示，针对猫这个分类），F（X，W）=WX，（10×3072）得分 3072×1 个 X，3071×1 个 W（1 个类别），得到一个值，一个类别；如果是 10 个类别，包括狗、猫、猪、鸡等，变化 10 种不同的 W，形成一个 W 矩阵，得到 10×1 个不同的类别的得分，通过不断改变 W 矩阵，形成可以识别的结果。如何衡量，用损失函数。

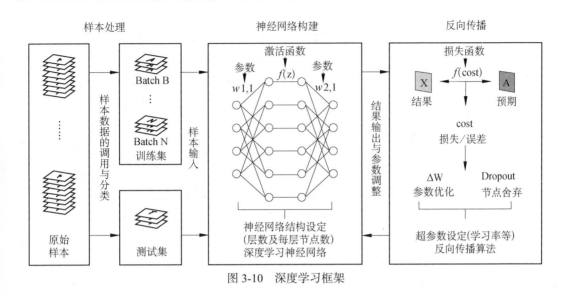

图 3-10 深度学习框架

3.7 卷积神经网络详解

卷积神经网络,其名字就来自于其中的卷积操作。卷积的主要目的是从输入图像中提取特征。卷积的"卷"从文字上解释,理解为提取图像的特征。不同的卷积核在对图像分别进行卷积后可以得到不同的特征图(feature map)。单定义:设 f(x),g(x) 是 R1 上的两个可积函数。作积分:可以证明,关于几乎所有的实数 x,上述积分是存在的。这样,随着 x 的不同取值,这个积分就定义了一个新函数。

$$\int_{-\infty}^{\infty} f(t)g(x-t)\mathrm{d}t$$

一个函数 f(t)(如单位响应)在另一个函数 g(x-t)(如输入信号)上的加权叠加。例如,运动的火车作为输入信号用函数表示 g(x-t),山洞用函数表示 f(t),火车在山洞中的每一时刻的相对位置的积分累计,就是一个动态过程的叠加面积计算。

1. 神经元

神经网络由大量的神经元相互连接而成。如图 3-11 所示,每个神经元在接收线性组合

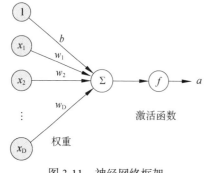

的输入后,最开始只是简单的线性加权,后来给每个神经元都加上了非线性的激活函数,进行非线性变换后输出。每两个神经元之间的连接代表加权值,称之为权重(weight)。不同的权重和激活函数会导致神经网络不同的输出。

举个手写识别的例子。给定一个未知数字,让神经网络识别是什么数字。此时神经网络的输入由一组被输入图像的像素所激活的输入神经元所定义。在通过非线性激活函数进行非线性变换后,神经元被激活,

图 3-11 神经网络框架

然后被传递到其他神经元。重复这一过程,直到最后一个输出神经元被激活,从而识别当前是什么数字。

关于神经元的基础概念如下。

- ☑ 深度(depth):是卷积操作所需的滤波器个数,也就是卷积核的个数。
- ☑ 步长(stride):是我们在输入矩阵上滑动滤波矩阵的像素数。当步长为 1 时,我们每次移动滤波器一个像素的位置。当步长为 2 时,我们每次移动滤波器跳过两个像素。步长越大,得到的特征图越小。
- ☑ 零填充(zero-padding):如果在输入矩阵的边缘使用零值进行填充,我们就可以对输入图像矩阵的边缘进行滤波。零填充的一大好处是可以让我们控制特征图的大小。使用零填充的也叫作泛卷积,不使用零填充的叫作严格卷积。
- ☑ 卷积层:卷积网络是由卷积层、汇聚层、全连接层交叉堆叠而成。
- ☑ 池化层:池化层夹在连续的卷积层中间,用于压缩数据和参数的量,减少过拟合。简而言之,如果输入的是图像,那么池化层的最主要作用就是压缩图像。下采样层也叫池化层。
- ☑ 激励层:卷积神经网络在卷积后需要激活,把卷积层输出结果做非线性映射就是激励层的作用。激活函数是用来加入非线性因素的,因为线性模型的表达能力不够。
- ☑ 全连接层:在整个卷积神经网络中起到"分类器"的作用。换句话说,就是把特征整合到一起(高度提纯特征),方便交给最后的分类器或者回归。全连接层会把卷积输出的二维特征图(featureMap)转化成一个一维的向量。

如图 3-12 所示，一个卷积块包括连续 M 个卷积层和 b 个汇聚层（M 通常设置为 2～5，b 为 0 或 1）。一个卷积网络中可以堆叠 N 个连续的卷积块，然后再接着 K 个全连接层（N 的取值区间比较大，如 1～100 或者更大；K 一般为 0～2）。

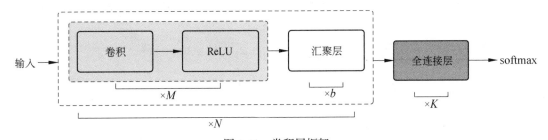

图 3-12　卷积层框架

2. 二维卷积

二维卷积的表示，如果在图像处理中，其图像是以二维矩阵的形式输入到神经网络中的。如图 3-13 所示，卷积核和原图像的矩阵相乘后形成新的特征图。

1	1	1 ×−1	1 ×0	1 ×0
−1	0	−3 ×0	0 ×0	1 ×0
2	1	1 ×0	−1 ×0	0 ×1
0	−1	1	2	1
1	2	1	1	1

*

1	0	0
0	0	0
0	0	−1

=

0	−2	−1
2	2	4
−1	0	0

图 3-13　二维卷积

3. 三维卷积

三维卷积的表示，如图 3-14 所示，分为三层。

（1）第一层：

☑ 输入：是 32×32×3 的三维图像。

☑ 卷积核：5×5×6。

☑ 步长：1。

☑ 卷积计算后输出：28×28×6。

☑ 池化计算后输出：14×14×6。

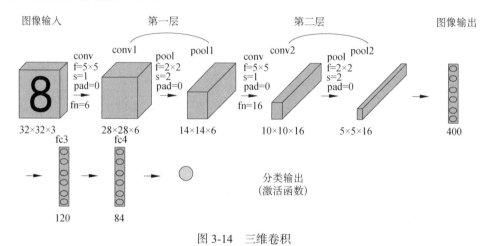

图 3-14　三维卷积

（2）第二层：

☑ 输入：是 14×14×6 的三维图像。

☑ 卷积核：5×5×16。

☑ 步长：2。

☑ 卷积计算后输出：10×10×16。

☑ 池化计算后输出：5×5×16。

（3）其他层的表示与第一层和第二层类似。

下面介绍三维卷积的数据表达方法。

如图 3-15 所示，三维卷积的运算，对图像（不同的数据窗口数据）和滤波矩阵（一组固定的权重，因为每个神经元的多个权重固定，所以又可以看作一个恒定的滤波器 filter）做内积（逐个元素相乘再求和）的操作，就是所谓的卷积操作。

☑ 卷积是提起特征，池化是压缩特征。

☑ CNN 的卷积核通道数=卷积输入层的通道数：C=3。

☑ CNN 的卷积输出层通道数（深度）=卷积核的个数：P=2。

在卷积层的计算中，假设输入是 H×W×C，C 是输入的深度（即通道数），那么卷积核（滤波器）的通道数需要和输入的通道数相同，所以也为 C，假设卷积核的大小为 K×K，一个卷积核就为 K×K×C，计算时卷积核的对应通道应用于输入的对应通道，这样一个卷积核应用于输入就得到输出的一个通道。假设有 P 个 K×K×C 的卷积核，这样每个卷积核应用于输入都会得到一个通道，输出有 P 个通道，K=3。

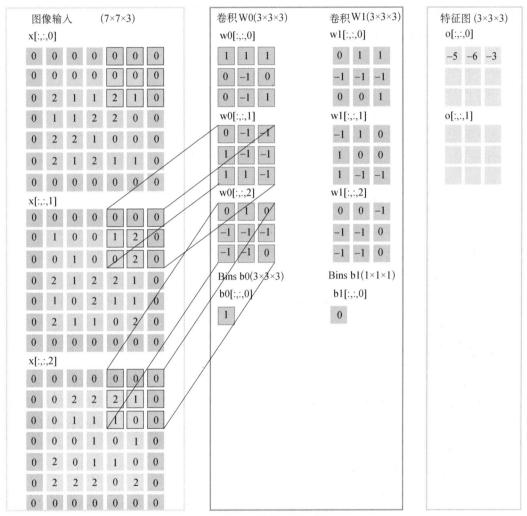

图 3-15 三维卷积的运算

具体实现步骤如下。

如图 3-15 所示，中间框内就是一个滤波器，即带着一组固定权重的神经元。多个滤波器叠加便成了卷积层。在卷积层中，每个神经元连接数据窗的权重是固定的，每个神经元只关注一个特性。神经元就是图像处理中的滤波器，如边缘检测专用的 Sobel 滤波器，即卷积层的每个滤波器都会有自己所关注的一个图像特征，如垂直边缘、水平边缘、颜色、纹理等，所有神经元加起来就好比是整张图像的特征提取器集合。

4. 卷积神经网络的优势

相比传统特征提取方法，卷积神经网络不需要人工进行特征提取。受启发于生物神经元，激活函数用于仿真，当生物电信号超过了某一阈值，就被传递给下一个神经元；损失函数用于指导网络学习到被期望学习的东西。

卷积神经网络的优势如下。

- ☑ 局部连接。每个神经元只和前一层部分神经元连接，这可以加快网络收敛和减少参数。这个优点是和全连接网络比较的，全连接层一般会拥有大量的参数，这会使模型过于庞大、优化速度慢、计算量大、过拟合等。

- ☑ 权重共享。一组连接可以共享相同的权重。实际上卷积神经网络也存在着权重共享，如使用一个卷积核对前一层的 n 个通道进行卷积计算，这相当于是通道共享和图共享了卷积。

- ☑ 下采样减少维度。池化层通过提取某个区域内最重要的信息（最大值或平均值）来减少数据量。

5. 卷积神经网络的主要结构

（1）输入层：CNN 的输入一般是二维向量，可以有高度，如 RGB 图像。

（2）卷积层：卷积层是 CNN 的核心，层的参数由一组可学习的滤波器（filter）或内核（kernels）组成，它们具有小的感受野，延伸到输入容积的整个深度。卷积层的作用是对输入层进行卷积，提取更高层次的特征。

（3）池化层：又称为下采样，它的作用是减小数据处理量同时保留有用信息。池化层的作用可以描述为模糊图像，丢掉了一些不是那么重要的特征。池化层一般包括均值池化、最大池化、高斯池化、可训练池化等。

（4）激活层：主要是把卷积层的输出结果做非线性映射，常用的激励函数有 ReLU、sigmoid、tanh、Leaky ReLU 等。CNN 采用的激励函数一般为 ReLU，它的特点是收敛快、求梯度简单，但较脆弱。

（5）连接层：全连接层是一个常规的神经网络，它的作用是对经过多次卷积层和多次池化层所得出的高级特征进行全连接（全连接就是常规神经网络的性质），算出最后的预测值。

（6）输出层：输出层输出对结果的预测值，一般会加一个 softmax 层。

6. 经典的卷积神经网络

考虑到关键技术里程碑，我们只介绍几个核心网络，包括 LeNet-5、AlexNet、VGG、GoogLeNet、ResNet。

（1）LeNet-5 网络：被用于手写字符识别。网络结构如图 3-16 所示，共有 7 层，两个卷积层，两个池化层，3 个全连接层。

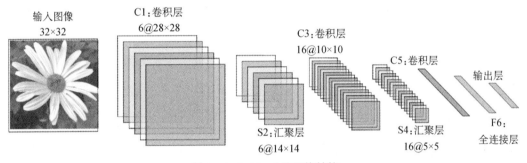

图 3-16　LeNet-5 的网络结构

LeNet5 网络虽然很小，但是包含了深度学习的基本模块：卷积层、池化层、全连接层。LeNet5 共有七层，不包含输入，每层都包含可训练参数，每个层都有多个 Feature Map，每个 Feature Map 通过一种卷积滤波器提取输入的一种特征，然后每个 Feature Map 都有多个神经元。

输入 32×32 的手写字体图片，这些手写字体包含 0～9 的数字，也就相当于 10 个类别的图片。输出为分类结果，即 0～9 的一个数（softmax）。

（2）AlexNet 网络：AlexNet 获得了 2012 年 ImageNet 竞赛的冠军。网络结构如图 3-17 所示，共有 8 层，包括 5 个卷积层和 3 个全连接层。

AlexNet 的主要创新在于使用 ReLU 或 ReLU 的常见变体作为激活函数。其次，AlexNet 使用了 Dropout，并用最大池化替代了平均池化。此外，AlexNet 使用 LRN 进行了标准化，提高了模型泛化性。AlexNet 还使用了双 GPU 训练组卷积，并进行了数据增广。

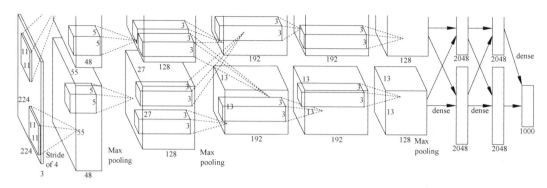

图 3-17　AlexNet 的网络结构

（3）VGG 网络：如图 3-18 所示，VGG 包含一系列的网络，证明了增加网络深度可以提高最终性能。

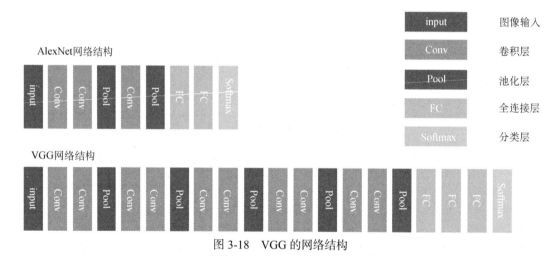

图 3-18　VGG 的网络结构

VGG 的主要创新在于移除了 LRN 层，使用 3×3 卷积核替代了 5×5 卷积。因为两个 3×3 卷积可以达到和一个 5×5 相等的感知域，然而参数量更少。

（4）GoogLeNet 网络：如图 3-19 所示，GoogLeNet 通过堆叠多个 Inception 模块实现了参数更少、效果更好的网络（相比于 VGG 和 AlexNet）。

GoogLeNet 遇到了什么问题？

☑ 参数太多，如果训练数据集有限，很容易产生过拟合。

☑ 网络越大、参数越多，计算复杂度就越大，难以应用。

☑ 网络越深，就容易出现梯度弥散问题（梯度越往后穿，越容易消失），难以优化模型。

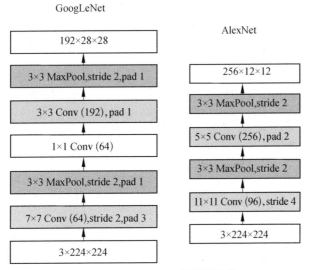

图 3-19　GoogLeNet 的网络结构

以上问题该如何解决？

解决方法就是在增加网络深度和宽度的同时减少参数，为了减少参数，自然就想到将全连接变成稀疏连接。但是在实现上，当全连接变成稀疏连接后，实际的计算量并不会有质的提升，因为大部分硬件是针对密集矩阵计算优化的，稀疏矩阵虽然数据量少，但是计算所消耗的时间却很难减少。

那么，有没有一种方法既能保持网络结构的稀疏性，又能利用密集矩阵的高计算性能。大量的文献表明，可以将稀疏矩阵聚类为较为密集的子矩阵来提高计算性能，就如人类的大脑可以被看作神经元的重复堆积，因此，GoogLeNet 团队提出了 Inception 网络结构，就是构造一种"基础神经元"结构，来搭建一个稀疏性、高计算性能的网络结构。

GoogLeNet 的创新有哪些？

①GoogLeNet 采用了模块化的结构（Inception 结构），以方便增添和修改。

②网络最后采用了 average pooling（平均池化）来代替全连接层，该想法来自 NIN（network in network），事实证明这样可以将准确率提高 0.6%。但是，实际在最后还是加了一个全连接层，主要是为了方便对输出进行灵活调整。

③虽然移除了全连接，但是网络中依然使用了 Dropout。

④为了避免梯度消失,网络额外增加了两个辅助的 softmax 用于向前传导梯度(辅助分类器)。辅助分类器是将中间某一层的输出用作分类,并按一个较小的权重(0.3)加到最终分类结果中,这样相当于做了模型融合,同时给网络增加了反向传播的梯度信号,也提供了额外的正则化,对于整个网络的训练很有裨益。而在实际测试的时候,这两个额外的 softmax 会被去掉。

(5)ResNet 网络:ResNet 的网络结构如图 3-20 所示,深层的网络一般比浅层网络性能更好。但是网络太深会带来梯度消失和梯度爆炸的问题。VGG 网络达到 19 层后再增加层数就开始导致分类性能的下降。

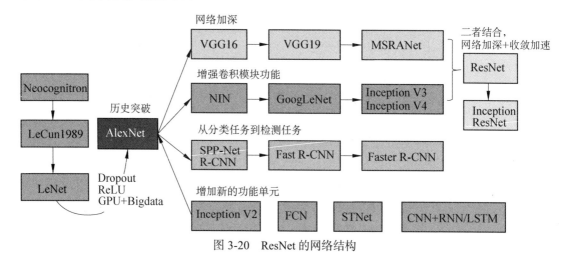

图 3-20 ResNet 的网络结构

ResNet 要解决的是深度神经网络的"退化"问题。对浅层网络逐渐叠加 layers,模型在训练集和测试集上的性能会变好,因为模型复杂度更高了,表达能力更强,可以对潜在的映射关系拟合得更好。而"退化"指的是,给网络叠加更多的层后,性能却快速下降的情况。有两种解决思路,一种是调整求解方法,如更好的初始化、更好的梯度下降算法等;另一种是调整模型结构,让模型更易于优化,改变模型结构实际上是改变了 error surface 的形态。

ResNet 设计网络为 H(x)= F(x)+x,即直接把恒等映射作为网络的一部分。可以把问题转化为学习一个残差函数 F(x)= H(x)−x,只要 F(x)=0,就构成了一个恒等映射 H(x)= x。而且拟合残差至少比拟合恒等映射容易得多。

第4章 Transformer

4.1 Transformer 原理

4.1.1 背景

具有序列性质的数据，如一段文本、语音信号、视频、股市趋势等，这些序列数据样本间具有相关性，一个样本对应的标记是由其自身和其他样本共同决定的，序列数据的长度通常是不固定的。传统的循环神经网络（RNN）、门控循环单元（GRU）和长短期记忆网络（LSTM）通过引入状态变量存储过去的信息和当前的输入，从而可以确定当前的输出，在处理序列数据任务上取得了很好的效果，已经被广泛应用于自然语言处理、语音识别、股市预测等。但是，该类模型存在着两个主要问题：一是难以并行计算，二是难以捕捉长距离依赖关系。为了解决这些问题，2017 年 Google 提出了一种全新的模型架构——Transformer。Transformer 模型具有更好的并行性能和更短的训练时间，因此在序列数据处理任务中得到了广泛应用。

Transformer 抛弃了传统的 CNN 和 RNN，整个网络结构完全是由 Attention 机制组成的。作者采用 Attention 机制的原因是考虑到 RNN（或者 LSTM、GRU 等）的计算限制为顺序的，也就是说 RNN 系列算法只能从左向右依次计算或者从右向左依次计算，这种机制带来了两个问题：

- ☑ 时间片 T 的计算依赖 T−1 时刻的计算结果，这样限制了模型的并行计算能力。
- ☑ 顺序计算反向传播过程中会出现梯度爆炸和梯度消失的现象，尽管 LSTM 等机制的结构在一定程度上缓解了这种现象，但是并未完全解决。

Transformer 的提出解决了上面两个问题。首先它使用了 Attention 机制，将序列中的任意两个位置之间的距离缩小为一个常量，在分析预测更长的文本时，捕捉间隔较长的语义关联效果更好；其次它不是类似 RNN 的顺序结构，因此具有更好的并行性，符合现有的 GPU 框架，能够利用分布式 GPU 进行并行训练，提升模型训练效率。

4.1.2 模型架构

Transformer 模型设计之初，被用于解决机器翻译问题，是完全基于注意力机制构建的编码器-解码器架构，编码器和解码器均由若干个具有相同结构的层叠加而成，每一层的参数不同。编码器主要负责将输入序列转化为一个定长的向量表示，解码器则将这个向量解码为输出序列。如图 4-1 所示，Transformer 总体架构可分为四个部分：输入部分、编码器、解码器、输出部分。

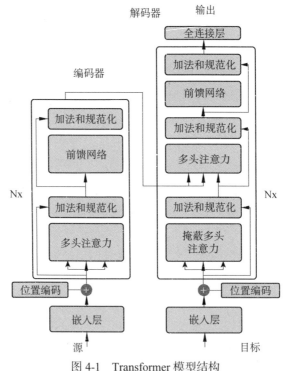

图 4-1 Transformer 模型结构

(1)输入模块结构如下。
☑ 源文本嵌入层及其位置编码器。
☑ 目标文本嵌入层及其位置编码器。
输入部分的嵌入层说明如下。
源文本和目标文本都使用了嵌入层,将文本中的词汇转变为向量表示,用于在高维空间捕捉词汇间的语义关系,实现代码如下。

```
class Embeddings(nn.Module):
    def __init__(self, d_model, vocab):
        # d_model:向量表示的维度
        # vocab:词汇表大小
        super(Embeddings, self).__init__()
        self.lut = nn.Embedding(vocab, d_model)
        self.d_model = d_model
    def forward(self, x):
# self.lux(x)归一化为1, d_model越大,每个元素值越小
# * math.sqrt(self.d_model)是为了和位置编码向量的每个元素[-1,1]数值具有可比性
        return self.lut(x) * math.sqrt(self.d_model)
```

下面的例子显示嵌入层的向量表示的形状为(批量大小,序列长度,特征维度)。

```
d_model = 5
vocab = 10
emb = Embeddings(d_model, vocab)
batch_size = 1
max_seq_len = 3
x = torch.randint(0, vocab, size=(batch_size, max_seq_len))
out = emb(x)
print(out.shape)
torch.Size([1, 3, 5])
```

(2)编码器模块结构如下。
☑ 由 N 个编码器层堆叠而成。
☑ 每个编码器层由两个子层连接结构组成。
☑ 第一个子层连接结构包括一个多头自注意力子层、规范化层和一个残差连接。
☑ 第二个子层连接结构包括一个前馈全连接子层、规范化层和一个残差连接。
编码器 encoder 包含两层,一个 self-attention 层和一个前馈神经网络。self-attention 能帮助当前节点不只关注当前的词,从而能获取上下文的语义。

（3）解码器模块结构如下。
- ☑ 由 N 个解码器层堆叠而成。
- ☑ 每个解码器层由三个子层连接结构组成。
- ☑ 第一个子层连接结构包括一个多头自注意力子层、规范化层和一个残差连接。
- ☑ 第二个子层连接结构包括一个多头注意力子层、规范化层和一个残差连接。
- ☑ 第三个子层连接结构包括一个前馈全连接子层、规范化层和一个残差连接。

解码器 decoder 也包含 encoder 提到的两层网络，但是在这两层网络中间还有一层 attention 层，能帮助当前节点获取当前需要关注的重点内容。

（4）输出模块结构如下。
- ☑ 线性层。
- ☑ softmax 层。

4.1.3 位置编码器

在 Transformer 的编码器-解码器架构中，并没有针对词汇位置信息的处理。为了使用序列的位置信息，在嵌入层的向量表示中加入位置编码来表达词汇的绝对位置或相对位置信息，以弥补位置信息的缺失。位置编码可以通过随机初始化并进行学习得到，也可以使用基于正弦函数和余弦函数的固定位置编码，在 Transformer 中使用的是后者。

假设嵌入层 $X \in \mathbb{R}^{n \times d}$ 是一个包含 n 个词汇的 d 维向量表示，位置编码使用相同形状的位置嵌入矩阵 $P \in \mathbb{R}^{n \times d}$，输出矩阵为 $X + P$。矩阵 P 的第 i 行、第 $2j$ 列和第 $2j+1$ 列上的元素为：

$$P_{i,2j} = \sin\left(\frac{i}{10000^{2j/d}}\right)$$

$$P_{i,2j+1} = \cos\left(\frac{i}{10000^{2j/d}}\right)$$

位置编码器的实现代码如下。

class PositionalEncoding（nn.Module）:

```
    "Implement the PE function."
    def __init__(self, d_model, dropout, max_len=5000):
        super(PositionalEncoding, self).__init__()
        self.dropout = nn.Dropout(p=dropout)
```

```python
        # Compute the positional encodings once in log space.
        self.pe = torch.zeros(max_len, d_model)
        position = torch.arange(0, max_len).unsqueeze(1)
        div_term = torch.exp(torch.arange(0, d_model, 2) *
                             -(math.log(10000.0) / d_model))
        self.pe[:, 0::2] = torch.sin(position * div_term) # 偶数列
        self.pe[:, 1::2] = torch.cos(position * div_term) # 奇数列
        self.pe = self.pe.unsqueeze(0)

def forward(self, x):
    # x.shape: [batch_size, seq_len, d_model]
        x = x + Variable(self.pe[:, :x.size(1)], requires_grad=False)
        return self.dropout(x)
```

4.1.4 编码器

编码器由若干个具有相同结构的层堆叠而成，每一层的网络参数不同。每一层包括两个子层。第一个子层包括一个多头自注意力（multihead attention）、一个残差连接以及层规范化（layernorm），残差连接要求网络块的输出向量维度和输入向量相同；第二个子层包括一个基于位置的前馈网络、一个残差连接以及层规范化。

4.1.5 自注意力机制

我们观察事物时，之所以能够快速判断一种事物，是因为我们的大脑能够很快把注意力放在事物最具有辨识度的部分从而作出判断，而并非是从头到尾的观察一遍事物后，才能有判断结果。正是基于这样的理论，就产生了注意力机制。

自注意力机制中有三个重要的矩阵：查询矩阵 Q（query）、键矩阵 K（key）和值矩阵 V（value），这三个矩阵都是由输入矩阵经过不同的线性变换得到的。使用缩放点积注意力，先计算查询矩阵 $Q \in \mathbb{R}^{n \times d}$ 与键矩阵 $K \in \mathbb{R}^{m \times d}$ 的点积，再除以 $\sqrt{d}$，经过一个 softmax 函数得到注意力权重，然后使用该注意力权重计算值矩阵 $V \in \mathbb{R}^{m \times d}$ 的加权平均。

$$\mathrm{softmax}\left(\frac{QK^T}{\sqrt{d}}\right)V \in \mathbb{R}^{n \times d}$$

此处，n = m，等于一个批量样本中最大的序列长度；除以 $\sqrt{d}$，是为了防止当 d 很大时，QK^T 矩阵中的值很大，进入 softmax 函数的平滑区域，会导致梯度消失。自注意力机制计算方式，如图 4-2 所示。

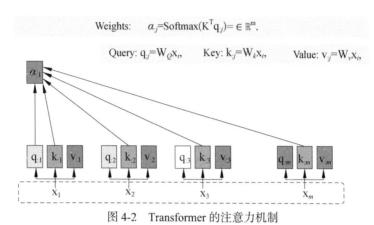

图 4-2　Transformer 的注意力机制

下面举例说明缩放点积注意力的实现过程。

（1）定义 Note、Book 词向量，如图 4-3 所示。

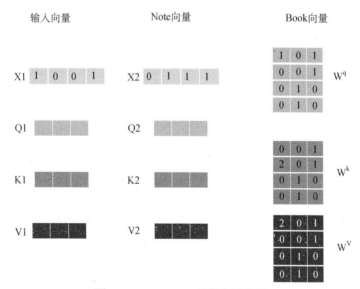

图 4-3　Transformer 的词向量处理

第 4 章 Transformer

（2）Q、K、V 计算，如图 4-4 所示。

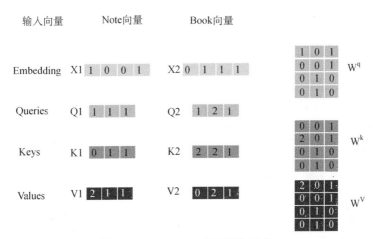

图 4-4 Transformer 的矩阵初始化

（3）最终的输出计算，如图 4-5 所示。

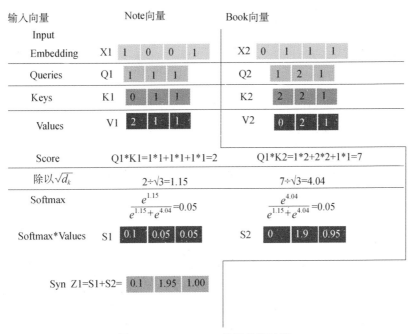

图 4-5 Transformer 的相关性计算

总结一下，一般的注意力机制，是使用不同于给定文本的关键词表示。而自注意力机制，需要用给定文本自身来表达自己，也就是说你需要从给定文本中抽取关键词来表述，相当于对文本自身的一次特征提取。

缩放点积注意力，实现代码如下。

```
def attention(query, key, value, mask=None, dropout=None):
    # Compute 'Scaled Dot Product Attention'
    d_k = query.size(-1)
    scores = torch.matmul(query, key.transpose(-2, -1)) \
             / math.sqrt(d_k)
    if mask is not None:
# 为了模型高效计算，一次处理小批量数据集，某些文本序列在后面添加了没有意义的填充词元。
# 通过赋予一个很大的负数，将填充词元在注意力权重的计算中剔除，通过零值化屏蔽不相关的项
        scores = scores.masked_fill(mask == 0, -1e9)
    p_attn = F.softmax(scores, dim=-1) # softmax 操作输出注意力权重
    if dropout is not None:
        p_attn = dropout(p_attn)
    return torch.matmul(p_attn, value), p_attn
```

4.1.6　多头自注意力

为了进一步提高模型的性能，Transformer 引入了多头注意力机制。多头注意力通过将自注意力机制应用于多组不同的查询矩阵 Q、键矩阵 K 和值矩阵 V，从而学习不同的上下文表示。具体来说，将输入序列分别通过不同的线性变换得到多组不同的查询矩阵 Q、键矩阵 K 和值矩阵 V，然后将它们输入到多个并行的自注意力机制中进行处理。

在如下的代码实现中，通过维度变换计算出多头注意力机制，从而实现并行，提高计算效率。

```
class MultiHeadedAttention(nn.Module):
    def __init__(self, h, d_model, dropout=0.1, bias=False):
        "Take in model size and number of heads."
        super(MultiHeadedAttention, self).__init__()
        assert d_model % h == 0
        # We assume d_v always equals d_k
        self.d_k = d_model // h
```

```python
        self.h = h
        self.W_q = nn.Linear(d_model, d_model, bias=bias)
        self.W_k = nn.Linear(d_model, d_model, bias=bias)
        self.W_v = nn.Linear(d_model, d_model, bias=bias)
        self.W_o = nn.Linear(d_model, d_model, bias=bias)
        self.attn = None
        self.dropout = nn.Dropout(p=dropout)

    def forward(self, query, key, value, mask=None):
        if mask is not None:
            # Same mask applied to all h heads.
            mask = mask.unsqueeze(1)

        nbatches = query.size(0)
        query = self.W_q(query).view(nbatches, -1, self.h, self.d_k).transpose(1, 2)
        key = self.W_k(key).view(nbatches, -1, self.h, self.d_k).transpose(1, 2)
        value = self.W_v(value).view(nbatches, -1, self.h, self.d_k).transpose(1, 2)

        # Apply attention on all the projected vectors in batch.
        x, self.attn = attention(query, key, value, mask=mask, dropout=self.dropout)

        # "Concat" using a view and apply a final linear.
        x = x.transpose(1, 2).contiguous().view(nbatches, -1, self.h * self.d_k)
        return self.W_o(x)
```

4.1.7 基于位置的前馈网络

基于位置的前馈网络，对序列中所有位置的表示进行变换时，使用的是同一个含有单隐藏层的全连接网络，这是被称为基于位置的原因。输入向量的形状是（批量大小，序列长度，特征维度），输出向量的形状是（批量大小，序列长度，隐向量维度）。

```
class PositionwiseFeedForward(nn.Module):
    "Implements FFN equation."
    def __init__(self, d_model, ffn_hidden_nums, ffn_output_nums,
dropout=0.1):
        super(PositionwiseFeedForward, self).__init__()
        self.w_1 = nn.Linear(d_model, ffn_hidden_nums)
        self.w_2 = nn.Linear(ffn_hidden_nums, ffn_output_nums)
        self.dropout = nn.Dropout(dropout)

    def forward(self, x):
        return self.w_2(self.dropout(F.relu(self.w_1(x))))
```

4.1.8 残差连接和层规范化

在计算机视觉应用中,通常使用批规范化(batchnorm),在一个小批量内对所有样本的每个特征进行归一化,用于解决梯度消失问题,以加快收敛。但是在批量规模较小时,使用效果不好。

层规范化是对每个样本里的所有特征进行归一化。在自然语言处理任务中,由于一个小批量内的句子长度是不同的,通常使用层规范化,批规范化的效果不如层规范化。以下代码用来对比批规范化和层规范化在不同维度上的效果。

```
x = torch.tensor([[1, 2, 3], [3, 2, 1]], dtype=torch.float32)
bn = nn.BatchNorm1d(3) # 批规范化
ln = nn.LayerNorm(3) # 层规范化
print('batch norm: ', bn(x))
print('layer norm: ', ln(x))
batch norm: tensor([[-1.0000, 0.0000, 1.0000],
    [ 1.0000, 0.0000, -1.0000]], grad_fn=<NativeBatchNormBackward0>)
layer norm: tensor([[-1.2247, 0.0000, 1.2247],
    [ 1.2247, 0.0000, -1.2247]], grad_fn=<NativeLayerNormBackward0>)
```

AddNorm 类实现残差连接和层规范化,代码如下。

```
class AddNorm(nn.Module):
    # Construct a layernorm module
    def __init__(self, normalized_shape, dropout):
```

```
        super(AddNorm, self).__init__()
        self.ln = nn.LayerNorm(normalized_shape)
        self.dropout = nn.Dropout(dropout)

    def forward(self, x, y):
        return self.ln(x + self.dropout(y))
```

4.1.9 整合代码

EncoderLayer 是编码器中的一个层,包含两个子层:多头自注意力和基于位置的前馈网络,实现代码如下。

```
class EncoderLayer(nn.Module):
    #每一个编码器层由多头自注意力和基于位置的前馈网络构成
    def __init__(self, size, self_attn, feed_forward, dropout):
        super(EncoderLayer, self).__init__()
        self.self_attn = self_attn # 多头自注意力机制子层
        self.addnorm1 = AddNorm(size, dropout) # 残差连接和层归一化
        self.feed_forward = feed_forward # 基于位置的前馈网络子层
        self.addnorm2 = AddNorm(size, dropout) # 残差连接和层归一化
        self.size = size
    def forward(self, x, mask=None):
        #connections
        y = self.addnorm1(x, self.self_attn(x, x, x, mask))
self.attention_weights = self.self_attn.attn # 注意力权重矩阵
        return self.addnorm2(y, self.feed_forward(y))
#编码器中的每一层不会改变其输入的形状。
h = 2
d_model = 10
dropout = 0.3
attn = MultiHeadedAttention(h, d_model)
ffn = PositionalEncoding(d_model, dropout)
x = torch.randn(size=(1, 3, d_model))
layer = EncoderLayer(d_model, attn, ffn, dropout)
out = layer(x)
print(out.shape)
```

```
torch.Size([1, 3, 10])
```

堆叠了 num_layer 层的编码器,实现代码如下。

```
class Encoder(nn.Module):
    #编码器：堆叠了N层
    def __init__(self, layer, N):
        super(Encoder, self).__init__()
        self.layers = nn.Sequential()
        for i in range(N):
            self.layers.add_module('block_' + str(i), layer)

    def forward(self, x, mask=None):
        #依次将输入张量x和mask传入编码器的每一层
        self.attention_weights = [None] * len(self.layers)
        for i, layer_ in enumerate(self.layers):
            x = layer_(x, mask)
            self.attention_weights[i] = layer_.attention_weights
        return x
```

4.1.10 解码器

解码器也是由 N 个解码器层堆叠而成的，每一层的网络参数不同。每个解码器层由三个子层连接构成。

- ☑ 第一个子层：包括一个掩蔽多头自注意力（masked multihead attention）、一个残差连接以及层规范化。掩蔽多头自注意力的查询 Q、键 K 和值 Q 均来自上一个解码器层的输出。
- ☑ 第二个子层：包括编码器-解码器注意力（encoder-decoder attention）、一个残差连接以及层规范化。编码器-解码器注意力的查询 Q 来自上一个解码器层的输出，键 K 和值 Q 来自整个编码器的输出。
- ☑ 第三个子层：包括一个基于位置的前馈网络、一个残差连接以及层规范化。

掩蔽多头自注意力在计算注意力分布时，只考虑该位置之前的所有位置，以确保预测仅依赖已生成的输出词元，从而避免了解码器中使用未来信息的问题。

掩码张量，实现代码如下。

```
def subsequent_mask(size):
    '''
    Mask out subsequent positions
    :param size:
    :return:
    '''
    attn_shape = (1, size, size)
    mask = np.triu(np.ones(attn_shape), k=1).astype('uint8')
    return torch.from_numpy(mask) == 0
```

编码器子层的实现代码如下。

```
class DecoderLayer(nn.Module):
    # Decoder is made of self-attn, src-attn, and feed forward
    def __init__(self, size, self_attn, src_attn, feed_forward, dropout):
        super(DecoderLayer, self).__init__()
        self.size = size
        self.self_attn = self_attn # 掩蔽多头自注意力
        self.addnorm1 = AddNorm(size, dropout) # 残差连接和层归一化
        self.src_attn = src_attn # 编码器-解码器注意力
        self.addnorm2 = AddNorm(size, dropout) # 残差连接和层归一化
        self.feed_forward = feed_forward # 基于位置的前馈网络
        self.addnorm3 = AddNorm(size, dropout) # 残差连接和层归一化
    def forward(self, x, memory, src_mask, tgt_mask):
        # connections
        # x 是上一个解码器层的输出张量，memory 是整个编码器的输出张量
        m = memory
        x = self.addnorm1(x, self.self_attn(x, x, x, tgt_mask))
        x = self.addnorm2(x, self.src_attn(x, m, m, src_mask))
        x = self.addnorm3(x, self.feed_forward(x))
        return x
```

编码器由若干个相同结构的编码器层构成，实现代码如下。

```
class Decoder(nn.Module):
    # Generic N layer decoder with masking
    def __init__(self, layer, N):
        super(Decoder, self).__init__()
        self.attention_weights = [[None] * N for _ in range(2)]
```

```
    self.layers = nn.Sequential()
    for i in range(N):
        self.layers.add_module('block_' + str(i), layer)
def forward(self, x, memory, src_mask, tgt_mask):
    for i, layer in enumerate(self.layers):
        x = layer(x, memory, src_mask, tgt_mask)
        self.attention_weights[0][i] = layer.self_attention_weights
        self.attention_weights[1][i] = layer.src_attention_weights
    return x
```

4.1.11 输出部分

解码器输出的是一组浮点数组成的向量，我们如何把它变成一个词？输出部分的线性变化层，以及它之后 softmax 函数做的就是这项工作。线性层（the linear layer）是一个简单的全连接神经网络，将解码器产生的向量通过线性变换成维度与目标语言的词典大小相等的输出向量，输出向量中的每个元素对应各个单词的得分；然后，softmax 函数将这些得分转换为概率，各项相加和为 1.0，与概率最高的元素相关联的单词将成为该步的输出。输出部分的实现代码如下。

```
class Generator(nn.Module):
    "Define standard linear + softmax generation step."
    def __init__(self, d_model, vocab):
        super(Generator, self).__init__()
        self.proj = nn.Linear(d_model, vocab)
    def forward(self, x):
        return F.log_softmax(self.proj(x), dim=-1)
```

4.1.12 整合代码

Transformer 编码器-解码器整体架构，实现代码如下。

```
class EncoderDecoder(nn.Module):
    """
    A standard Encoder-Decoder architecture. Base for this and many
    other models.
```

```python
"""
    def __init__(self, encoder, decoder, src_embed, tgt_embed, generator):
        super(EncoderDecoder, self).__init__()
        self.encoder = encoder
        self.decoder = decoder
        self.src_embed = src_embed
        self.tgt_embed = tgt_embed
        self.generator = generator
    def forward(self, src, tgt, src_mask, tgt_mask):
        # Take in and process masked src and target sequences.
        out = self.decode(self.encode(src, src_mask), src_mask,tgt, tgt_mask)
        return self.generator(out)
    def encode(self, src, src_mask):
        return self.encoder(self.src_embed(src), src_mask)
    def decode(self, memory, src_mask, tgt, tgt_mask):
        return self.decoder(self.tgt_embed(tgt), memory, src_mask, tgt_mask)
def make_model(src_vocab, tgt_vocab, N=6,d_model=512, d_ff=2048, h=8, dropout=0.1):
    # Construct a model from hyperparameters
    c = copy.deepcopy
    attn = MultiHeadedAttention(h, d_model)
    ff = PositionwiseFeedForward(d_model, d_ff, d_model, dropout)
    position = PositionalEncoding(d_model, dropout)
    model = EncoderDecoder(
        Encoder(EncoderLayer(d_model, attn, ff, dropout), N),
        Decoder(DecoderLayer(d_model, attn, attn, ff, dropout), N),
        nn.Sequential(Embeddings(d_model, src_vocab), c(position)),
        nn.Sequential(Embeddings(d_model, tgt_vocab), c(position)),
        Generator(d_model, tgt_vocab))
    # This was important from their code.
    # Initialize parameters with Glorot / fan_avg.
    for p in model.parameters():
        if p.dim() > 1:
            nn.init.xavier_uniform(p)
    return model
```

4.1.13 读取数据集

AI challenger translation2017 是规模最大的口语领域英中双语对照数据集，提供了超过 1000 万的英中对照的句子对作为数据集合，所有双语句子对经过人工检查，数据集从规模、相关度、质量上都有保障。训练集有 1000 万个句子对，验证集有 8000 个句子对。文件 train.en、train.zh 分别是英文训练集和中文训练集，举例说明。

英文（源语言）：A pair of red-crowned cranes have staked out their nesting territory.

中文（目标语言）：一对丹顶鹤正监视着它们的筑巢领地。

文件 valid.en-zh.en.sgm、valid.en-zh.zh.sgm 分别是英文验证集和中文验证集，是 XML 文件，举例说明。

英文（源语言）：

```
<?xml version="1.0" encoding="UTF-8"?>
<mteval>
<srcset setid="setid" srclang="en" trglang="zh">
<doc sysid="sysid" docid="docid" genre="talk">
<seg id="1"> Do you think we look young enough to blend in at a high school? </seg>
<seg id="2"> Hi, honey. I guess you're really tied up in meetings. </seg>
</srcset>
</mteval>
```

中文（目标语言）：

```
<?xml version="1.0" encoding="UTF-8"?>
<mteval>
<refset setid="setid" srclang="en" trglang="zh" refid="ref0">
<doc sysid="sysid" docid="docid" genre="talk">
<seg id="1"> 你们觉得我们看起来够年轻溜进高中吗？ </seg>
<seg id="2"> 嗨，亲爱的。你现在肯定忙着开会呢。 </seg>
</srcset>
</mteval>
```

一篇文章或一个句子可以简单地看作一串单词序列，甚至是字符序列，解析文本的常见预处理步骤包括如下几步。

（1）将字符串拆分为词元（token），如单词或字符，词元是文本的基本单位；

（2）建立一个词表，将拆分的词元映射到数字索引。统计训练集中每个词元的出现频率，移除低频词元以降低模型的计算复杂度，为每个保留的词元分配一个数字索引。词表中包含以下四个特殊词元。

- ☑ \<unk\>：未知词元，将未在词表中出现过的词元映射到未知词元。
- ☑ \<pad\>：在序列末尾添加填充词元，使得不同长度的序列可以以相同形状的小批量加载，以方便模型操作。
- ☑ \<start\>：序列开始词元。
- ☑ \<end\>：序列结束词元。

（3）将文本转换为数字索引序列。建立词表，将拆分的词元映射到数字索引，实现代码如下。

```python
import json
import os
import xml.etree.ElementTree
from collections import Counter
import jieba
import nltk
from tqdm import tqdm
import unicodedata

from config import output_lang_vocab_size, input_lang_vocab_size, max_len, UNK_token
from config import folder_name, train_zh_filename, train_en_filename
from config import valid_zh_filename, valid_en_filename
def unicodeToAscii(s):
# 规范化字符串，并删除所有的重音符号
# unicodedata.normalize 函数把字符串 s 中的字符分解为基本字符和重音字符的组合
# 'Mn'类别包括重音符号等标记字符。
    return ''.join(
        c for c in unicodedata.normalize('NFD', s)
        if unicodedata.category(c) != 'Mn'
    )
def normalizeString(s):
    s = unicodeToAscii(s.lower().strip()) # 英文单词小写化，删除重音符号等标记字符
```

```python
    s = re.sub(r"([.!?])", r" \1", s)  # 在句号、感叹号和问号前面加上一个空格
    s = re.sub(r"[^a-zA-Z.!?]+", r" ", s)  # 将匹配到的非字母字符替换为一个空格
    s = s.strip()
    return s
def encode_text(word_map, c):
    # 获取句子中的每个单词在word_map中的映射值。如果单词不在word_map中，将返回<unk>
    对应的值，这样就得到了一个新的列表。
    # 在最后添加一个表示结束的特殊标记<end>
    return [word_map.get(word, word_map['<unk>']) for word in c] + [word_map['<end>']]
def build_wordmap_zh():
    # 建立中文词表
    # 使用jieba第三方包对中文训练集分词，仅保留高频词汇作为词典
    with open(train_zh_filename, 'r', encoding='utf-8') as f:
        sentences = f.readlines()
    word_freq = Counter()
    for sentence in tqdm(sentences):
        seg_list = jieba.cut(sentence.strip())  # 分词
        # 更新词频字典
        word_freq.update(list(seg_list))
    # 获得高频词汇的id映射表
    words = word_freq.most_common(output_lang_vocab_size - 4)
    word_map = {k[0]: v + 4 for v, k in enumerate(words)}
    word_map['<pad>'] = 0
    word_map['<start>'] = 1
    word_map['<end>'] = 2
    word_map['<unk>'] = 3
    print(len(word_map))
    print(words[:10])
    with open('data/WORDMAP_zh.json', 'w', encoding='utf-8') as file:
        json.dump(word_map, file, indent=4)
def build_wordmap_en():
    # 建立英文词表
    # 使用nltk第三方包对英文训练集分词，仅保留高频词汇作为词典
    with open(train_en_filename, 'r', encoding='utf-8') as f:
        sentences = f.readlines()
    word_freq = Counter()
```

```
for sentence in tqdm(sentences):
    sentence_en = sentence.strip().lower()
    tokens = [normalizeString(s) for s in nltk.word_tokenize(sentence_en) if len(normalizeString(s)) > 0]  # 分词，并对单词规范化
    # 更新词频字典
    word_freq.update(tokens)
# 获得高频词汇的id映射表
words = word_freq.most_common(input_lang_vocab_size - 4)
word_map = {k[0]: v + 4 for v, k in enumerate(words)}
word_map['<pad>'] = 0
word_map['<start>'] = 1
word_map['<end>'] = 2
word_map['<unk>'] = 3
print(len(word_map))
print(words[:10])
with open('data/WORDMAP_en.json', 'w', encoding='utf-8') as file:
    json.dump(word_map, file, indent=4)
```

函数 read_translation_samples 用于将文本加载到内存中，并将文本字符串转换为数字索引序列，实现代码如下。

```
def read_translation_samples(src_filename, dst_filename, src_word_map, dst_word_map):
    '''
    读取源语言和目标语言句子对，并将词元转换成数字索引
    :param src_filename: 源语言
    :param dst_filename: 目标语言
    :param src_word_map: 源语言词典
    :param dst_word_map: 目标语言词典
    :return:
    '''
    with open(src_filename, 'r', encoding='utf-8') as f:
        src_data = f.readlines()
    with open(dst_filename, 'r', encoding='utf-8') as f:
        dst_data = f.readlines()
    samples = []
    for idx in tqdm(range(len(src_data[:100]))):
        src_sent = src_data[idx].strip().lower()
```

```
        # 规范化，并切词
        tokens = [normalizeString(s) for s in nltk.word_tokenize(src_sent) 
if len(normalizeString(s)) > 0]
        src_ids = encode_text(src_word_map, tokens)   # 将句子中的英文词汇编码
成 id
        dst_sent = dst_data[idx].strip()
        seg_list = jieba.cut(dst_sent)  # 切词
        dst_ids = encode_text(dst_word_map, list(seg_list))  # 将句子中的中
文词汇编码成 id
        samples.append({'input': list(src_ids[:max_len]), 'output': list(dst_
ids[:max_len])})
    print('{} samples created.'.format(len(samples)))
    return samples
```

TranslationDataset 类用于创建一个自定义的 Dataset 实例来加载翻译句子对数据集。

```
class TranslationDataset(Dataset):
    def __init__(self, src_filename, dst_filename, src_word_map, dst_word_
map, is_shuffle=False):
        '''
        初始化
        :param src_filename: 源语言文件路径
        :param dst_filename: 目标语言文件路径
        :param src_word_map: 源语言词典
        :param dst_word_map: 目标语言词典
        '''
        self.samples = read_translation_samples(src_filename, dst_filename, 
src_word_map, dst_word_map) # 加载数据集
        self.num_chunks = len(self.samples) // chunk_size # batch 数
        if is_shuffle:
            np.random.shuffle(self.samples) # 随机打乱样本顺序
        print('count: ' + str(len(self.samples)))

    def __getitem__(self, i):
        start_idx = i * chunk_size
        pair_batch = []
        for k in range(chunk_size):
            sample = self.samples[start_idx + k]
```

```python
        pair_batch.append((sample['input'], sample['output']))
    # 按照源语言的序列长度从大到小排序
    pair_batch.sort(key=lambda x: len(x[0]), reverse=True)
    input_batch, output_batch = [], []
    for pair in pair_batch:
        input_batch.append(pair[0])
        output_batch.append(pair[1])
    self.src, self.src_mask = get_tensor(input_batch)
    self.trg, trg_mask = get_tensor(output_batch)
    self.trg_mask = trg_mask & Variable(self.subsequent_mask(self.trg.size(-1)).type_as(trg_mask.data))
    self.ntokens = (self.trg != PAD_token).data.sum()
    return [self.src, self.src_mask, self.trg, self.trg_mask, self.ntokens]
def subsequent_mask(size):
    '''
    掩蔽当前词元之后的所有位置
    :param size:
    :return:
    '''
    attn_shape = (1, size, size)
    mask = np.triu(np.ones(attn_shape), k=1).astype('uint8')
    return torch.from_numpy(mask) == 0
def __len__(self):
    return self.num_chunks


def zero_padding(l, fillvalue=PAD_token):
    # 如果输入的可迭代对象的长度不同，那么zip_longest会使用fillvalue填充较短的可迭代对象
    return list(itertools.zip_longest(*l, fillvalue=fillvalue))
def get_tensor(indexes_batch):
    pad_list = zero_padding(indexes_batch)  # 在序列后面添加填充词元<pad>
    pad_var = torch.LongTensor(pad_list).transpose(0, 1)
    mask = (pad_var != PAD_token).unsqueeze(-2)  # 掩蔽没有意义的填充词元
    return pad_var, mask
```

4.1.14 损失函数

假设训练集中有一些样本的标签是标注错误的，最小化这些样本上的损失函数会导致模型过拟合。一种改善这种情况的正则化技术是标签平滑（label smoothing），该技术的核心思想是在训练过程中，不直接使用传统的独热编码（one-hot encoding），而是使用带有一些平滑的软标签，即在输出标签中添加噪声来避免模型过拟合。

传统的分类任务中，对于一个样本，其真实标签是一个包含一个"1"和其他都是"0"的独热编码向量，即 $y = [0,...,0,1,0,...,0]^T$。标签平滑的思想是将这个独热编码向量进行平滑，引入一个超参数，即平滑因子 ϵ，对于每个样本，将真实标签的一部分概率（平滑因子）分配给其他类型，而不是全部分配给真实类别，即 $\tilde{y} = \left[\frac{\epsilon}{N-1},\cdots,\frac{\epsilon}{N-1},1-\epsilon,\frac{\epsilon}{N-1},\cdots,\frac{\epsilon}{N-1}\right]^T$，其中 N 是类别数量。这样做的目的是减轻模型对训练数据的过拟合倾向，使得模型在预测时更具鲁棒性。

KL 散度（Kullback-Leibler divergence），也被称为相对熵，是一种用于衡量两个概率分布之间差异的指标。KL 散度量化了两个分布之间的信息损失，或者说，一个分布相对于另一个分布的不确定性。对于两个概率分布 P 和 Q，KL 散度的定义如下：

$$D_{KL}(P \| Q) = \sum_i p_i \log\left(\frac{p_i}{q_i}\right)$$

其中，i 表示分布的可能事件，p_i 和 q_i 分别是在事件 i 上的两个概率。KL 散度有两个主要特性。

- ☑ 非负性：KL 散度始终是非负的，当且仅当两个分布完全相等时为零。这使得 KL 散度成为一种度量不同分布之间差异的方法。
- ☑ 不对称性：KL 散度是非对称的，即 $D_{KL}(P\|Q) \neq D_{KL}(Q\|P)$。

结合对真实标签进行标签平滑处理和 KL 散度，损失函数的实现代码如下。

```python
class LabelSmoothingKL(nn.Module):
    '''
    Implement label smoothing KL divergence loss function.
    '''
    def __init__(self, size, padding_idx, smoothing=0.0):
        super(LabelSmoothingKL, self).__init__()
```

```
            self.criterion = nn.KLDivLoss(size_average=False) # KL 散度损失函数
            self.padding_idx = padding_idx # 填充词元的索引
            self.confidence = 1.0 - smoothing
            self.smoothing = smoothing # 平滑因子
            self.size = size # 目标语言词表的大小
            self.true_dist = None
    def forward(self, x, target):
        x = x.contiguous().view(-1, x.size(-1))
        target = target.contiguous().view(-1)
        assert x.size(1) == self.size
        # 对真实标签进行标签平滑处理
        true_dist = x.data.clone()
        # 其他类别赋值为 self.smoothing / (self.size - 2)
        true_dist.fill_(self.smoothing / (self.size - 2))
        # 真实类别赋值为 self.confidence
        true_dist.scatter_(1, target.data.unsqueeze(1), self.confidence)
        # 填充类别赋值为 0
        true_dist[:, self.padding_idx] = 0
        # 找到真实标签为填充类型的索引
        mask = torch.nonzero(target.data == self.padding_idx)
        if mask.dim() > 0: # 将真实标签为填充类型的行上所有的类别的概率都设置为 0
            true_dist.index_fill_(0, mask.squeeze(), 0.0)
        return self.criterion(x, Variable(true_dist, requires_grad=False))
/ norm
```

4.1.15 模型训练

更新网络参数的优化算法使用 Adam 优化器，参数设置为 $\beta_1 = 0.9$，$\beta_2 = 0.98$，$\epsilon = 10^{-9}$。

学习率是神经网络优化中的重要超参数。当学习率太高时，可能最终会在极小值附近弹跳，无法达到最优解；当学习率太低时，训练就会需要过长时间。因此，我们需要定义一个学习率调度器，在每次迭代（甚至每个小批量）之后，获得下一次迭代的学习率的适当值，使用如下的学习率计算公式：

$$\text{lr} = d_{\text{model}}^{-0.5} \cdot \min\left(\text{step}^{-0.5}, \text{step} \cdot \text{warmup}^{-1.5}\right)$$

当迭代步数小于 warmup 时，学习率逐渐增长；当迭代步数大于 warmup 时，学习率逐渐下降。学习率调度器的实现代码如下。

```python
class NoamOpt:
    '''
    学习率调度器
    '''
    def __init__(self, model_size, factor, warmup, optimizer):
        self.optimizer = optimizer
        self._step = 0
        self.warmup = warmup
        self.factor = factor
        self.model_size = model_size
        self._rate = 0
    def step(self):
        # 1.学习率更新
        # 2.根据梯度更新模型参数
        self._step += 1
        rate = self.rate() # 更新学习率
        for p in self.optimizer.param_groups:
            p['lr'] = rate
        self._rate = rate
        self.optimizer.step() # 更新模型参数

    def rate(self, step=None):
        # 更新学习率
        if step is None:
            step = self._step
        return self.factor * \
            (self.model_size ** (-0.5) *
            min(step ** (-0.5), step * self.warmup ** (-1.5)))
```

展示不同的模型维度和 warmup 参数对学习率的影响，实现代码如下，影响曲线如图4-6所示。

```python
import matplotlib.pyplot as plt
opts = [NoamOpt(512, 1, 4000, None), NoamOpt(512, 1, 8000, None), NoamOpt(256, 1, 4000, None)]
```

```python
plt.plot(np.arange(1, 20000), [[opt.rate(i) for opt in opts] for i in range(1, 20000)])
plt.legend(['512:4000', '512:8000', '256:4000'])
plt.show()
```

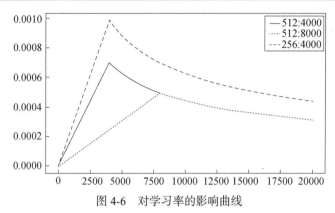

图 4-6　对学习率的影响曲线

模型训练代码如下。

```
def run_epoch(epoch, data_iter, model, loss_compute, model_opt):
    "Standard Training and Logging Function"
    start = time.time()
    total_tokens = 0
    total_loss = 0
    tokens = 0
    for i, batch in enumerate(data_iter):
        src, src_mask, trg, trg_mask, ntokens = batch
        # 步骤1：梯度清零
        model_opt.optimizer.zero_grad()
# 步骤2：前向传播
out = model.forward(src, trg, src_mask, trg_mask)
# 步骤3：计算损失并反向传播
        loss = loss_compute(out, trg, ntokens)
        loss.backward()
# 步骤4：参数更新
        model_opt.step()
        total_loss += loss * ntokens
        total_tokens += ntokens
```

```python
            tokens += ntokens
            if i % 50 == 1:
                elapsed = time.time() - start
                print("Epoch: %d Step: %d Train Loss: %f Tokens per Sec: %fs" %
                    (epoch, i, loss, tokens / elapsed))
                start = time.time()
                tokens = 0
    return total_loss / total_tokens
def train():
    # 定义模型架构
    model=make_model(input_lang_vocab_size, output_lang_vocab_size, N=6)
    model.to(device)
    # 定义损失函数
    criterion = LabelSmoothingKL(size=output_lang_vocab_size, padding_idx=PAD_token, smoothing=0.1)
    criterion.to(device)
    # 定义优化器
    model_opt = NoamOpt(model.src_embed[0].d_model, 1, 2000,
            torch.optim.Adam(model.parameters(), lr=0, betas=(0.9, 0.98), eps=1e-9))
    # 获取词表
    word_map_en = Lang('data/WORDMAP_en.json')  # 源语言词典：英文词典
    word_map_zh = Lang('data/WORDMAP_zh.json')  # 目标语言词典：中文词典
    print("src_lang.n_words: " + str(word_map_en.n_words))
    print("dst_lang.n_words: " + str(word_map_zh.n_words))
    # 获取数据集
    train_en_filename = './data/AiChallenger/train.en.sm'  # 英文训练集
    train_zh_filename = './data/AiChallenger/train.zh.sm'  # 中文训练集
    train_data = TranslationDataset(train_en_filename, train_zh_filename,
                        word_map_en.word2index,
word_map_zh.word2index)
    valid_en_filename = './data/AiChallenger/valid.en'  # 英文验证集
    valid_zh_filename = './data/AiChallenger/valid.zh'  # 中文验证集
    is_shuffle = True
    valid_data = TranslationDataset(valid_en_filename, valid_zh_filename,
                        word_map_en.word2index,
word_map_zh.word2index, is_shuffle=is_shuffle)
```

```
print("len(train_data): " + str(len(train_data)))
print("len(valid_data): " + str(len(valid_data)))
for epoch in range(10):
    model.train()
    run_epoch(epoch, train_data, model, criterion, model_opt)
    model.eval()
    loss = run_epoch(epoch, valid_data, model, criterion, model_opt)
    print("Epoch: %d Valid Loss: %f" % (epoch, loss))
    torch.save(model.state_dict(), './weights/transformer' + '_{0}.pth'.format(epoch))
    torch.save(model.state_dict(), './weights/transformer'+'_Final.pth')
```

4.1.16 模型预测

下面一段代码，为简化说明，使用贪心搜索确定下一个输出词元，在每个时间步，贪心搜索选择条件概率最大的词元，直到预测序列出现特定的序列结束词元<end>，或者是达到最大的输出序列长度。如图4-7所示，1、2、3、4时间步对应的条件概率最大的词元分别是a、b、c、<end>。

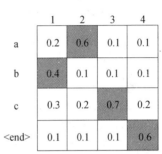

图 4-7　Transformer 的模型预测概率

```
def greedy_decode(model, src, src_mask, max_len, start_symbol):
    memory = model.encode(src, src_mask) # 整个编码器的输出向量
    ys = torch.ones(1, 1).fill_(start_symbol).type_as(src.data) # 已经预测出的词元
    for i in range(max_len - 1): # 输出序列的最大长度是max_len
        # 获得当前步解码器的输出向量
        out = model.decode(memory, src_mask,
                           Variable(ys),
                           Variable(subsequent_mask(ys.size(1))
                                    .type_as(src.data)))
        prob = model.generator(out[:, -1]) # 输出词表中每个词元的预测概率
        _, next_word = torch.max(prob, dim=1) # 获得最大预测概率的词元
        next_word = next_word.data[0]
        # 将当前预测的词元加入输出序列中
```

```
    ys = torch.cat([ys,torch.ones(1, 1).type_as(src.data).fill_(next_
word)], dim=1)
    return ys
```

模型预测的实现代码如下。

```
def test():
    model = torch.load("./weights/transformer_Final.pth")
    model.eval()
    # 获取词表
    word_map_en = Lang('data/WORDMAP_en.json')   # 源语言词典：英文词典
    word_map_zh = Lang('data/WORDMAP_zh.json')   # 目标语言词典：中文词典
    print("src_lang.n_words: " + str(word_map_en.n_words))
    print("dst_lang.n_words: " + str(word_map_zh.n_words))
    # 获取数据集
    valid_en_filename = './data/AiChallenger/valid.en'  # 英文验证集
    valid_zh_filename = './data/AiChallenger/valid.zh'  # 中文验证集
    test_data = TranslationDataset(valid_en_filename, valid_zh_filename,
        word_map_en.word2index, word_map_zh.word2index)
    for i, batch in enumerate (test_data):
        src, src_mask, trg, trg_mask, ntokens = batch
        out = greedy_decode(model, src, src_mask,
              max_len=60, start_symbol=word_map_zh.word2index['<start>'])
        print("Translation:", end="\t")
        for j in range(out.size(0)):
            for k in range(1, out.size(1)):
                sym = word_map_zh.index2word[out[j, k]]
                if sym == '<end>':
                    break
                print(sym, end=" ")
```

4.1.17　模型应用

Transformer 模型已经在自然语言处理领域得到了广泛应用，包括机器翻译、文本分类、问答系统等。下面将分别介绍这些应用场景。

1. 机器翻译

在机器翻译中，Transformer 模型主要用于将源语言文本转化为目标语言文本。具体而言，输入序列为源语言文本，输出序列为目标语言文本。Transformer 模型通过编码器将源语言文本转化为一个定长向量表示，然后通过解码器将该向量表示解码为目标语言文本。其中，编码器和解码器均使用自注意力机制，可以有效地捕捉输入文本的语义信息，从而提高翻译质量。

2. 文本分类

在文本分类中，Transformer 模型主要用于将文本转化为向量表示，并使用该向量表示进行分类。具体而言，输入序列为文本，输出为文本所属类别。Transformer 模型通过编码器将文本转化为一个定长向量表示，然后通过全连接层将该向量表示映射到类别空间。由于 Transformer 模型具有处理长文本的优势，因此在处理自然语言处理任务时，取得了很好的效果。

3. 问答系统

在问答系统中，Transformer 模型主要用于对问题和答案进行匹配，从而提供答案。具体而言，输入序列为问题和答案，输出为问题和答案之间的匹配分数。Transformer 模型通过编码器将问题和答案分别转化为向量表示，然后通过多头注意力层计算问题和答案之间的注意力分布，最终得到匹配分数。

4.2　BERT 介绍

BERT 是由 Google 在 2018 年提出的一种预训练模型，其基于 Transformer 编码器构建。BERT 模型通过预训练的方式来学习得到文本的上下文信息，从而在各种自然语言处理任务中取得了领先的效果。BERT、OpenAI GPT 和 ELMo 三种预训练模型结构如图 4-8 所示，三者的差异说明如下。

- ☑ BERT 使用一个双向的 Transformer 编码器。
- ☑ OpenAI GPT 使用一个从左到右的 Transformer 解码器。

☑ ELMo 使用预训练的双向 LSTM 的所有中间层表示组合作为输出向量，为下游任务提供特征。

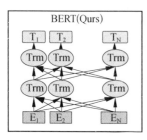 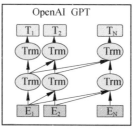 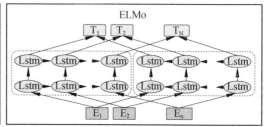

图 4-8　三种预训练模型结构

将预训练模型应用于下游任务有两种策略：基于特征的方法和微调法。基于特征的方法，代表模型就是 ELMo，使用与特定任务相关的模型架构，将冻结的 ELMo 表示作为附加特征包含在其中。BERT 和 OpenAI GPT 使用的是微调方法，只需要引入最少的与任务相关的特定参数，并通过简单地微调所有预训练参数来训练下游任务。

在 OpenAI GPT 中，作者使用了从左到右的架构，在 Transformer 的自注意力层中，每个词元只能与前面的词元进行注意力交互。这样的限制对于句子级任务来说不是最佳方案，并且在将基于微调的方法应用于诸如问答等词元级任务时可能会有不妥，因为关键是要从两个方向都加入上下文。

BERT 模型结合了 ELMo 和 OpenAI GPT 两者的优点，对上下文进行双向编码，并且对于大多数的下游自然语言处理任务只需要对架构做最小的更改，从零开始训练与特定任务架构相关的参数，对预训练模型中的参数进行微调即可。

4.2.1　BERT 架构

BERT 架构基于多层的双向 Transformer 编码器，在应用中分为两个步骤：预训练和微调，如图 4-9 所示。在预训练阶段，模型在不带标签的数据上进行训练，涵盖了两个不同的预训练任务：掩蔽语言模型和下一句预测。在微调阶段，每个下游任务基于 BERT 做最小的架构更改，增加额外层（如全连接层），额外层的参数是从零开始学习的，BERT 模型中的参数使用预训练好的参数进行初始化，然后使用来自下游任务的带标签数据对 BERT 模型中的所有参数进行微调。预训练架构与最终的下游任务架构之间的差异是很小的。

第 4 章 Transformer

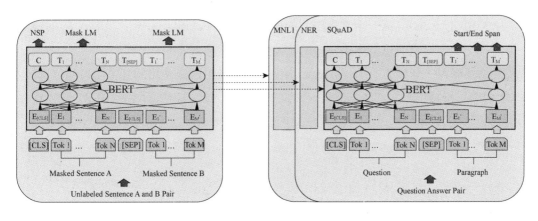

预训练模型　　　　　　　　　　　　　　　　微调

图 4-9　预训练和微调过程

为了使 BERT 能够处理多种下游任务，BERT 模型的输入序列可以是一个单独的句子，也可以是两个句子组合在一起，序列需要明确地表示是单个文本还是一对文本（例如，问题、回答）。

- ☑ 单个文本序列：特殊类别词元<cls>、文本序列的词元、特殊分隔词元<sep>。
- ☑ 一对文本序列：特殊类别词元<cls>、第一个文本序列的词元、特殊分隔词元<sep>、第二个文本序列的词元、特殊分隔词元<sep>。

BERT 模型的输入向量表示由词嵌入、段嵌入和位置嵌入三部分相加而成，如图 4-10 所示。

- ☑ 词嵌入：输入序列词元的词向量。

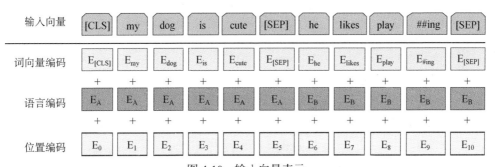

图 4-10　输入向量表示

- ☑ 段嵌入：对于单个文本序列，仅使用 E_A。对于一对文本序列，段嵌入 E_A 对应特殊类别词元<cls>、第一个文本序列的词元、特殊分隔词元<sep>；段嵌入 E_B 对应第二个文本序列的词元、特殊分隔词元<sep>。

☑ 位置嵌入：与原始的 Transformer 编码器不同，BERT 使用的是可学习的位置嵌入。

下面的代码将单个文本序列或者一对文本序列作为输入，然后返回 BERT 输入序列的标记及其对应的段索引。

```
def get_tokens_and_segments(tokens_a, tokens_b=None):
tokens = ['cls'] + tokens_a + ['sep']
segments = [0] * (len(tokens_a) + 2) # 用 0 表示第一个文本序列的段索引
if tokens_b:
    tokens += tokens_b + ['sep']
    segmens += [1] * (len(tokens_b) + 1) # 用 1 表示第二个文本序列的段索引
return tokens, segments
```

BERTEncoder 类应用 Transformer 的多层 EncoderLayer 实现，区别在于输入向量表示。

```
class BERTEncoder(nn.Module):
    # BERT: 堆叠了 N 层 Transformer 编码器
    def __init__(self, h, N, d_model, d_ff, dropout, vocab_size, max_len):
        super(BERTEncoder, self).__init__()
        self.token_embedding = nn.Embedding(vocab_size, d_model) # 词嵌入
        self.segment_embedding = nn.Embedding(2, d_model) # 段嵌入
        self.position_embedding = nn.Parameter(torch.randn(1, max_len, d_model)) # 位置嵌入
        attn = MultiHeadedAttention(h, d_model) # 多头注意力实例
        ff = PositionwiseFeedForward(d_model, d_ff, d_model, dropout) # 基于位置的前馈网络实例
        layer = EncoderLayer(d_model, attn, ff, dropout) # 编码器子层
        self.layers = nn.Sequential()
        for i in range(N):
            self.layers.add_module('block_' + str(i), layer)
    def forward(self, tokens, segments, mask=None):
        #依次将输入词元、段索引和 mask 传入编码器的每一层
        x = self.token_embedding(tokens) + self.segment_embedding(segments)
        x += self.position_embedding[:, :x.shape[1], :]
        for i, layer_ in enumerate(self.layers):
            x = layer_(x, mask)
```

```
        return x
```

演示 BERT 模型的前向推断，输出向量表示的形状大小为（批量大小，序列长度，特征维度）。

```
d_model = 32 # 输入向量表示的维度
h = 4 # 编码器层的头数
d_ff = 128 # 基于位置的前馈网络的第一个隐藏层的神经元数
dropout = 0.1
N = 2 # 编码器层数
vocab_size = 1000 # 词表大小
max_len = 10 # 最大序列长度
tokens = torch.randint(0, vocab_size, (2, 9)) # 词元索引, batch_size=2#batch
内的最大序列长度是 9
segments = torch.tensor([[0, 0, 0, 0, 1, 1, 1, 1, 1], [0, 0, 0, 0, 0, 0, 1, 1, 1]]) # 段索引
bert = BERTEncoder(layer, N, vocab_size, d_model, max_len) # BERT 实例
out = bert(tokens, segments)
print(out.shape)
torch.Size([2, 9, 32])
```

4.2.2 预训练任务

与传统的基于标签的监督学习不同，BERT 模型采用无监督的方式进行预训练，即在大规模未标注的语料库上进行训练。预训练过程包括两个任务，分别是掩蔽语言模型和下一句预测。

MLM 是一种通过掩盖输入文本中的一些单词来预测缺失单词的任务。例如，给定一句话"我想去看电影，但我没带（[MASK]）。"，MLM 任务就是预测中括号中应该填写什么单词。

NSP 是一种判断两个文本是否具有逻辑关系的任务。例如，给定一对文本（"你是谁？"，"我今天早晨去公园散步。"），NSP 任务就是判断这两个文本是否具有逻辑关系。

4.2.3 掩蔽语言模型

BERT 模型为了学习文本中每个单词的深层向量表示，随机屏蔽每个序列中 15%的输

入词元，以特殊词元<mask>替代，然后使用双向上下文的词元以自监督的方式预测这些被屏蔽的词元，这个过程称为"掩蔽语言模型"。与去噪自编码器不同，BERT 只预测被屏蔽的词元，而不是重构整个输入。将 BERT 模型获得的屏蔽词元的深层向量表示通过一个线性层，然后使用 softmax 函数得到每个屏蔽词元在整个词表上的预测概率分布，该任务使用交叉熵损失函数。

上述做法存在一个缺点，因为<mask>词元在微调过程中并不出现，这在预训练和微调之间产生了不匹配现象。为了解决这个问题，并不总是将"遮蔽"词元替换为<mask>，训练数据生成器随机选择 15% 的词元进行预测，其中：

- ☑ 80% 的概率替换为<mask>词元。
- ☑ 10% 的概率替换为随机词元。
- ☑ 10% 的概率保持词元不变。

MaskedLanguageModel 类实现掩蔽语言模型，在前向推断中需要两个输入，分别是 BERT 编码的每个词元的深层向量表示，以及由 0、1 构成的掩码张量，代码如下。

```python
class MaskedLanguageModel(nn.Module):
    """
    predicting origin token from masked input sequence
    n-class classification problem, n-class = vocab_size
    """
    def __init__(self, hidden_dim, vocab_size):
        """
        :param hidden_dim: output size of BERT model
        :param vocab_size: total vocab size
        """
        super(MaskedLanguageModel, self).__init__()
        self.hidden_dim = hidden_dim
        self.linear = nn.Linear(self.hidden_dim, vocab_size)
        self.softmax = nn.LogSoftmax(dim=-1)
    def forward(self, encode_x, mask):
        batch_size = encode_x.shape[0]
        x = encode_x[mask == 0].reshape(batch_size, -1, self.hidden_dim)
        return self.softmax(self.linear(x))
```

举例说明，每个预测词元的输出张量大小等于词表的大小。

```
batch_size = 2  # 批量大小是2
seq_len = 9  # 小批量数据集内的最大序列长度是9
dim = 4  # 向量维度是4
vocab_size = 1000  # 词表大小
a = torch.rand((batch_size, seq_len, dim))  # BERT 编码的每个词元的深层向量表示
mask = torch.tensor([[0, 1, 0, 1, 0, 1, 1, 1, 1], [1, 1, 1, 0, 0, 0, 1, 1, 1]], dtype=torch.bool)    # 掩蔽位置张量
mlm = MaskedLanguageModel(dim, vocab_size)
out = mlm(a, mask)
print(out.shape)
torch.Size([2, 3, 1000])
```

4.2.4 下一个句子预测

许多重要的自然语言处理下游任务，如问答（QA）和自然语言推理（NLI），都基于理解两个句子之间的关系，而这种关系是无法通过语言模型直接捕捉到的。为了训练一个能够理解句子之间关系的模型，对一个二分类的下一个句子预测任务进行自监督的预训练，这个任务可以轻松地从任何单语语料库生成。具体来说，在为预训练生成句子对 A 和 B 时，有 50％的概率，B 是"真的"跟随 A 的下一个句子（标记为 is_next）；也有 50％的概率，B 是来自语料库的随机句子（标记为 not_next）。

使用 BERT 编码的词元<cls>的向量表示句子对之间的关系向量，NextSentencePred 类将词元<cls>的向量表示通过一个线性层，然后使用 softmax 函数得到第二个句子是否是真正的下一个句子的预测概率分布，该任务使用交叉熵损失函数实现。

```
class NextSentencePred(nn.Module):
    """
    二分类模型: is_next, not_next
    """
    def __init__(self, hidden_dim):
        """
        :param hidden_dim: output size of BERT model
        """
        super(NextSentencePred, self).__init__()
```

```
        self.hidden_dim = hidden_dim
        self.linear = nn.Linear(self.hidden_dim, 2)
        self.softmax = nn.LogSoftmax(dim=-1)
def forward(self, encode_x):
    x = encode_x[:, 0, :]
return self.softmax(self.linear(x))
```

举例说明,每个句子对的输出张量大小等于2。

```
batch_size = 2    # 批量大小是2
seq_len = 9       # 小批量数据集内的最大序列长度是9
dim = 4           # 向量维度是4
vocab_size = 1000 # 词表大小
a = torch.rand((batch_size, seq_len, dim))  # BERT 编码的每个词元的深层向量表示
model = NextSentencePred(dim)
out = model(a)
print(out.shape)
torch.Size([2, 2])
```

4.2.5 整合代码

在预训练 BERT 时,最终的损失函数是掩蔽语言模型的损失函数和下一句预测的损失函数之和。下面定义 BERTModel 类,通过前向推断获得编码后的 BERT 表示 encode_x、掩蔽语言模型的预测向量 mlm_pred_y 和下一句预测的标签 nsp_pred_y。

```
class BERTModel(nn.Module):
    """
    整合BERT、掩蔽语言模型和下一句预测模型
    """
    def __init__(self, h, N, d_model, d_ff, dropout, vocab_size, max_len):
        super(BERTModel, self).__init__()
        self.bert = BERTEncoder(h, N, d_model, d_ff, dropout, vocab_size, max_len)
        self.mlm = MaskedLanguageModel(d_model, vocab_size)
        self.nsp = NextSentencePred(d_model)
    def forward(self, tokens, segments, tokens_mask=None, pred_tokens_mask=None):
```

```
        encode_x = self.bert(tokens, segments, tokens_mask)
        if pred_tokens_mask is not None:
            mlm_pred_y = self.mlm(encode_x, pred_tokens_mask)
        else:
            mlm_pred_y = None
        nsp_pred_y = self.nsp(encode_x)
        return encode_x, mlm_pred_y, nsp_pred_y
```

4.2.6 损失函数

BERT 预训练的损失函数是掩蔽语言模型和下一句预测的损失函数之和,实现代码如下。

```
def calc_bert_loss(net, vocab_size, tokens, segments, tokens_mask,
            pred_tokens_mask, mlm_true_tokens, nsp_true_y):
    # BERT 模型最终的损失函数,等于掩蔽语言模型和下一句预测的损失函数之和
    criterion = nn.CrossEntropyLoss()
    # 前向传播
    encode_x, mlm_pred_y, nsp_pred_y = net(tokens, segments,
tokens_mask=tokens_mask, pred_tokens_mask=pred_tokens_mask)
    # 掩蔽语言模型的损失函数
    mlm_loss = criterion(mlm_pred_y.reshape(-1, vocab_size),
mlm_true_tokens.reshape(-1))
    # 下一句预测的损失函数
    nsp_loss = criterion(nsp_pred_y, nsp_true_y)
    total_loss = mlm_loss + nsp_loss
    return mlm_loss, nsp_loss, total_loss
```

举例说明。

```
d_model = 32  # 输入向量表示的维度
h = 4  # 编码器层的头数
d_ff = 128  # 基于位置的前馈网络的第一个隐藏层的神经元数
dropout = 0.1
N = 2  # 编码器层数
vocab_size = 1000  # 词表大小
max_len = 10  # 最大序列长度
tokens = torch.randint(0, vocab_size, (2, 9))  # 词元索引 batch_size=2 #
batch 内的最大序列长度是 9
segments = torch.tensor([[0, 0, 0, 0, 1, 1, 1, 1, 1], [0, 0, 0, 0, 0, 0,
1, 1, 1]])  # 段索引
```

```
pred_tokens_mask = torch.tensor([[0, 1, 0, 1, 0, 0, 1, 1, 1], [1, 0, 1,
0, 0, 0, 1, 1, 1]], dtype=torch.bool)  # 掩蔽位置张量
mlm_true_tokens = torch.randint(0, vocab_size, (2, 4))
nsp_true_y = torch.tensor([0, 1], dtype=torch.long)
net = BERTModel(h, N, d_model, d_ff, dropout, vocab_size, max_len)
mlm_loss, nsp_loss, total_loss = calc_bert_loss(net, vocab_size, tokens,
segments,None, pred_tokens_mask, mlm_true_tokens,nsp_true_y)
print('mlm_loss: ', mlm_loss)
print('nsp_loss: ', nsp_loss)
print('total_loss: ', total_loss)
mlm_loss:    tensor(7.0897, grad_fn=<NllLossBackward0>)
nsp_loss:    tensor(0.9090, grad_fn=<NllLossBackward0>)
total_loss:    tensor(7.9969, grad_fn=<AddBackward0>)
```

4.2.7 微调任务

BERT 通过在所有编码器层联合上下文，从未标记的文本中预训练词元的深度双向表征。因此，微调过程是直接的，预训练的 BERT 模型可以通过一个额外的输出层进行微调，以创建最先进的模型，用于更广泛的任务，而无须对特定任务的架构进行大量修改。预训练模型降低了许多重要设计的任务特定架构的需求，在大量句子级和标记级任务上实现了最先进的性能，超过了许多任务特定架构。

Transformer 中的自注意机制使得 BERT 能够通过变换适当的输入序列和输出序列来模拟许多下游任务，无论这些任务涉及单个文本还是文本对，然后对 BERT 预训练的所有参数进行端到端的微调。

对于情感分析任务，这是一个单文本分类任务。BERT 的输入是单个文本，将 BERT 编码的特殊词元<cls>的深层语义表示作为输入单个文本的表示，增加额外层以输出所有离散标签值的分布。

对于问答任务，BERT 的输入是一对文本，即问题-段落对。例如，斯坦福问答数据集（Stanford question answer dataset，SQuAD v.1.1）是由阅读段落和问题组成的，其中每个问题的答案是段落中的一段文本，即文本片段。该任务的学习目标是在给定问题和段落的情况下，预测段落中文本片段的开始和结束的位置。在输入序列中，将问题作为第一个句子，将阅读段落作为第二个句子。预测目标是预测文本片段在阅读段落中的开始位置和结束位置。以预测开始位置为例，使用相同的额外层和 softmax 函数为段落中的每个词元位置 i 分

配作为文本片段开始的概率。预测结束位置的过程与预测开始位置类似。

对于文本语义相似度任务,数据集的样本包括"句子 1,句子 2,相似度得分",如相似度得分位于 0(无语义重叠)到 5(语义等价),则这项任务评估句子的语义相似度。BERT 的输入序列是一对文本,提取 BERT 编码的特殊词元<cls>对应的深层语义表示,对于文本对回归任务,使用额外层获得模型预测的连续相似度得分和均方损失函数;对于文本对分类任务,使用额外层和 softmax 函数获得模型预测的标签和交叉熵损失函数。

序列标注任务是词元级任务,即预测每个词元的标签。将 BERT 编码的每个词元的深层语义表示输入相同的额外层中,用于输出每个词元的标签。

4.3 其他预训练模型

4.3.1 模型应用之一:自然语言处理

Transformer 模型是一种基于注意力机制的神经网络架构,最初被提出用于自然语言处理任务中的序列到序列的学习。随着时间的推移,Transformer 模型被应用于各种不同的领域,包括文本分类、机器翻译、问答系统、命名实体识别等。下面将分别介绍这些应用场景。

1. 文本分类

Transformer 模型可以对文本进行分类,如将电子邮件分类为垃圾邮件或非垃圾邮件。在这种情况下,Transformer 模型可以将文本作为输入,然后输出类别标签。在文本分类中,Transformer 模型主要用于将文本转化为向量表示,并使用该向量表示进行分类。具体而言,输入序列为文本,输出为文本所属类别。Transformer 模型通过编码器将文本转化为一个定长向量表示,然后通过全连接层将该向量表示映射到类别空间。由于 Transformer 模型具有处理长文本的优势,因此在处理自然语言处理任务时,取得了很好的效果。

基于 Transformer 的文本分类方法通常包括以下几个步骤:首先,将输入文本进行预处理,包括分词、去除停用词等操作;然后,将处理后的文本转换为模型可以处理的数值表示,如词嵌入向量;接着,将数值表示输入到 Transformer 模型中进行特征提取和编码;最后,通过分类器对编码后的特征进行分类,得到最终的分类结果。

需要注意的是，Transformer 文本分类的具体实现方式和效果会受到多种因素的影响，包括模型的参数设置、训练数据的质量和数量、以及具体的文本分类任务等。因此，在实际应用中，需要根据具体情况进行模型调优和参数调整，以获得最佳的分类性能。

Transformer 文本分类在自然语言处理领域具有广泛的应用场景。一些主要的应用场景，如表 4-1 所示。

表 4-1 Transformer 应用场景

应用场景	主要价值
情感分析	Transformer 模型在情感分析任务中发挥着重要作用。它能够对文本进行深度理解和分析，判断文本所表达的情感倾向是正面还是负面。这在社交媒体监测、产品评价分析等方面非常有用，可以帮助企业了解用户的反馈和情绪，从而做出更好的决策
新闻分类	对于大量的新闻文章，Transformer 文本分类可以自动将新闻归类到不同的主题或类别中，如政治、经济、体育等。这有助于新闻机构进行内容管理和推荐系统的构建
电影或书籍评价分类	在影视或图书领域，Transformer 文本分类可以自动对评论进行分类，区分出好评、中评和差评，为平台提供用户反馈的概览，并帮助用户快速找到与自己观点相似的评论
垃圾邮件检测	在电子邮件系统中，Transformer 文本分类可以帮助识别并过滤掉垃圾邮件，保护用户的邮箱免受不必要的干扰
用户意图识别	在智能客服或聊天机器人中，Transformer 文本分类可以帮助识别用户的意图，从而提供更准确的回答或解决方案

随着技术的不断进步和应用场景的不断拓展，Transformer 文本分类的应用将会更加广泛和深入。无论是对于个人用户，还是对于企业机构，Transformer 文本分类都将是一个重要的工具，可以帮助人们更好地理解和利用文本信息。

2. 机器翻译

Transformer 模型可以将一种语言的文本翻译成另一种语言的文本。在这种情况下，Transformer 模型可以将源语言的文本作为输入，然后输出目标语言的文本。在机器翻译中，Transformer 模型主要用于将源语言文本转化为目标语言文本。具体而言，输入序列为源语言文本，输出序列为目标语言文本。Transformer 模型通过编码器将源语言文本转化为一个定长向量表示，然后通过解码器将该向量表示解码为目标语言文本。其中，编码器和解码器均使用 Self-Attention 机制，可以有效地捕捉输入文本的语义信息，从而提高翻译质量。

在 Transformer 机器翻译中，模型首先接收源语言（如英语）的句子作为输入，然后通过编码器（encoder）对输入句子进行编码，捕捉其中的语法、语义和上下文信息。接下来，解码器（decoder）根据编码后的信息，逐步生成目标语言（如中文）的句子。在生成过程中，解码器会利用自注意力机制考虑已经生成的部分，并结合编码器的输出，预测下一个单词或词组。

Transformer 机器翻译的优势在于其能够并行处理输入序列中的所有单词，从而提高了计算效率。此外，由于其自注意力机制，模型能够更好地理解句子中的复杂结构和语义关系，从而生成更准确、更自然的翻译结果。随着深度学习技术的不断发展和优化，Transformer 机器翻译的性能也在不断提升。如今，它已经被广泛应用于各种场景，如在线翻译工具、跨语言交流平台等，为人们提供了便捷、高效的翻译服务。

Transformer 机器翻译的优点，如表 4-2 所示。

表 4-2　Transformer 机器翻译优点

优点	具体含义
高效的并行计算能力	传统的递归神经网络（RNN）和卷积神经网络（CNN）在处理文本时，需要按照顺序和局部窗口依次计算，这限制了它们的计算速度和效率。而 Transformer 采用了自注意力机制，使得每个词都可以同时与文本中的其他词进行相关性计算，无需按照顺序进行，从而实现了高效的并行计算。这种并行计算方式不仅提高了处理速度，还将计算复杂度从 $O(N^2)$ 降低到了 $O(N)$，显著提升了模型训练和推理的效率
优秀的长距离依赖建模能力	在机器翻译中，捕捉和理解句子中的长距离依赖关系至关重要。Transformer 通过自注意力机制，使得任意两个词之间都可以直接进行交互，无论它们之间的距离有多远。这种直接的交互方式避免了信息在传递过程中的损失和偏差，从而可以更准确地建模长距离依赖关系，提高翻译的准确性
灵活性高，适应性强	Transformer 模型结构灵活，可以适应不同长度的输入序列，这使得它在处理各种长度的句子时都能表现出色。此外，Transformer 还可以扩展到处理图结构数据，如图神经网络（GNN）中的 Transformer GNN，进一步拓宽了其应用范围
生成能力强	Transformer 模型在生成任务中表现出色，能够生成流畅、自然的翻译结果。这得益于其强大的建模能力和自注意力机制，使得模型能够更好地理解源语言句子的结构和语义，从而生成更准确的目标语言句子

需要注意的是，虽然 Transformer 机器翻译已经取得了很大的进步，但在某些特定领域或复杂场景下，其翻译质量仍可能受到一定的限制。因此，在实际应用中，需要结合具体需求和场景，选择合适的模型和策略进行翻译。

3. 问答系统

在问答系统中，Transformer 模型主要用于对问题和答案进行匹配，从而提供准确答案。具体而言，输入序列为问题和答案，输出为问题和答案之间的匹配分数。Transformer 模型通过编码器将问题和答案分别转化为向量表示，然后通过 Multi-Head Attention 层计算问题和答案之间的注意力分布，最终得到匹配分数。

具体来说，当用户提出一个问题时，Transformer 问答系统会首先利用编码器将问题和相关文本进行编码，转换为上下文向量。然后，解码器会利用这些上下文向量生成对应的答案。整个过程中，模型会充分考虑问题中的关键词、语义信息和上下文关系，以确保生成的答案与问题高度相关且准确。

Transformer 模型的问答系统应用，得益于其自注意力机制，使得模型能够捕捉输入序列中的长距离依赖关系，并理解文本的深层含义。这种能力使得 Transformer 问答系统在处理复杂问题时具有优势，能够提供更准确、更有深度的回答。

Transformer 问答系统的优点，如表 4-3 所示。

表 4-3 Transforme6r 问答系统优点

优点	具体含义
强大的建模能力	Transformer 模型通过自注意力机制，能够捕捉输入序列中的长距离依赖关系，从而更准确地理解问题的语义和上下文。这使得 Transformer 问答系统能够生成与问题高度相关且准确的答案
高效并行计算	Transformer 模型在计算过程中可以并行处理输入序列中的所有位置，提高了计算效率。这使得 Transformer 问答系统能够更快地处理大量问题，并给出及时响应
灵活性高	Transformer 模型可以适应不同长度的输入序列，这使得 Transformer 问答系统能够处理各种类型的问题，无论是短句还是长段落

Transformer 问答系统也存在一些缺点，如表 4-4 所示。

表 4-4 Transformer 问答系统缺点

缺点	具体含义
对计算资源要求较高	由于 Transformer 模型参数众多且计算密集，训练和推理 Transformer 问答系统需要大量的计算能力和内存。这可能会增加系统的部署和运营成本
复杂度高，调试困难	Transformer 模型的架构相对复杂，调整其参数和结构可能需要大量的实验和调试。这增加了开发 Transformer 问答系统的难度和成本
位置信息不足	虽然 Transformer 模型通过位置编码等方式尝试解决位置信息的问题，但相对于 RNN 等模型，其在处理位置信息方面仍然存在一定的局限性。这可能对某些需要精确位置信息的问答任务产生一定影响

此外，Transformer 问答系统还可以与其他技术相结合，如知识图谱和自然语言处理技术等，以进一步提升其性能和准确性。通过与知识图谱的结合，系统可以利用图谱中的实

体和关系信息来丰富答案的内容；而结合自然语言处理技术，系统可以更好地理解用户的意图和表达方式，从而提供更贴近用户需求的答案。

总的来说，Transformer 问答系统是一种高效、准确的智能问答解决方案，能够为用户提供及时、有用的信息，可以帮助人们更好地解决问题和获取知识。

4. 命名实体识别

Transformer 命名实体识别（named entity recognition，NER）是一种利用 Transformer 模型进行命名实体识别的任务。命名实体识别是自然语言处理中的一项重要任务，旨在从文本中识别出具有特定意义的实体，如人名、地名、组织机构名等。

Transformer 模型通过其独特的自注意力机制，能够捕捉输入序列中的长距离依赖关系，并理解文本的深层含义。这使得 Transformer 在命名实体识别任务中表现出色，能够准确识别出文本中的各类实体。

在 Transformer 命名实体识别中，模型通常会对输入文本进行编码，生成对应的向量表示。然后，通过特定的解码或分类层，对编码后的向量进行实体类别的预测。这些类别可以包括人名、地名、组织机构名等预定义好的标签。

与传统的基于规则或特征工程的命名实体识别方法相比，Transformer 命名实体识别具有更高的准确性和灵活性。它能够从大量数据中自动学习实体的特征和模式，并适应不同领域和场景的命名实体识别需求。

因此，Transformer 命名实体识别在自然语言处理领域具有广泛的应用前景，可以帮助人们从文本中提取有用的实体信息，进而支持信息抽取、关系抽取、问答系统等应用。

Transformer 命名实体识别，在自然语言处理领域具有广泛的应用场景。它在多个自然语言处理应用场景中发挥着重要作用，为信息抽取、情感分析、关系抽取、智能问答系统以及社交媒体监控等任务提供了有力的支持。如表 4-5 所示为其几个主要的应用场景。

表 4-5 Transformer 命名实体识别应用场景

应用场景	具体含义
信息抽取	在信息抽取任务中，transformerNER 起着关键作用。它能够从大量文本数据中快速、准确地识别出人名、地名、机构名等实体，进而提取出结构化信息。这对于构建知识图谱、进行数据挖掘和智能问答等应用至关重要

续表

应用场景	具体含义
情感分析	在情感分析任务中,Transformer NER 可以帮助识别文本中提及的产品、品牌或人物等实体,从而更准确地判断文本的情感倾向。例如,在分析用户对某个产品的评论时,通过识别产品名称和相关的情感词汇,可以判断用户对该产品的情感态度
关系抽取	关系抽取旨在从文本中识别出实体之间的关系。Transformer NER 能够准确识别出文本中的实体,为关系抽取提供必要的基础。通过结合实体识别和关系分类技术,可以构建实体之间的关系图谱,支持复杂的语义理解和推理任务
智能问答系统	在智能问答系统中,Transformer NER 能够帮助识别用户问题中的关键实体,从而更准确地理解用户的意图。例如,当用户询问关于某个名人的信息时,系统可以通过 NER 识别出该名人的名称,并据此从知识库中检索相关信息进行回答
社交媒体监控	在社交媒体平台上,大量文本数据需要被监控和分析。Transformer NER 能够自动识别出文本中的敏感实体,如政治敏感词汇、品牌名称等,以帮助企业和政府机构及时发现并处理潜在的风险和问题

4.3.2 模型应用之二:语音识别

语音识别是指将人类语音转换为计算机可以理解的形式,以便计算机能够处理和理解语音。一些最新的研究表明,基于 Transformer 的语音识别系统已经取得了与传统的循环神经网络(RNN)和卷积神经网络(CNN)相媲美的性能。下面是一些 Transformer 模型在语音识别领域的应用案例。

1. 语音识别

Transformer 语音识别是一种基于 Transformer 模型的语音识别技术。Transformer 模型,以其自注意力机制和平行计算能力而著名,特别适合处理序列数据,包括语音数据。在语音识别任务中,Transformer 模型能够学习语音信号的特征,并将其转换为文本序列。

在 Transformer 语音识别系统中,通常包含一个编码器和一个解码器。编码器接收输入的语音信号,并将其转换为一种高级特征编码,该编码包含了语音的语义和时序信息。解码器则利用这些特征编码,结合之前的输出和状态,逐步生成预测的文本序列。

Transformer 语音识别的优点在于其强大的建模能力和高效的计算效率。由于 Transformer 模型能够捕捉输入序列中的长距离依赖关系,因此它能够更好地理解语音信号中的复杂结构和语义信息。此外,Transformer 模型的并行计算能力使得语音识别的处理速

第 4 章 Transformer

度更快,能够实时或近实时地转换语音为文本。

然而,Transformer 语音识别也存在一些挑战。由于解码器采用非递归并行前向处理,这可能导致在训练阶段的计划采样难以利用。此外,对于长句子的处理,Transformer 模型可能表现出一定的性能退化,因为语音的时序信息对于识别至关重要,而 Transformer 在处理长序列时可能会丢失一些时序细节。

尽管如此,随着深度学习技术的不断发展,研究者们正在探索如何优化 Transformer 模型以适应语音识别任务的需求。例如,可以通过结合链式模型的识别结果来改进 Transformer 语音识别的性能。此外,还可以利用大量的未配对文本数据对解码器进行预训练,以提高其生成文本序列的能力。总的来说,Transformer 语音识别技术为语音转文本任务提供了一种高效且准确的方法,具有广泛的应用前景,包括在智能助手、语音搜索、实时字幕等领域。随着技术的不断进步,我们可以期待 Transformer 语音识别在未来会取得更大的突破和进展。

2. 语音合成

Transformer 语音合成是一种基于 Transformer 模型的语音合成技术。Transformer 模型以其独特的自注意力机制和平行计算能力,在语音合成领域取得了显著的效果。

在 Transformer 语音合成中,模型通常分为编码器和解码器两部分。编码器将输入的文本信息转换为一种高级的特征表示,而解码器则根据这些特征表示生成对应的语音波形。

Transformer 语音合成的优势在于其能够并行处理输入序列,从而大大提高了训练速度和合成效率。此外,由于 Transformer 模型能够捕捉输入序列中的长距离依赖关系,因此它能够更好地建模语音中的韵律和语调,使得生成的语音更加自然流畅。

然而,Transformer 语音合成也存在一些挑战。例如,在处理长句子时,由于 Transformer 模型的计算复杂度较高,可能会导致性能下降。此外,对于某些特定的语音特性,如音色、音质等,Transformer 模型可能难以准确建模。

为了应对这些挑战,研究者们正在探索各种优化方法和技术。例如,通过引入更复杂的网络结构、使用更高效的训练算法、结合其他语音合成技术等,来提高 Transformer 语音合成的性能和效果。

3. 说话人识别

Transformer 说话人识别是一种基于 Transformer 模型的说话人识别技术。它利用 Transformer 模型强大的建模能力和自注意力机制,对语音信号进行特征提取和说话人分类,以实现准确的说话人识别。

在 Transformer 说话人识别系统中，首先需要将输入的语音信号转换为适当的特征表示。这通常通过预处理步骤完成，包括语音信号的采样、分帧、特征提取等。然后，这些特征会被输入 Transformer 模型中。

Transformer 模型由多个编码器层组成，每个编码器层都包含自注意力机制和前馈神经网络。自注意力机制使得模型能够捕捉输入序列中的长距离依赖关系，从而提取出对说话人身份具有判别性的特征。前馈神经网络则对这些特征进行进一步的加工和转换，以增强模型的表示能力。

在训练阶段，Transformer 模型通过大量的标注数据进行学习，以掌握不同说话人的特征表示。这通常涉及损失函数的定义和优化算法的选择，以确保模型能够准确地识别出不同说话人的身份。

在推理阶段，给定一段语音信号，Transformer 模型能够提取其特征表示，并将其与已学习的说话人特征进行比对。通过计算相似度或距离度量，模型能够确定输入语音所属的说话人身份。

Transformer 说话人识别技术具有许多优点。首先，由于其强大的建模能力，它能够处理复杂的语音信号，并准确地提取出说话人的特征。其次，Transformer 模型的并行计算能力使得说话人识别的处理速度更快，能够满足实时应用的需求。此外，由于 Transformer 模型具有较好的泛化能力，它能够在不同场景下实现鲁棒的说话人识别。

然而，Transformer 说话人识别也面临一些挑战。例如，语音信号的变化性较大，不同说话人的发音、语速、语调等都有所不同，这要求模型具有足够的鲁棒性来应对这些变化。此外，对于噪声环境下的说话人识别，模型需要具有更强的抗噪能力。

为了应对这些挑战，研究者们正在探索各种方法和技术。例如，可以利用更多的标注数据进行训练，以增强模型的泛化能力；可以引入数据增强技术，模拟不同环境下的语音信号，提高模型的抗噪能力；还可以结合其他技术，如深度学习算法、特征融合等，来提升 Transformer 说话人识别的性能和效果。综上，Transformer 说话人识别技术为说话人识别任务提供了一种高效且准确的方法。随着技术的不断进步和研究的深入，我们可以期待 Transformer 说话人识别在未来会取得更大的突破和进展。

4. 声纹识别

Transformer 声纹识别是利用 Transformer 模型进行声纹识别的一种技术。声纹识别，也被称为说话人识别，是一种生物识别技术，旨在通过分析和比较语音信号中的特征来识别

第 4 章　Transformer

说话人的身份。

在 Transformer 声纹识别中，Transformer 模型发挥着核心作用。该模型利用自注意力机制，能够捕捉语音信号中的长距离依赖关系，并提取对说话人身份具有判别性的特征。这些特征可能包括声音的音调、音色、语速等方面的信息，它们共同构成了每个人的独特声纹。

在声纹识别的过程中，Transformer 模型首先将输入的语音信号转换为适当的特征表示。这通常涉及对语音信号进行预处理，如采样、分帧和特征提取等步骤。然后，这些特征会被输入到 Transformer 模型中，模型通过自注意力机制学习并提取说话人的声纹特征。

在训练阶段，Transformer 模型使用大量的标注数据进行学习，以掌握不同说话人的声纹特征。通过优化算法和损失函数的定义，模型逐渐学会区分不同说话人的声音，并提取对身份识别有用的特征。

在识别阶段，给定一段待识别的语音信号，Transformer 模型能够提取其声纹特征，并将其与已学习的说话人声纹特征进行比对。通过计算相似度或距离度量，模型能够确定输入语音所属的说话人身份。

Transformer 声纹识别技术具有许多优势。首先，由于其强大的建模能力，Transformer 模型能够处理复杂的语音信号，并准确地提取说话人的声纹特征。其次，Transformer 模型的并行计算能力使得声纹识别的处理速度更快，能够满足实时应用的需求。此外，Transformer 声纹识别还具有较高的准确性和鲁棒性，能够在不同场景下实现可靠的说话人识别。

然而，Transformer 声纹识别也面临一些挑战。例如，语音信号的变化性较大，不同说话人的发音、语速、语调等都有所不同，这要求模型具有足够的泛化能力来应对这些变化。此外，噪声环境也可能对声纹识别产生干扰，需要采取相应的措施来提高模型的抗噪能力。这些应用案例只是 Transformer 模型在语音识别领域中的一部分应用。由于 Transformer 模型具有处理变长序列数据的能力和更好的性能，因此在语音识别领域中得到了广泛的应用。

4.3.3　模型应用之三：计算机视觉

计算机视觉是指让计算机理解和分析图像和视频。Transformer 模型在计算机视觉领域也有广泛应用。示例如下。

1. 图像分类

Transformer 模型最初是为处理序列数据而设计的，如自然语言处理任务。然而，近年来，Transformer 模型在计算机视觉领域，特别是在图像分类任务中，也得到了广泛的应用。

在图像分类任务中，Transformer 模型需要将图像数据转换为序列数据。这通常涉及将图像划分为网格，并将每个网格中的像素值或提取的特征作为序列的一部分。然后，这些序列数据会被输入 Transformer 模型中进行编码，模型通过自注意力机制捕捉序列中不同位置之间的依赖关系，以提取图像的特征。

接下来，模型会将这些特征进行聚合，通常使用全局平均池化或其他聚合方法，将序列特征转换为固定长度的向量。这些聚合的特征随后被输入到一个分类器中，如全连接层或支持向量机（SVM），进行最终的分类任务。

值得注意的是，虽然 Transformer 模型在图像分类任务中表现出色，但它并不是唯一的选择。卷积神经网络（CNN）等传统方法仍然在图像分类任务中占有重要地位。然而，Transformer 模型在处理全局信息和长距离依赖关系方面具有优势，这使得它在某些复杂场景或需要高级语义理解的图像分类任务中表现更为出色。

此外，随着研究的深入，越来越多的方法和技术被提出，进一步提升了基于 Transformer 的图像分类性能。例如，研究者们探索了将 Transformer 与 CNN 结合的方法，利用两者的优势实现更好的分类效果。

2. 目标检测

Transformer 模型可以检测图像中的物体，并将它们分割出来。在这种情况下，Transformer 模型可以将图像作为输入，然后输出物体的位置和大小。Transformer 目标检测是一种基于 Transformer 模型的目标检测算法。与传统的基于卷积神经网络（CNN）的目标检测算法不同，Transformer 目标检测算法通过引入自注意力机制来建模图像中目标之间的全局关系，从而提高了目标检测的准确性和性能。

在 Transformer 目标检测中，输入图像首先被转换为特征图，这些特征图经过一系列的编码和解码过程，最终生成目标检测结果。具体来说，编码器部分负责提取图像中的特征，而解码器部分则利用这些特征来预测目标的位置和类别。

自注意力机制在 Transformer 目标检测中发挥着关键作用。它允许模型在编码和解码过程中关注图像中的不同区域，并学习如何组合这些区域的信息来生成准确的检测结果。这种机制使得 Transformer 目标检测算法能够处理复杂的场景，并有效地识别出图像中的多个目标。

此外，Transformer 目标检测算法还采用了一些创新性的技术来提高性能。例如，一些算法引入了目标查询机制，通过目标查询向量与图像特征进行交互，抽取潜在的目标位置信息和类别信息。这种机制使得模型能够更准确地定位目标，并减少误检和漏检的情况。

第 4 章　Transformer

　　与传统的 CNN 目标检测算法相比，Transformer 目标检测算法具有更高的准确性和灵活性。它不仅能够处理不同尺度和形状的目标，还能够适应各种复杂的场景和光照条件。Transformer 和 CNN 是用于计算机视觉任务的两种不同的深度学习架构，其各自也具有一些优点和局限性。

　　Transformer 的优点如下。
- ☑ 全局信息关系建模：Transformer 通过自注意力机制能够捕捉输入序列中各个位置之间的依赖关系，能够更好地建模长距离依赖关系。
- ☑ 可并行性：Transformer 模型中的自注意力层可以并行计算，使得在某种程度上更容易实现并行化处理，因此在一定情况下速度更快。
- ☑ 适用于序列任务：原本被设计用于处理序列数据（如自然语言处理任务），在某些图像任务中也能够应用，特别是对于具有空间关系的图像数据。

　　Transformer 的缺点如下。
- ☑ 计算和内存消耗大：Transformer 模型的自注意力机制需要大量的计算资源和内存，对于大规模的图像数据，可能需要巨大的模型和计算能力，使得其在实际应用中可能受到限制。
- ☑ 特征提取能力相对较弱：对于基于图像像素级别的特征提取，Transformer 的提取效果可能不如传统的卷积神经网络。

　　CNN 的优点如下。
- ☑ 局部特征提取：CNN 通过卷积操作能够有效地提取图像中的局部特征，对于图像识别、物体检测等任务效果良好。
- ☑ 参数共享：CNN 利用参数共享的机制减少了模型的参数数量，有利于训练更小的模型并在较小的数据集上表现良好。
- ☑ 适用性广泛：在计算机视觉领域，CNN 已经被广泛应用于图像分类、目标检测、图像分割等任务，并且已经有许多经典的模型架构（如 VGG、ResNet、Inception 等）可供使用。

　　CNN 的缺点如下。
- ☑ 局部感知范围：CNN 的局部卷积操作使得其对于长距离的像素关系感知能力较弱，在处理全局关系问题上可能不如 Transformer。
- ☑ 对位置平移敏感：CNN 对于位置的平移比较敏感，这在某些情况下可能导致模型对于平移、旋转等变换不具备很好的鲁棒性。

　　在实际应用中，对于计算机视觉任务，通常会结合这两种架构来充分利用它们各自的优势。例如，可以使用 CNN 进行特征提取，然后使用 Transformer 进行全局关系建模或者上下文理解，或者将两者进行结合以适应特定任务的需求。选择使用哪种架构通常取决于任务的特性、数据集的规模、计算资源的可用性以及对模型精度和效率的要求。

3. 图像生成

Transformer 模型可以生成新的图像，如生成一张艺术作品或者修改一张图像。在这种情况下，Transformer 模型可以将图像作为输入，然后输出新的图像。Transformer 图像生成是近年来计算机视觉领域的一个新兴研究方向，它利用 Transformer 模型来生成高质量的图像。与传统的基于卷积神经网络的图像生成方法相比，Transformer 图像生成方法具有更强的全局建模能力和更高的灵活性。

在 Transformer 图像生成中，模型通常采用编码器-解码器的架构。编码器负责将输入信息（如文本描述或条件向量）转换为隐式表示，而解码器则根据这个隐式表示逐步生成图像。Transformer 模型的核心是自注意力机制，它允许模型在生成过程中考虑整个输入序列的信息，从而捕捉全局依赖关系。这使得 Transformer 在图像生成任务中能够更好地理解上下文信息，并生成更连贯、更自然的图像。

此外，Transformer 图像生成方法还引入了一些创新性的技术。例如，一些方法使用位置编码来捕捉图像中像素的位置信息，这对于生成具有明确结构和空间关系的图像非常重要。还有一些方法使用多模态融合技术，将文本、图像等不同模态的信息结合起来，实现跨模态的图像生成。

在实践中，Transformer 图像生成方法已经取得了显著的成果。例如，一些最新的模型能够生成高质量、高分辨率的图像，并且在视觉质量、多样性和语义一致性等方面都表现出色。这些模型在艺术创作、图像编辑、虚拟现实等领域具有广泛的应用前景。总之，Transformer 图像生成是一个充满挑战和机遇的研究方向。随着技术的不断进步和方法的不断创新，我们有望在未来看到更多高质量、高灵活性的 Transformer 图像生成方法，为计算机视觉领域的发展注入新的活力。

以上这些应用案例只是 Transformer 模型在计算机视觉领域中的一部分应用。由于 Transformer 模型具有处理变长序列数据的能力和更好的性能，因此在计算机视觉领域中得到了广泛的应用。

第 5 章
基于深度学习的推荐

5.1 基于行为的协同过滤

协同过滤是一种在推荐系统中广泛采用的推荐方法。这种算法基于一个"物以类聚，人以群分"的假设，喜欢相同物品的用户更有可能具有相同的兴趣。基于协同过滤的推荐系统一般应用于有用户评分的系统之中，通过分数去刻画用户对于物品的喜好。协同过滤被视为利用集体智慧的典范，不需要对项目进行特殊处理，而是通过用户建立物品与物品之间的联系。目前，协同过滤推荐系统被分化为两种类型：基于用户（user-based）的推荐和基于物品（Item-based）的推荐。

1. 基于用户的协同过滤

将目标用户对项目的历史评价与其他用户匹配，找到相似用户，再将相似用户感兴趣的项目推荐给目标用户。基于用户的协同过滤推荐的基本原理：根据所有用户对物品或者信息偏好（评分），发现与当前用户口味和偏好相似的"邻居"用户群，在一般应用中是采用计算 K 近邻的算法；基于这 K 个邻居的历史偏好信息，为当前用户进行推荐。这种推荐系统的优点在于推荐物品之间在内容上可能完全不相关，因此可以发现用户的潜在兴趣，并且针对每个用户生成其个性化的推荐结果。其缺点是，一般的 Web 系统中，用户的增长速度都远远大于物品的增长速度，因此其计算量的增长巨大，系统性能容易成为瓶颈。因此，在业界中单纯的使用基于用户的协同过滤系统较少。

2. 基于项目（物品）的协同过滤

基于项目（物品）的协同过滤是指利用项目间的相似性，而非用户间的相似性来计算预测值，从而实施推荐。基于物品的协同过滤和基于用户的协同过滤相似，它使用所有用户对物品或者信息的偏好（评分），发现物品和物品之间的相似度，然后根据用户的历史偏好信息，将类似的物品推荐给用户。基于物品的协同过滤可以看作关联规则推荐的一种退化，但由于协同过滤更多考虑了用户的实际评分，并且只是计算相似度而不是寻找频繁集，因此可以认为基于物品的协同过滤准确率较高并且覆盖率更高。同基于用户的推荐相比，基于物品的推荐应用更为广泛，扩展性和算法性能更好。由于项目的增长速度一般较为平缓，因此性能变化不大。其缺点就是无法提供个性化的推荐结果。

3. 协同过滤流程

（1）依据行为记录挖掘用户偏好特征，构建用户画像。

（2）根据评分数据集，进行相似度计算，为用户或项目寻找最近邻集合。

（3）根据最近邻集合，预测用户对项目的评分，设置一个阈值或是直接取前几项，构建候选推荐集。

5.2　基于深度学习的推荐

基于深度学习的推荐是将深度学习技术融合在传统的推荐算法（如基于内容的推荐、协同过滤推荐）之中，或使用无监督学习方法对项目进行聚类，或使用监督学习方法对项目进行分类，以及使用多层感知器、卷积神经网络、循环神经网络、递归神经网络等对数据加工处理提取特征。基于深度学习主要是体现在使用机器学习的数据处理技术，通过组合低层特征形成更加稠密的高层语义抽象，从而自动发现数据的分布式特征表示，解决了传统机器学习中需要人工设计特征的问题。深度学习技术是要依托于传统推荐技术的，可以说是对传统推荐技术的增强。该类型推荐多用于处理图像、文本、音频等数据。如电子商务平台、电影售票系统等，主营项目都会附带明显的图片介绍，可以根据用户当前浏览或是历史购买记录来获取图片信息，深度学习提取出图像的特征表示，再以此从项目数据库中比对类似特征的图像,从而进行推荐。像亚马逊这样的网上书店或小说平台,主营项目以文本信息为主。经过深度学习,也可以提取出文本的风格、类型、特色等特征,从而进行匹配推荐。对于音乐播放器这类的以音频为主的系统,先将音频数据变为数字信号,再进行深度学习,用数字信息抽象表示音频特征(舒缓、嘻哈、古典等),从而可训练出用户的听曲风格。基于深度学习推荐的最大优势就是针对多种类型的输入数据,都可以提取特征,并训练模型,可以实现多元化的推荐,但是要想得到更好的推荐效果,就需要更长的时间来训练模型。

基于深度学习的推荐系统中的常用神经网络如下。

卷积神经网络包括输入层、卷积层、池化层、全连接层和输出层,其中卷积层和池化层组合形成了特征提取器。在卷积层中,上一个神经元不再与全部的下一层神经元全连接,只是部分连接,并且在 CNN 中采用了权值共享,即卷积核,这不仅有效减少了神经网络中的参数个数,还降低了过拟合的概率。卷积神经网络多用于处理图像数据,所以经常是通过处理分析用户项目的历史图片信息来推荐类似风格和颜色布局图片的其他项目。

循环神经网络相较于普通神经网络,其特殊之处在于它各个隐藏层之间是具有连接的,体现在功能上就是能够记忆之前的信息,即在当前隐藏层的输入中不仅包括输入层的输出信息,还包括隐藏层上一个状态(或上一个时刻)的输出。这种神经网络多用于处理序列数据,如语音识别,要想语义翻译准确,就要根据上文环境进行判断,所以循环神经网络在处理这类问题时就具有一定的优势。

1. DeepFM 的背景

DeepFM 是在 FM(factorization machines,因子分解机)算法的基础上衍生出来的算法其模型结构,如图 5-1 所示。

DeepFM 将 FM 与 DNN 相结合,联合训练 FM 模型和 DNN 模型,用 FM 做特征间的低阶组合,用 DNN 做特征间的高阶组合。相比于谷歌最新发布的 Wide&Deep 模型,DeepFM 模型的 Deep component 和 FM component 从 Embedding 层共享数据输入,同时不需要专门的特征工程。

DeepFM 广泛应用于 CTR(click through rate,点击通过率)预估领域,通过用户的点击行为来学习潜在的特征交互在 CTR 中至关重要。隐藏在用户点击行为背后的特征交互,无论是低阶交互还是高阶交互都可能对最终的 CTR 产生影响。FM 算法可以对特征间成对的特征交互以潜在向量内积的方式进行建模，并表现出不错的效果。然而，FM 由于高复杂性不能进行高阶特征交互，常用的 FM 特征交互通常局限于二阶。其他的基于神经网络的特征交互的方法要么侧重于低阶或者高阶的特征交互，要么依赖于特征工程，因此，DeepFM 出现了。DeepFM 表明，通过一个端到端的方式学习所有阶特征之间的交互并且不严格依赖特征工程也是可行的。

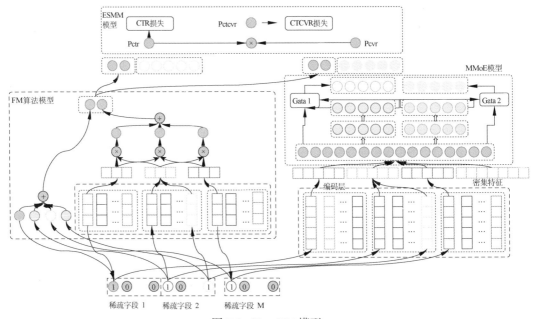

图 5-1　DeepFM 模型

2. DeepFM 的特点

DeepFM 是一个结合了 FM 结构和 DNN 结构的新的神经网络模型，并且 DeepFM 能够像 FM 那样进行低阶特征间的交互，也能够像 DNN 那样进行高阶特征间的交互。同时，DeepFM 多层网络模型能够进行端到端的训练且不依赖于特征工程，如图 5-2 所示。其主要特点分析如下。

- ☑ 共享输入：DeepFM 的 FM component 和 Deep component 共享相同的输入，因此能够完成高效训练。
- ☑ 输入层（sparse features）：输入数据包括类别特征和连续特征。
- ☑ Embedding 层（dense embeddings）：该层的作用是对类别特征进行 Embedding 向量

化,将离散特征映射为稠密特征。该层的结果同时被提供给 FM Layer 和 Hidden Layer,即 FM Layer 和 Hidden Layer 共享相同的 Embedding 层。

- ☑ FM 层(FM layer):该模型主要提取一阶特征和两两交叉特征。
- ☑ 隐藏层(hidden layer):该模块主要是应用 DNN 模型结构提取深层次的特征信息。
- ☑ 输出单元(output units):对 FM Layer 和 Hidden Layer 的结果执行 Sigmoid 函数,得出最终的结果。

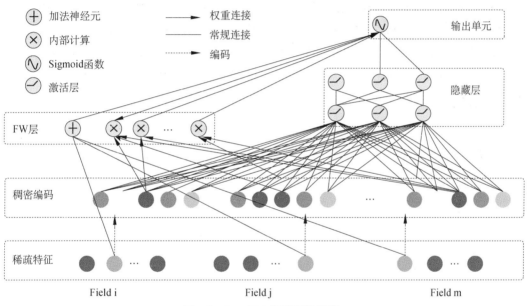

图 5-2 DeepFM 多层网络模型

3. 输入层

DeepFM 的输入可由连续型变量和类别型变量共同组成,且类别型变量需要进行 One-Hot 编码。正是由于 One-Hot 编码导致了输入特征变得高维且稀疏。针对高维稀疏的输入特征,DeepFM 采用了 word2vec 的词嵌入(wordembedding)思想,把高维稀疏的向量映射到相对低维且向量元素都不为零的空间向量中,不同的是 DeepFM 根据特征类型进行了 field 区分,即将特征分为不同的 field。

在处理特征时,我们需要对离散型数据进行 one-hot 转化,经过 one-hot 之后,一列会变成多列,这样会导致特征矩阵变得非常稀疏。

4. embedding 层

embedding 层对类别特征进行 embedding 向量化，将离散特征映射为稠密特征。embedding 层的输入就是分 field 的特征，也就是说 embedding 层完成了对不同特征按 field 进行向量化。FM 层和 hidden 层共享的就是 embedding 层的输出结果。

5. FM 层

FM 层的输入是 embedding 层的输出，FM 层主要是提取一阶特征和两两交叉的二阶特征。如图 5-2 所示，Field_i、Field_j、Field_m 中的黄色圆点指向 Addition 节点的黑线表示的是 FM 直接对原始特征做的一阶计算。而 embedding 层每个 field 对应的 embedding 会有两条红线连接到 Inner Product 节点，表示的是 FM 对特征进行的二阶交叉计算。

6. 隐藏层

hidden layer 主要是应用 DNN 的模型结构提取深层次的特征信息。hidden layer 的输入也是 embedding 层的输出（与 FM layer 共享输入）。从 embedding 层输出到 hidden layer 是一种全连接计算。

7. 输出层

输出层主要对 FM layer 和 hidden layer 的结果进行 Sigmoid 操作，得出最终的结果。

8. FM Component

DeepFM 中的 FM 部分是一个因子分解机，除了所有特征间的一个线性组合（一阶），FM 模型也支持以独立特征向量内积形式的成对特征组合（二阶）。相比于先前的方法，FM 在处理二阶特征组合的时更有效，尤其在训练数据集是稀疏的场景时。在先前的方法中，特征 i 和特征 j 的组合参数只有在特征 i 和特征 j 同时出现在相同的数据记录中时才能得到训练。然而在 FM 中，这个参数可以通过向量 Vi 和向量 Vj 的内积的形式完成更新。这样，FM 能够训练 Vi（Vj）无论 i（j）是否出现在数据记录中。这样很少出现在训练集中的特征组合也能够被 FM 很好地学习出来。

9. Deep Component

DeepFM 中的 deep 部分是一个前馈神经网络，用来学习高阶特征组合。DeepFM 中的 deep 部分将一条向量输入到神经网络。通常，点击预估任务的神经网络输入要求网络结构的设计。点击预估的原始特征输入向量通常是高度稀疏的、超高维、连续值与绝对值混合、按 fields 分组的形式，这就需要网络中有一个嵌入层（embedding layer）在将向量输入第一个 hidden 层之前将输入向量压缩成一个低维、实值稠密的向量，否则网络将难于训练。

10. DNN 部分的网络结构

- ☑ 输入层：输入数据包括类别特征和连续特征。
- ☑ Embedding 层：该层的作用是对类别特征进行 embedding 向量化，将离散特征映射为稠密特征。
- ☑ 隐藏层：该模块主要是应用 DNN 模型结构，提取深层次的特征信息。
- ☑ 输出层：对 FM layer 的结果进行 Sigmoid 操作，得出最终的结果。

如图 5-3 所示，DeepFM 将 FM 模型和 DNN 模型都当作全面学习的网络结构，这一点跟一些其他方法中通过预训练 FM 的隐藏向量进而对网络进行初始化的方式有些不同。这样的方法可以消除对 FM 的预训练，并且可以通过端到端的方式完成对整个网络的联合训练。

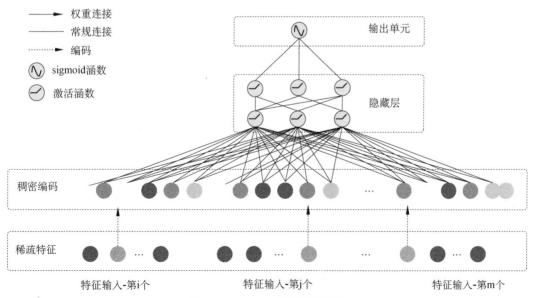

图 5-3 DeepFM 部分网络模型

11. DeepFM 的一些网络参数设置

Activation Function：相比于 sigmoid，relu、tanh 更适合 deep 模型。

Dropout：Dropout 影响一个神经元被保留在网络中的概率，Dropout 是折中精度和网络复杂度的一种正则化技术。

Number of Neurons per Layer：增加每层神经元的个数可能造成网络更复杂，复杂的模型容易过拟合。

Number of Hidden Layers：增加隐藏层的数量在模型开始训练的时候会提升训练效果，但是如果隐藏层的数量一直增加可能会造成训练效果下降，这也是一种过拟合现象。

5.3 基于 Pytorch 的 DeepFM 的完整实战代码

1. 导入必要的包

```
import torch
import torch.nn as nn
import torch.nn.functional as F
import torch.optim as optim
import torch.utils.data as Data

import time, json, datetime
from tqdm import tqdm

import numpy as np
import pandas as pd
from sklearn.metrics import log_loss, roc_auc_score
from sklearn.model_selection import train_test_split
from sklearn.preprocessing import LabelEncoder
pd.set_option('display.max_rows', 500)
pd.set_option('display.max_columns', 500)
```

2. 定义 DeepFM 模型

```
class DeepFM(nn.Module):
```

```python
    def __init__(self, cate_fea_nuniqs, nume_fea_size=0, emb_size=8,
            hid_dims=[256, 128], num_classes=1, dropout=[0.2, 0.2]):
        """
        cate_fea_nuniqs: 类别特征的唯一值个数列表,也就是每个类别特征的vocab_size
所组成的列表
        nume_fea_size: 数值特征的个数,该模型会考虑到输入全为类别型,即没有数值特征
的情况
        """
        super().__init__()
        self.cate_fea_size = len(cate_fea_nuniqs)
        self.nume_fea_size = nume_fea_size
        """FM部分"""
        # 一阶
        if self.nume_fea_size != 0:
            self.fm_1st_order_dense = nn.Linear(self.nume_fea_size, 1)  # 
数值特征的一阶表示
        self.fm_1st_order_sparse_emb = nn.ModuleList([
            nn.Embedding(voc_size, 1) for voc_size in cate_fea_nuniqs])  # 
类别特征的一阶表示
        self.fm_2nd_order_sparse_emb = nn.ModuleList([
            nn.Embedding(voc_size, emb_size) for voc_size in cate_fea_
nuniqs])  # 类别特征的二阶表示

        """DNN部分"""
        self.all_dims = [self.cate_fea_size * emb_size] + hid_dims
        self.dense_linear = nn.Linear(self.nume_fea_size, self.cate_fea_
size * emb_size)  # 数值特征的维度变换到与FM输出维度一致
        self.relu = nn.ReLU()
        # for DNN
        for i in range(1, len(self.all_dims)):
            setattr(self, 'linear_'+str(i), nn.Linear(self.all_dims[i-1],
self.all_dims[i]))
            setattr(self, 'batchNorm_' + str(i), nn.BatchNorm1d(self.all_
dims[i]))
            setattr(self, 'activation_' + str(i), nn.ReLU())
            setattr(self, 'dropout_'+str(i), nn.Dropout(dropout[i-1]))
        # for output
```

```python
        self.dnn_linear = nn.Linear(hid_dims[-1], num_classes)
        self.sigmoid = nn.Sigmoid()

    def forward(self, X_sparse, X_dense=None):
        """
        X_sparse: 类别型特征输入  [bs, cate_fea_size]
        X_dense: 数值型特征输入（可能没有）  [bs, dense_fea_size]
        """
        """"FM 一阶部分"""""
        fm_1st_sparse_res = [emb(X_sparse[:, i].unsqueeze(1)).view(-1, 1)
                             for i, emb in enumerate(self.fm_1st_order_sparse_emb)]
        fm_1st_sparse_res = torch.cat(fm_1st_sparse_res, dim=1)  # [bs, cate_fea_size]
        fm_1st_sparse_res = torch.sum(fm_1st_sparse_res, 1, keepdim=True)  # [bs, 1]

        if X_dense is not None:
            fm_1st_dense_res = self.fm_1st_order_dense(X_dense)
            fm_1st_part = fm_1st_sparse_res + fm_1st_dense_res
        else:
            fm_1st_part = fm_1st_sparse_res   # [bs, 1]

        """"FM 二阶部分"""""
        fm_2nd_order_res = [emb(X_sparse[:, i].unsqueeze(1)) for i, emb in enumerate(self.fm_2nd_order_sparse_emb)]
        fm_2nd_concat_1d = torch.cat(fm_2nd_order_res, dim=1)  # [bs, n, emb_size]  n 为类别型特征个数(cate_fea_size)

        # 先求和再平方
        sum_embed = torch.sum(fm_2nd_concat_1d, 1)  # [bs, emb_size]
        square_sum_embed = sum_embed * sum_embed    # [bs, emb_size]
        # 先平方再求和
        square_embed = fm_2nd_concat_1d * fm_2nd_concat_1d   # [bs, n, emb_size]
        sum_square_embed = torch.sum(square_embed, 1)  # [bs, emb_size]
        # 相减除以 2
```

```python
        sub = square_sum_embed - sum_square_embed
        sub = sub * 0.5    # [bs, emb_size]
        
        fm_2nd_part = torch.sum(sub, 1, keepdim=True)    # [bs, 1]
        
        """DNN 部分"""
        dnn_out = torch.flatten(fm_2nd_concat_1d, 1)    # [bs, n * emb_size]
        
        if X_dense is not None:
            dense_out = self.relu(self.dense_linear(X_dense))    # [bs, n * emb_size]
            dnn_out = dnn_out + dense_out    # [bs, n * emb_size]
        
        for i in range(1, len(self.all_dims)):
            dnn_out = getattr(self, 'linear_' + str(i))(dnn_out)
            dnn_out = getattr(self, 'batchNorm_' + str(i))(dnn_out)
            dnn_out = getattr(self, 'activation_' + str(i))(dnn_out)
            dnn_out = getattr(self, 'dropout_' + str(i))(dnn_out)
        
        dnn_out = self.dnn_linear(dnn_out)    # [bs, 1]
        out = fm_1st_part + fm_2nd_part + dnn_out    # [bs, 1]
        out = self.sigmoid(out)
        return out
```

3. 读入数据并进行预处理

数据是 criteo 数据集（比较经典的点击率预估数据集）的随机 50w 样本。

```
data = pd.read_csv("criteo_sample_50w.csv")

dense_features = [f for f in data.columns.tolist() if f[0] == "I"]
sparse_features = [f for f in data.columns.tolist() if f[0] == "C"]

data[sparse_features] = data[sparse_features].fillna('-10086', )
data[dense_features] = data[dense_features].fillna(0, )
target = ['label']

## 类别特征 labelencoder
```

```python
for feat in tqdm(sparse_features):
    lbe = LabelEncoder()
    data[feat] = lbe.fit_transform(data[feat])

## 数值特征标准化
for feat in tqdm(dense_features):
    mean = data[feat].mean()
    std = data[feat].std()
    data[feat] = (data[feat] - mean) / (std + 1e-12)    # 防止除零

print(data.shape)
data.head()
```

4. 定义dataloader、模型和优化器等

```python
train, valid = train_test_split(data, test_size=0.2, random_state=2020)
print(train.shape, valid.shape)

train_dataset = Data.TensorDataset(torch.LongTensor(train[sparse_features].values),
                                   torch.FloatTensor(train[dense_features].values),
                                   torch.FloatTensor(train['label'].values),)
train_loader = Data.DataLoader(dataset=train_dataset, batch_size=2048, shuffle=True)

valid_dataset = Data.TensorDataset(torch.LongTensor(valid[sparse_features].values),
                                   torch.FloatTensor(valid[dense_features].values),
                                   torch.FloatTensor(valid['label'].values),)
valid_loader = Data.DataLoader(dataset=valid_dataset, batch_size=4096, shuffle=False)
device = torch.device('cuda') if torch.cuda.is_available() else torch.device('cpu')
print(device)
cate_fea_nuniqs = [data[f].nunique() for f in sparse_features]
```

```python
model = DeepFM(cate_fea_nuniqs, nume_fea_size=len(dense_features))
model.to(device)
loss_fcn = nn.BCELoss()   # Loss 函数
loss_fcn = loss_fcn.to(device)
optimizer = optim.Adam(model.parameters(), lr=0.005, weight_decay=0.001)
scheduler = torch.optim.lr_scheduler.StepLR(optimizer, step_size=1, gamma=0.8)

# 打印模型参数
def get_parameter_number(model):
    total_num = sum(p.numel() for p in model.parameters())
    trainable_num = sum(p.numel() for p in model.parameters() if p.requires_grad)
    return {'Total': total_num, 'Trainable': trainable_num}
print(get_parameter_number(model))

# 定义日志（data 文件夹下，同级目录新建一个 data 文件夹）
def write_log(w):
    file_name = 'data/' + datetime.date.today().strftime('%m%d')+"_{}.log".format("deepfm")
    t0 = datetime.datetime.now().strftime('%H:%M:%S')
    info = "{} : {}".format(t0, w)
    print(info)
    with open(file_name, 'a') as f:
        f.write(info + '\n')
```

5. 训练与推断

```python
def train_and_eval(model, train_loader, valid_loader, epochs, device):
    best_auc = 0.0
    for _ in range(epochs):
        """训练部分"""
        model.train()
        print("Current lr : {}".format(optimizer.state_dict()['param_groups'][0]['lr']))
        write_log('Epoch: {}'.format(_ + 1))
        train_loss_sum = 0.0
        start_time = time.time()
```

```python
        for idx, x in enumerate(train_loader):
            cate_fea, nume_fea, label = x[0], x[1], x[2]
            cate_fea, nume_fea, label = cate_fea.to(device), nume_fea.to(device), label.float().to(device)
            pred = model(cate_fea, nume_fea).view(-1)
            loss = loss_fcn(pred, label)
            optimizer.zero_grad()
            loss.backward()
            optimizer.step()

            train_loss_sum += loss.cpu().item()
            if (idx+1) % 50 == 0 or (idx + 1) == len(train_loader):
                write_log("Epoch {:04d} | Step {:04d} / {} | Loss {:.4f} | Time {:.4f}".format(
                    _+1, idx+1, len(train_loader), train_loss_sum/(idx+1), time.time() - start_time))
        scheduler.step()
        """推断部分"""
        model.eval()
        with torch.no_grad():
            valid_labels, valid_preds = [], []
            for idx, x in tqdm(enumerate(valid_loader)):
                cate_fea, nume_fea, label = x[0], x[1], x[2]
                cate_fea, nume_fea = cate_fea.to(device), nume_fea.to(device)
                pred = model(cate_fea, nume_fea).reshape(-1).data.cpu().numpy().tolist()
                valid_preds.extend(pred)
                valid_labels.extend(label.cpu().numpy().tolist())
        cur_auc = roc_auc_score(valid_labels, valid_preds)
        if cur_auc > best_auc:
            best_auc = cur_auc
            torch.save(model.state_dict(), "data/deepfm_best.pth")
        write_log('Current AUC: %.6f, Best AUC: %.6f\n' % (cur_auc, best_auc))
```

```
train_and_eval(model, train_loader, valid_loader, 30, device)
```

6. 结果展示

推荐结果展示如图 5-4 所示。

```
Current lr : 0.00034359738368000027
10:45:51 : Epoch: 13
10:45:54 : Epoch 0013 | Step 0050 / 196 | Loss 0.4403 | Time 3.3347
10:45:58 : Epoch 0013 | Step 0100 / 196 | Loss 0.4417 | Time 6.7146
10:46:01 : Epoch 0013 | Step 0150 / 196 | Loss 0.4450 | Time 10.1132

3it [00:00, 25.49it/s]

10:46:04 : Epoch 0013 | Step 0196 / 196 | Loss 0.4466 | Time 13.2456

25it [00:01, 22.85it/s]

10:46:05 : Current AUC: 0.780754, Best AUC: 0.780754

Current lr : 0.00027487790694400024
10:46:05 : Epoch: 14
10:46:09 : Epoch 0014 | Step 0050 / 196 | Loss 0.4259 | Time 3.3697
10:46:12 : Epoch 0014 | Step 0100 / 196 | Loss 0.4299 | Time 6.7538
10:46:16 : Epoch 0014 | Step 0150 / 196 | Loss 0.4331 | Time 10.1182

3it [00:00, 25.93it/s]

10:46:19 : Epoch 0014 | Step 0196 / 196 | Loss 0.4356 | Time 13.1798

25it [00:01, 22.81it/s]

10:46:20 : Current AUC: 0.777718, Best AUC: 0.780754
```

图 5-4 推荐结果展示

7. 项目实战

（1）项目背景：个性化体检项目推荐，根据用户画像和产品画像，推荐适合客户的个性化项目。

（2）医学规则：根据用户画像来推荐检查的项目，举例如下。

☑ 动脉硬化检查：必须进行常规检查。

☑ 重金属检查：需进行常规、血型检查。

☑ BV、HPV、TCT、TS 检查：做这些化验必须选择"妇科一般检查"。

☑ 男性检查：不能选择 CA125、CA153、妇科一般检查、TCT、BV、HPV、TS、盆腔超声、乳腺超声、乳腺钼靶、女性激素八项、女内外。

☑ 女性检查：不能选择总前列腺抗原、游离前列腺特异性抗原、前列腺超声、男性激素八项、精液常规、男内外。

☑ 18 岁以下：不能选择 X 双能射线骨密度、所有 DR、所有 CT、妇科一般检查、TCT、

BV、HPV、TS。

（3）数据集：对用户的历史加项数据进行脱敏处理后，进行数据集的治理和归一化，最后形成训练集、测试集和验证集。

5.4 模型训练代码实战

本节以 xDeepFM 推荐算法为例，通过代码介绍 xDeepFM 的训练过程。代码如下。

```
# -*- coding: utf-8 -*-
from sklearn.metrics import log_loss, roc_auc_score
from sklearn.model_selection import train_test_split
from deepctr_torch.models import *
from config.train_config import *
from common.train_model import *
from sklearn.preprocessing import LabelEncoder
from deepctr_torch.inputs import get_feature_names

key2index = {}
model_name = "xdeepfm"

#1.文件或者数据作为数据源
def train_xdeepfm(data_path=None, df_data=None):
#2.读取数据源
    df_data = get_dataframe(data_path, df_data)
#3.根据场景确定关键特征(考虑增加特征项,如历史检查中的异常结果、历史选择检查项)
    df_data = df_data.dropdrop(
        ["check_year", "check_month", "check_day", "check_dayofweek", "reverse_year", "reverse_month",
        "reverse_day", "reverse_dayofweek", 'add_package_8', 'add_package_9', 'add_package_10',
        'add_package_11', 'add_package_12', 'add_package_14', 'add_package_13', "combo_id"], axis=1)
#4.关键特征转换为类别特征,变化为离散值,add_pack_own_id 是一个自费加项目(自费加项包之间有关联关系,如互斥等,因此建议改用加项包组合,如123、134 等)
```

```python
    sparse_features = ["exam_id", "language_id", "relation_id", "gender", "marry_id", "branch_id",
                       "city_id", "brand_id", "report_authority", "age", "add_pack_own_id"]
#5.空特征数据,变化为-1
    df_data[sparse_features] = df_data[sparse_features].fillna('-1', )
    df_data["age"] = df_data["age"].astype("int")
    target = ['label']
    label_count = 0
#6.统计一下所有自费加项目被买了多少次
    for label in df_data["label"]:
        if label == 1:
            label_count += 1
#7.初始化一些关键特征
    # 1.Label Encoding for sparse features,and do simple Transformation for dense features
    df_dict = dict({"Unnamed: 0": "unknown", "label": 0, "reschedule": "unknown"})
    for feature_name in sparse_features:
        df_dict[feature_name] = -1
#8.多加一行,每一个特征都初始化为-1,目的是为了预测的时候使用,特殊处理不规范的数据,提升泛化能力。
    df_data.loc[len(df_data)] = df_dict
    le_dict = dict()
    for feat in sparse_features:
        le = LabelEncoder()
#9.对训练集的每一个特征进行编码,然后放入一个字典 le_dict
        df_data[feat] = le.fit_transform(df_data[feat])
        le_dict[feat] = le

    # Notice : padding=`post`

    # 2.count #unique features for each sparse field,and record dense feature field name
#10.将训练集的特征拼凑为 list 格式
    fixlen_feature_columns = [SparseFeat(feat, df_data[feat].nunique())
                              for feat in sparse_features]

#11.xdeepfm 网络输入特征需要两个 list
```

```
    dnn_feature_columns = fixlen_feature_columns
    linear_feature_columns = fixlen_feature_columns
```
#12.xdeepfm网络输入特征需要两个list
```
    feature_names = get_feature_names(
        linear_feature_columns + dnn_feature_columns)
```
#13.划分测试集0.1，训练集0.9
```
    # 3.generate input data for model
    train, test = train_test_split(df_data, test_size=test_size)

    train_model_input = {name: train[name] for name in feature_names}
    test_model_input = {name: test[name] for name in feature_names}

    # 4.Define Model,train,predict and evaluate
```
#14.训练的设备类
```
    device = get_device(use_cuda)
    model = xDeepFM(linear_feature_columns=linear_feature_columns, dnn_feature_columns=dnn_feature_columns,cin_layer_size=(256,), cin_split_half=True, cin_activation='relu',dnn_dropout=dropout, task='binary', l2_reg_embedding=1e-5, device=device)
    model.compile("adagrad", "binary_crossentropy",
            metrics=["binary_crossentropy", "auc"], )
```
#15.训练模型
```
    model.fit(train_model_input, train[target].values,batch_size=batch_size, epochs=epoch, validation_split=validation_size, verbose=verbose, use_double=True)
```
#16.预测，通过log_loss计算损失误差
```
    pred_ans = model.predict(test_model_input, 256)
    print("tests LogLoss", round(log_loss(test[target].values, pred_ans), 4))
    print("tests AUC", round(roc_auc_score(test[target].values, pred_ans), 4))
```
#17.保存模型
```
    # save
    model_path, parameter_path = get_model_path(model_name, epoch)
    save_model(model, model_path)
    save_parameters_and_le(linear_feature_columns, le_dict, sparse_features, parameter_path)


def column_split(x):
```

```python
"""
行处理
:param x: str
:return: list
"""
key_ans = x.split(',')
for key in key_ans:
    if key not in key2index:
        # Notice : input value 0 is a special "padding",so we do not use 0 to encode valid feature for sequence
        # input
        key2index[key] = len(key2index) + 1
return list(map(lambda y: key2index[y], key_ans))


if __name__ == '__main__':
    # example
    # file_path = r"D:\cp\data\test\df_data_self_pack_aug.csv"
    file_path = ""
    train_xdeepfm(data_path=file_path)
```

xDEEpFM算法训练完毕后,通过以下代码进行测试。

```python
import pytest
from deepctr_torch.models import xDeepFM
from common.train_model import get_test_data, SAMPLE_SIZE, get_device, check_model


@pytest.mark.parametrize(
    'dnn_hidden_units,cin_layer_size,cin_split_half,cin_activation,sparse_feature_num,dense_feature_dim',
    [((), (), True, 'linear', 1, 2),
     ((8,), (), True, 'linear', 1, 1),
     ((), (8,), True, 'linear', 2, 2),
     ((8,), (8,), False, 'relu', 2, 0)]
)
def test_xdeepfm(dnn_hidden_units, cin_layer_size, cin_split_half,
                cin_activation, sparse_feature_num,
                dense_feature_dim):
```

```
"""
测试 xdeepfm 运行
:param dnn_hidden_units: list,list of positive integer or empty list,
the layer number and units in each layer of
                    deep net
:param cin_layer_size: list,list of positive integer or empty list,
the feature maps in each hidden layer of
                    Compressed Interaction Network
:param cin_split_half: bool.if set to True, half of the feature maps
in each hidden will connect to output unit
:param cin_activation: activation function used on feature maps
:param sparse_feature_num: int
:param dense_feature_dim:int
"""
model_name = 'xDeepFM'

sample_size = SAMPLE_SIZE
x, y, feature_columns = get_test_data(sample_size, sparse_feature_num=sparse_feature_num, dense_feature_num=sparse_feature_num)
model = xDeepFM(feature_columns, feature_columns, dnn_hidden_units=dnn_hidden_units, cin_layer_size=cin_layer_size,
            cin_split_half=cin_split_half, cin_activation=cin_activation, dnn_dropout=0.5, device=get_device())
check_model(model, model_name, x, y)


if __name__ == '__main__':
    pytest.main(["-s", "test_xdeepfm.py"])
```

第6章 YOLO 目标检测

6.1 什么是 YOLO

YOLO（you only look once）是一种使用卷积神经网络进行目标检测的算法，虽然它不是最准确的目标检测算法，但是在需要实时检测并且准确度不需要过高的情况下，它是一个很好的选择。目标检测模型发展历程如图 6-1 所示。

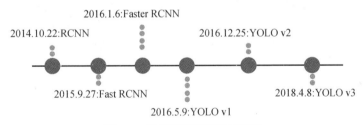

图 6-1　目标检测模型发展历程

目标检测有两个子任务，一是边界框预测，二是物体分类。主流的目标检测算法框架大致分为单阶段和两阶段算法。RCNN、Fast-RCNN、Faster-RCNN 等是基于深度学习的两阶段分类方法，先将图像经过一个候选框生成网络（如 Faster Rcnn 中的 RPN 网络）边界框，然后再经过分类网络对边界框内的物体进行分类，这两个阶段是分开训练的；而 YOLO 系列模型是基于深度学习的单阶段回归算法，将单个神经网络应用于整个图像，不仅检测目标位置，同时预测出类别标签，实现了端到端的训练和预测。

YOLO 系列发表日期全部在 Faster RCNN 之后，YOLO 算法的精度没有超越 Faster

RCNN，而是在速度与精度之间进行权衡。YOLO V3 在改进多次之后，既有一定的精度，也保持了较高的运行速度。在很多边缘计算实时性要求较高的任务中，YOLO V3 备受青睐。在 RCNN 算法日益成熟之后，YOLO 算法却能横空出世，离不开其高性能和使用回归思想做目标检测的两个特点。在介绍 YOLO 模型之前，我们需要先理解目标检测任务相关的几个重要名词。

☑ 边界框（bounding box，简称 bbox）：用于标识物体的位置，可以是真实框也可以是预测框，它指目标物体的最小外边界框。常用格式有两种，一是左上右下坐标，即 (x_1, y_1, x_2, y_2)；二是中心宽高坐标，即 (x, y, w, h)。

☑ 真实边界框（ground truth bounding box，简称 gt）：人工标注的边界框，存放在标注文件中。

☑ 预测边界框（predicted bounding box，简称 pd）：由目标检测模型计算输出的边界框。

☑ 锚框（anchor box）：用于预测框计算做参考。基于这个参考，算法生成的预测框在这个锚框的基础上进行微调即可。

☑ 交并比（intersection over union，IOU）：又叫 Jaccard 系数，用于衡量预测边界框相对于真实边界框的准确度。如图 6-2 所示，等于两个矩形框的重叠面积除以两个矩形框的并集面积，表示两个矩形框的重合度或相似度。0 表示两个矩形框完全不重合，1 表示两个矩形框完全重合。

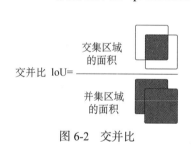

图 6-2 交并比

6.2 YOLO V1

6.2.1 YOLO V1 工作流程

（1）划分网格单元。

如图 6-3 所示，将输入图像划分成 S×S 个网格，每个网格单元预测 B 个边界框，每个边界框有 5 个预测值：x、y、w、h、置信度。坐标（x，y）表示预测边界框的中心点相对于所在的网格单元左上点的相对偏移距离，（w，h）是相对于整个图像的宽、高。

置信度的公式定义为 $\Pr(\text{Object})*\text{IOU}_{\text{pred}}^{\text{truth}}$，这里的置信度由两部分组成：一是 $\Pr(\text{Object})$，即边界框包含目标物体的概率，如果网格内没有目标物体，应该等于 0，若有目标物体，则应该等于 1；二是 $\text{IOU}_{\text{pred}}^{\text{truth}}$，即预测边界框与真实边界框的交并比，其反映了预测边界框的准确性。

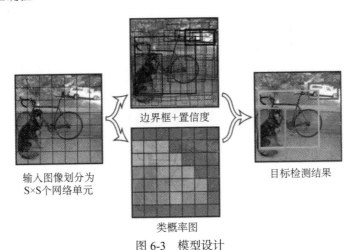

图 6-3 模型设计

如果目标物体的真实框中心落在某个网格单元中，则该网格单元负责预测这个物体。这句话怎么理解，用图 6-3 举例，设左下角格子坐标为（1，1），则小狗所在的最小包围矩形框的中心落在了（2，3）这个格子中。那么在 7×7 个格子中，（2，3）这个格子负责预测小狗，而那些没有物体中心点落进来的格子，则不负责预测任何物体。如图 6-4 所示，该真实边界框作为模型的预测目标，数据处理如下：

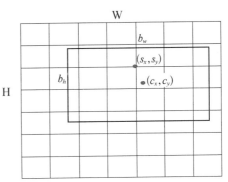

图 6-4 真实框与网格单元的位置关系

$$x_{gt} = \frac{c_x - s_x}{W}$$

$$y_{gt} = \frac{c_y - s_y}{H}$$

$$w_{gt} = \frac{b_w}{W}$$

$$h_{gt} = \frac{b_h}{H}$$

$$c = 1$$

（2）预测物体类型。

虽然每个网格单元上有 B 个预测边界框，但是只预测一套物体类型。如图 6-5 所示，在 PASCAL VOC 数据集上评估 YOLO V1 模型，设置 S=7，B=2，物体类型数量 C=20，因此模型预测得到的张量维度为 7×7×（5×2+20）。当然，S 是 7 还是 9，可以修改，精度和性能会随之变化。注意：类型信息是针对每个网格单元的，置信度是针对每个预测边界框的。

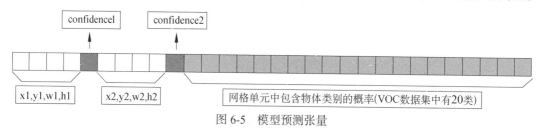

图 6-5 模型预测张量

（3）选择 LOU 大的那个候选框。

（4）对选出来的候选框的长宽进行微调。

（5）预测框的中心点坐标（x，y），长宽 w、h，以及置信度。

6.2.2 网络结构

目标检测任务通常需要图像的细节信息，YOLO V1 将图像分辨率从 224×224 提高到 448×448，该模型是一个卷积神经网络模型，模型架构和模型参数如图 6-6、图 6-7 所示。

- ☑ 主干网络：24 个卷积层，激活函数使用 LeakyReLU。将输入图像分辨率调整到 448×448×3，经过该主干网络后得到 7×7×1024 的特征图。其中，1×1 卷积核用于控制特征图数量的增加或减少，捕捉深度上的模式。

第6章 YOLO目标检测

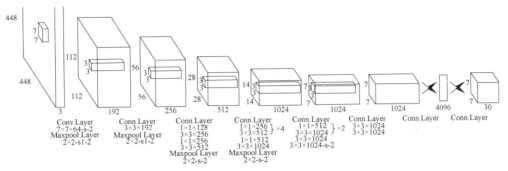

图 6-6 YOLO V1 模型架构

图像输入	层	通道	卷积核	步长	填充	特征图	激活函数	参数量
448*448*3	Conv1	64	7*7	2	3	224*224*64	LeakyReLU	64*(7*7*3)=9K
224*224*64	Max Pool1		2*2	2		112*112*64		
112*112*64	Conv2	192	3*3	1	1	112*112*192	LeakyReLU	192*(3*3*64)=111K
112*112*192	Max Pool2		2*2	2		56*56*192		
56*56*192	Conv3	128	1*1	1	0	56*56*128	LeakyReLU	128*(1*1*192)=25K
56*56*128	Conv4	256	3*3	1	1	56*56*256	LeakyReLU	256*(3*3*128)=295K
56*56*256	Conv5	256	1*1	1	0	56*56*256	LeakyReLU	256*(1*1*256)=66K
56*56*256	Conv6	512	3*3	1	1	56*56*512	LeakyReLU	512*(3*3*256)=1180K
56*56*512	MaxPool3		2*2	2		28*28*512		
28*28*512	Conv7	256	1*1	1	0	28*28*256	LeakyReLU	256*(1*1*512)=131K
28*28*256	Conv8	512	3*3	1	1	28*28*512	LeakyReLU	512*(3*3*256)=1180K
28*28*512	Conv9	256	1*1	1	0	28*28*256	LeakyReLU	256*(1*1*512)=131K
28*28*256	Conv10	512	3*3	1	1	28*28*512	LeakyReLU	512*(3*3*256)=1180K
28*28*512	Conv11	256	1*1	1	0	28*28*256	LeakyReLU	256*(1*1*512)=131K
28*28*256	Conv12	512	3*3	1	1	28*28*512	LeakyReLU	512*(3*3*256)=1180K
28*28*512	Conv13	256	1*1	1	0	28*28*256	LeakyReLU	256*(1*1*512)=131K
28*28*256	Conv14	512	3*3	1	1	28*28*512	LeakyReLU	512*(1*1*512)=262K
28*28*512	Conv15	512	1*1	1	1	28*28*1024	LeakyReLU	
28*28*512	Conv16	1024	3*3	1	1	28*28*1024	LeakyReLU	1024*(3*3*512)=4719K
28*28*1024	Max Pool4		2*2	2		14*14*1024		
14*14*1024	Conv17	512	1*1	1	0	14*14*512	LeakyReLU	512*(1*1*1024)=524K
14*14*512	Conv18	1024	3*3	1	1	14*14*1024	LeakyReLU	1024*(3*3*512)=4719K
14*14*1024	Conv19	512	1*1	1	0	14*14*512	LeakyReLU	512*(1*1*1024)=524K
14*14*512	Conv20	1024	3*3	1	1	14*14*1024	LeakyReLU	1024*(3*3*512)=4719K
14*14*1024	Conv21	1024	3*3	1	1	14*14*1024	LeakyReLU	1024*(3*3*1024)=9437K
14*14*1024	Conv22	1024	3*3	2	1	7*7*1024	LeakyReLU	1024*(3*3*1024)=9437K
7*7*1024	Conv23	1024	3*3	1	1	7*7*1024	LeakyReLU	1024*(3*3*1024)=9437K
7*7*1024	Conv24	1024	3*3	1	1	7*7*1024	LeakyReLU	1024*(3*3*1024)=9437K
7*7*1024	FC1					4096	LeakyReLU	4096*(7*7*1024)=205521K
4096	FC2					1470		(7*7*30)*4096=6021K

图 6-7 YOLO V1 模型参数

☑ **检测头**：将特征图展开成一维张量，经过第一个全连接层得到4096个特征，再经过第二个全连接层得到 1470 个特征。
- ☑ 维度变换：通过维度变换得到 7×7×30 的特征张量（每张图片的网格数是 7×7，每个格子对应 30 个特征值，其中 30 个特征值的前 10 个是两个候选框的值 x，y，w，h，c，后面的 20 代表的是 20 个分类，即属于每个类别的概率）。

训练时，先在 ImageNet 数据集上预训练前 20 个卷积层用于提升性能，该数据集的图像分辨率是 224×224×3，物体类型是 1000 个。然后，随机初始化后面 4 个卷积层和两个全连接层的权重，用于目标检测任务训练。

6.2.3 损失函数

YOLO 里的每个格点是怎么知道该预测哪个物体的？这就是神经网络算法的能力。首先拿到一批标注好的图片数据集，按照规则打好标签，然后让神经网络去拟合训练数据集。训练数据集中的标签是通过人工标注获得的，当神经网络对数据集拟合的足够好时，就相当于神经网络具备了一定的和人一样的识别能力。

神经网络结构确定之后，训练效果的好坏由损失函数和优化器决定。YOLO V1 使用随机梯度下降法作为优化器。这里我们重点解读一下 YOLO V1 使用的损失函数。

YOLO V1 损失函数的公式如下，其设计目标是最优化模型预测的物体位置、大小和类别。

$$\begin{aligned}
\text{loss} =\ & \lambda_{\text{coord}} \sum_{i=0}^{S^2} \sum_{j=0}^{B} I_{ij}^{\text{obj}} \left[(x_i - \hat{x}_i)^2 + (y_i - \hat{y}_i)^2 \right] \\
& + \lambda_{\text{coord}} \sum_{i=0}^{S^2} \sum_{j=0}^{B} I_{ij}^{\text{obj}} \left[\left(\sqrt{w_i} - \sqrt{\hat{w}_i}\right)^2 + \left(\sqrt{h_i} - \sqrt{\hat{h}_i}\right)^2 \right] \\
& + \sum_{i=0}^{S^2} \sum_{j=0}^{B} I_{ij}^{\text{obj}} \left(C_i - \hat{C}_i \right)^2 \\
& + \lambda_{\text{noobj}} \sum_{i=0}^{S^2} \sum_{j=0}^{B} I_{ij}^{\text{noobj}} \left(C_i - \hat{C}_i \right)^2 \\
& + \sum_{i=0}^{S^2} I_i^{\text{obj}} \sum_{c \in \text{classes}} \left(p_i(c) - \hat{p}_i(c) \right)^2
\end{aligned}$$

具体来说，损失函数需要解决以下三个问题。

☑ 定位误差：只考虑包含物体的网格单元。需要确保预测框的中心位置与真实框的中心位置尽可能接近，并且预测框与真实框的长宽差异尽可能小，从而提高目标检测的准确性。对于不同大小的边界框的长、宽预测差异，相对小边界框的长、宽预测差异更难把控，因此应用边界框的长、宽的平方根计算误差，可以在一定程度上减轻这个问题。

☑ 置信度误差：对于每个网格单元，模型会预测包含物体的置信度，即该网格单元中是否存在物体。大多数网格单元不含物体，需要降低不含物体的网格置信度权重。

☑ 分类误差：用于解决类别预测问题。对于每个网格单元中存在的物体，模型会预测其所属的类别。计算模型预测的每个网格单元在各个物体类别上的置信度和实际物体类别的误差，可以帮助模型更好地区分不同类别的物体，提高目标检测的准确性。

YOLO V1 损失函数的实现代码如下。

```python
import torch
import torch.nn as nn
import torch.nn.functional as F
from torch.autograd import Variable

class yoloLoss(nn.Module):
    '''
    定义一个torch.nn中并未实现的网络层，以使得代码更加模块化
    torch.nn.Modules 相当于对网络某种层的封装，包括网络结构以及网络参数，和其他有用的操作，如输出参数
    继承Module类，需实现__init__()方法，以及forward()方法
    '''
    def __init__(self,S,B,l_coord,l_noobj):
        super(yoloLoss,self).__init__()
        self.S = S          #7 代表将图像分为 7x7 的网格
        self.B = B          #2 代表一个网格预测两个框
        self.l_coord = l_coord    #5 代表 λcoord  更重视 8 维的坐标预测
        self.l_noobj = l_noobj    #0.5 代表没有 object 的 bbox 的 confidence loss

    def compute_iou(self, box1, box2):
        '''
        计算两个框的重叠率 IOU
        通过两组框的联合计算交集，每个框为[x1, y1, x2, y2]。
```

```
    Compute the intersection over union of two set of boxes, each box
is [x1,y1,x2,y2].
    Args:
      box1: (tensor) bounding boxes, sized [N,4].
      box2: (tensor) bounding boxes, sized [M,4].
    Return:
      (tensor) iou, sized [N,M].
    '''
    N = box1.size(0)
    M = box2.size(0)

    lt = torch.max(
        box1[:,:2].unsqueeze(1).expand(N,M,2),   # [N,2] -> [N,1,2] -> [N,M,2]
        box2[:,:2].unsqueeze(0).expand(N,M,2),   # [M,2] -> [1,M,2] -> [N,M,2]
    )

    rb = torch.min(
        box1[:,2:].unsqueeze(1).expand(N,M,2),   # [N,2] -> [N,1,2] -> [N,M,2]
        box2[:,2:].unsqueeze(0).expand(N,M,2),   # [M,2] -> [1,M,2] -> [N,M,2]
    )

    wh = rb - lt  # [N,M,2]
    # wh(wh<0)= 0  # clip at 0
    wh= (wh < 0).float()
    inter = wh[:,:,0] * wh[:,:,1]  # [N,M]

    area1 = (box1[:,2]-box1[:,0]) * (box1[:,3]-box1[:,1])  # [N,]
    area2 = (box2[:,2]-box2[:,0]) * (box2[:,3]-box2[:,1])  # [M,]
    area1 = area1.unsqueeze(1).expand_as(inter)   # [N,] -> [N,1] -> [N,M]
    area2 = area2.unsqueeze(0).expand_as(inter)   # [M,] -> [1,M] -> [N,M]
```

```python
        iou = inter / (area1 + area2 - inter)
        return iou

    def forward(self,pred_tensor,target_tensor):
        '''
        pred_tensor: (tensor) size(batchsize,S,S,Bx5+20=30) [x,y,w,h,c]
        target_tensor: (tensor) size(batchsize,S,S,30)
        Mr.Li 个人见解：
        本来有，预测无--》计算 response loss 响应损失
        本来有，预测有--》计算 not response loss 未响应损失
        本来无，预测无--》无损失(不计算)
        本来无，预测有--》计算不包含 obj 损失   只计算第 4,9 位的有无物体概率的 loss
        '''
        # 找出标注值存在的下标 coo_mask 与不存在的下标 noo_mask
        # N 为 batchsize
        N = pred_tensor.size()[0]
        # 坐标 mask       4: 是物体或者背景的 confidence     >0
========================拿到有物体的记录
        coo_mask = target_tensor[:,:,:,4] > 0
        # 没有物体 mask                                                        ==0
========================拿到无物体的记录
        noo_mask = target_tensor[:,:,:,4] == 0
        # unsqueeze(-1) 扩展最后一维，用 0 填充，使得形状与 target_tensor 一样
        # coo_mask、noo_mask 形状扩充到[32,7,7,30]
        # coo_mask 大部分为 0，记录为 1 代表真实有物体的网格
        # noo_mask   大部分为 1，记录为 1 代表真实无物体的网格，noo_mask 的维度变为与 target_tensor 一样，内容用 coo_mask 填充了
        coo_mask = coo_mask.unsqueeze(-1).expand_as(target_tensor)
        noo_mask = noo_mask.unsqueeze(-1).expand_as(target_tensor)
        # coo_pred 取出预测结果中有物体的网格，并改变形状为（xxx,30），xxx 代表一个 batch 的图片上的存在物体的网格总数
        # 30 代表 2*5+20   例如：coo_pred[72,30]

        # 根据 coo_mask 与 noo_mask 在特征图上提取预测框的对应特征值
        coo_pred = pred_tensor[coo_mask].view(-1,30)
        # 一个网格预测的两个 box, 30 的前 10 即为两个 x,y,w,h,c, 并调整为（xxx,5) xxx 为所有存在标注目标的网格的预测框，形如 box_pred[144,5]
```

```
            # contiguous 将不连续的数组调整为连续的数组
            box_pred           =          coo_pred[:,:10].contiguous().view(-1,5)
#box[x1,y1,w1,h1,c1]
                                                            # #[x2,y2,w2,h2,c2]
            # 每个网格预测的类别  后20
            class_pred = coo_pred[:,10:]
        # 根据coo_mask在标注特征图上提取对应的网格的特征值
        # 对真实标签做同样操作
            coo_target = target_tensor[coo_mask].view(-1,30)
            box_target = coo_target[:,:10].contiguous().view(-1,5)
            class_target = coo_target[:,10:]
        # 开始具体构建loss函数
//本来无,预测有的损失
            # 计算不包含obj损失,即本来无，预测有
            # 在预测结果中拿到真实无物体的网格,并改变形状为(xxx,30), xxx 代表一个batch
的图片上的不存在物体的网格总数，30代表2*5+20，例如，[1496,30]
            # 根据noo_mask给出的0 1 信息来提取对应网格，一条数据代表一个网格的信息，
noo_mask 为1 说明此网格真实无物体
            noo_pred = pred_tensor[noo_mask].view(-1,30)
    #提取标签图像上真实无物体的网格标签内容
            noo_target = target_tensor[noo_mask].view(-1,30)         # 例如,
[1496,30]
            # ByteTensor: 8-bit integer (unsigned)
            noo_pred_mask = torch.cuda.ByteTensor(noo_pred.size())      # 例如:
[1496,30]
            noo_pred_mask.zero_()     #初始化全为0
            # 将第4、9, 即将无obj的confidence置为1
            noo_pred_mask[:, 4] = 1
            noo_pred_mask[:, 9] = 1
            # 拿到第4列和第9列里面的值（即拿到在真实无物体的网格中，被网络预测这些网格有
物体的概率值），一行有两个值（第4和第9位）
            # 例如, noo_pred_c: 2992  noo_target_c: 2992,如果有obj存在就不会取这个
值
            noo_pred_c = noo_pred[noo_pred_mask]
            # 拿到第4列和第9列里面的值，真值为0，表示真实无obj（即拿到真实无物体的网格
中有物体的概率值，为0）
            noo_target_c = noo_target[noo_pred_mask]
```

```python
            # 均方误差，如果 size_average = True,返回 loss.mean()。    例如，noo_pred_
c: 2992, noo_target_c: 2992
            # nooobj_loss 一个标量，那么这个损失函数的目标就是让 noo_pred_c 无限接近于真
值0，这个 loss 就能无限接近最小值0，损失函数目的达到
            # 让存在的可能性越小越好
            nooobj_loss =
F.mse_loss(noo_pred_c,noo_target_c,size_average=False)

//本来有，预测有的损失
            #计算包含 obj 损失，即本来有，预测有和本来有，预测无
            coo_response_mask = torch.cuda.ByteTensor(box_target.size())
            coo_response_mask.zero_()
            coo_not_response_mask = torch.cuda.ByteTensor(box_target.size())
            coo_not_response_mask.zero_()
            # 选择最好的 IOU,两个 box 选1个
            for i in range(0,box_target.size()[0],2):
                # 预测框 2个
                box1 = box_pred[i:i+2]
                box1_xyxy = Variable(torch.FloatTensor(box1.size()))
                box1_xyxy[:,:2] = box1[:,:2] -0.5*box1[:,2:4]# 左上角
                box1_xyxy[:,2:4] = box1[:,:2] +0.5*box1[:,2:4]# 右下角
                # 标注框 1个
                box2 = box_target[i].view(-1,5)
                box2_xyxy = Variable(torch.FloatTensor(box2.size()))
                box2_xyxy[:,:2] = box2[:,:2] -0.5*box2[:,2:4]
                box2_xyxy[:,2:4] = box2[:,:2] +0.5*box2[:,2:4]
                iou = self.compute_iou(box1_xyxy[:,:4],box2_xyxy[:,:4]) #[2,1]
                max_iou,max_index = iou.max(0)
                max_index = max_index.data.cuda()
                coo_response_mask[i+max_index]=1 # 最大 IOU 对应的 mask 值为1，否则
为0
                coo_not_response_mask[i+1-max_index]=1# 非最大 IOU 对应的 mask 值为
1，否则为0

            # 1.response loss 响应损失，即本来有，预测有，有相应坐标预测的 loss  (x,y,w
开方，h 开方）参考论文 loss 公式
```

```
        # box_pred [144,5]   coo_response_mask[144,5]    box_pred_response:
[72,5]
        # 选择 IOU 最好的 box 来进行调整，负责检测出某物体
        box_pred_response = box_pred[coo_response_mask].view(-1,5)# 最佳
box 坐标提出来其对应的预测值
        box_target_response = box_target[coo_response_mask].view(-1,5)# 最
佳 box 坐标提出来其对应的真值
        # box_pred_response:[72,5]    计算预测有物体的概率误差，返回一个数
        # 存 在 可 信 度 计 算 ， box_target_response[:,4] 的 值 为 1    想 让
box_pred_response[:,4]存在的可能性越大越好
        contain_loss                                                      =
F.mse_loss(box_pred_response[:,4],box_target_response[:,4],size_average=
False)
        # 计算（x,y,w 开方，h 开方）参考论文 loss 公式
        # 坐标可信度计算
        loc_loss                                                          =
F.mse_loss(box_pred_response[:,:2],box_target_response[:,:2],size_averag
e=False)                                                                  +
F.mse_loss(torch.sqrt(box_pred_response[:,2:4]),torch.sqrt(box_target_re
sponse[:,2:4]),size_average=False)

//本来有，预测无的损失
        # 2.not response loss 未响应损失，即本来有，预测无    未响应
        box_pred_not_response = box_pred[coo_not_response_mask].view(-1,5)
        box_target_not_response = box_target[coo_not_response_mask].view(-
1,5)
        box_target_not_response[:,4]= 0
        #存在可信度计算，loss 的目的是让 box_pred_not_response 越小越好。就是让不存
在的可能性越小越好
        not_contain_loss                                                  =
F.mse_loss(box_pred_response[:,4],box_target_response[:,4],size_average=
False)

//有物体的分类损失
        # 3.class loss   计算传入的真实有物体的网格，分类的类别损失
        class_loss = F.mse_loss(class_pred,class_target,size_average=False)
//最终的总损失
```

```
    # 除以 N,即平均一张图的总损失
    return (self.l_coord*loc_loss + contain_loss + not_contain_loss + 
self.l_noobj*nooobj_loss + class_loss)/N
```

6.2.4 预测

在训练时,我们希望两个框同时工作,但真正计算损失的时候,我们只去对 IOU 最大的框进行梯度下降和修正。类似于一个相同的工作,为了保障工作正常完成,让两个人一起做。在训练最后,会发现两个框意见开始出现了分歧,如一个框倾向于去检测细长型的物体,另一个框倾向于去检测扁宽型的物体。

总结一下,在训练阶段,输出的两个 Bbox 只会选择其中一个参与损失的计算(和 gd IOU 大的那个)。

在测试阶段,输出的两个 Bbox 只有一个有实际预测的意义。通过前面的讲解,我们可以看到 YOLO V1 至多只能预测 49 个目标,即每个"负责"区域输出一个目标。注意:我们可以使用不止两个 Bbox,理论上 Bbox 越多效果越好,但是效率会降低。作者取两个 Bbox 是因为性能和效率的取舍。

6.2.5 优点及局限性

(1) YOLO V1 的优点如下。

- ☑ 检测速度非常快。标准版本的 YOLO V1 可以每秒处理 45 帧图像;极速版本的 YOLO V1 每秒可以处理 150 帧图像。这就意味着 YOLO 可以以小于 25 毫秒延迟,实时地处理视频。对于欠实时系统,在准确率保证的情况下,YOLO 速度快于其他方法。
- ☑ YOLO 实时检测的平均精度是其他实时监测系统的两倍。
- ☑ 迁移能力强:能运用到其他的新领域,如艺术品目标检测。

(2) YOLO V1 的局限性如下。

- ☑ YOLO V1 对相互靠近的物体,以及很小的物体检测效果不好,这是因为一个网格只预测了两个框,并且都属于同一类。
- ☑ 由于损失函数的问题,定位误差是影响检测效果的主要原因,尤其是在大小物体的处理上,还有待加强。因为对于小的边界框,误差影响更大。

☑ YOLO V1 对不常见的角度的目标泛化性能偏弱。

6.3　YOLO V2

YOLO V2 从预测更准确，速度更快，识别对象更多这三个方面进行了改进。其中识别更多对象也就是扩展到能够检测 9000 种不同对象，称之为 YOLO9000。

YOLO V2 使用了一种新的训练方法——联合训练算法，这种算法可以把这两种数据集混合到一起。使用一种分层的观点对物体进行分类，用巨量的分类数据集数据来扩充检测数据集，从而把两种不同的数据集混合起来。联合训练算法的基本思路：同时在检测数据集和分类数据集上训练物体检测器（object detectors），用检测数据集的数据学习物体的准确位置，用分类数据集的数据来增加分类的类别量，提升健壮性。

6.3.1　YOLO V2 的改进点

1. 引入批量归一化（batch normalizatioin）

批量归一化有助于解决反向传播过程中的梯度消失和梯度爆炸问题，可以降低对一些超参数（如学习率、网络参数的大小范围、激活函数的选择）的敏感性，并且在每个 batch 分别进行归一化的时候，起到了一定的正则化效果（YOLO V2 不再使用 dropout），从而能够获得更好的收敛速度和收敛效果。

使用批量归一化对网络进行优化，让网络提高了收敛性，同时消除了对其他形式的正则化的依赖。通过对 YOLO V2 的每一个卷积层增加批量归一化，最终使得 mAP 提高了 2%，同时还使 model 正则化。使用批量归一化可以从 model 中去掉 dropout，而不会产生过拟合。

2. 更大的分辨率

检测和分类用的图像样本分辨率不一致。用于图像分类的训练样本很多，而标注了边框的用于训练目标检测的样本相比而言就少了很多，因为标注边框的人工成本比较高。所以目标检测模型通常都先用图像分类样本训练卷积层，提取图像特征，但这引出了另一个问题，就是图像分类样本的分辨率不是很高。

YOLO V1 使用 ImageNet 的图像分类样本采用 224×224 作为输入，来训练 CNN 卷积层。然后在训练目标检测时，检测用的图像样本采用更高分辨率的 448×448 像素图像作为输入，但这样不一致的输入分辨率肯定会对模型性能有一定影响。

因此，YOLO V2 在采用 224×224 图像进行分类模型预训练后，再采用 448×448 高分辨率样本对分类模型进行微调（10 个 epoch），使网络特征逐渐适应 448×448 的分辨率。然后再使用 448×448 的检测样本进行训练，缓解了由于率突然切换造成的影响，最终通过使用高分辨率，mAP 提升了 4%。

3. 采用先验框

YOLO V1 包含全连接层，从而能直接预测 bounding boxes 的坐标值。Faster RCNN 算法只用卷积层与 region proposal network 来预测 anchor box 的偏移值与置信度，而不是直接预测坐标值，YOLO V2 作者发现通过预测偏移量而不是坐标值能够简化问题，让神经网络学习起来更容易。

借鉴 Faster RCNN 的做法，YOLO V2 也尝试采用先验框（anchor）。在每个网格预先设定一组不同大小和宽高比的边框，来覆盖整个图像的不同位置和多种尺度，这些先验框作为预定义的候选区，在神经网络中将被检测其中是否存在对象，以及微调边框的位置。

所以，最终 YOLO V2 去掉了全连接层，使用 anchor boxes 来预测 bounding boxes。作者去掉了网络中的一个 Pooling 层，让卷积层的输出能有更高的分辨率，同时对网络结构进行收缩让其运行在 416×416 分辨率，而不是 448×448 分辨率。

4. 细粒度的特征

目标检测面临的一个问题是图像中需要检测的目标会有大有小，输入图像经过多层网络提取特征，最后输出的特征图中（如 YOLO V2 中输入 416×416，经过卷积网络下采样最后输出是 13×13），较小的对象特征可能已经不明显甚至被忽略掉了。为了更好地检测出一些比较小的对象，最后输出的特征图需要保留一些更细节的信息。于是 YOLO V2 引入了一种被称为 passthrough 层的方法在特征图中保留一些细节信息。

于是，YOLO V2 引入一种称为 passthrough 层的方法，这个层的作用是将前面一层的 26×26 的特征图和 13×13 的特征图从通道上进行拼接，在特征图中保留一些细节信息。需要将 26×26 的特征图下采样成 13×13，或者将 13×13 上采样成 26×26，最简单的做法是池化下采样，但是 YOLO V2 为了保留特征图的更多细节，在空间维度上进行拆分，得到 4 个 13×13×512 的特征层，然后将这 4 个特征层在通道维度上拼接成 13×13×2048 的特征层。最后，将（13，13，1024）和（13，13，2048）两个特征层在通道维度上进行拼接，得到（13，13，3072）。

5. 多尺度训练

为了让 YOLO V2 模型更加鲁棒，作者引入了多尺度训练。简单来讲，就是在训练过程中，输入图像的大小是动态变化的，这一步是在检测数据集上微调时采用的，不用与 ImageNet 数据集上的两步预训练分类模型混淆。YOLO V2 网络模型中只使用了卷积层和池化层，所以模型的输入可以不限于 416×416 大小的图片。

具体来讲，在训练网络时，每 10 个 batch 网络会随机选择另外一种图像的分辨率大小，然后只需要修改对最后检测层的处理就可以重新训练。网络下采样的倍数是 32，因此采用 32 的倍数作为输入大小：{320，352，...，368}。

6.3.2 YOLO V2 网络结构

YOLO V2 的网络具有如下特点。
- ☑ 主干网络采用的是 Darknet-19。
- ☑ 去掉了全连接层，5 次降采样（Max Pooling），19 个卷积层。
- ☑ 使用批归一化来让训练更稳定，加速收敛，降低模型过拟合。

passthrough 层代码实现如下。

```
import torch
def passthrough(x):
return torch.cat([x[:, :, ::2, ::2], x[:, :, ::2, 1::2], x[:, :, 1::2, ::2], x[:, :, 1::2, 1::2]], dim=1)

x = torch.arange(1, 17).reshape(4, 4)
X = x.unsqueeze(0).expand(1, 3, 4, 4) # batch_size=1,channels=3,height=4,width=4
print(passthrough(X))
```

Darknet-19 模型架构如图 6-8 所示。

第 6 章 YOLO 目标检测

层	通道数	卷积核	输出尺寸
Conv1	32	3*3	224*224
Max Pool1		2*2/2	112*112
Conv2	64	3*3	112*112
Max Pool2		2*2/2	56*56
Conv3	128	3*3	56*56
Conv4	64	1*1	56*56
Conv5	128	3*3	56*56
MaxPool3		2*2/2	28*28
Conv6	256	3*3	28*28
Conv7	128	1*1	28*28
Conv8	256	3*3	28*28
Max Pool4		2*2/2	14*14
Conv9	512	3*3	14*14
Conv10	256	1*1	14*14
Conv11	512	3*3	14*14
Conv12	256	1*1	14*14
Conv13	512	3*3	14*14
Max Pool5		2*2/2	7*7
Conv14	1024	3*3	7*7
Conv15	512	1*1	7*7
Conv16	1024	3*3	7*7
Conv17	512	1*1	7*7
Conv18	1024	3*3	7*7
Conv19	1000	1*1	7*7
Avgpool		Global	1000
Softmax			

图 6-8 Darknet-19 模型架构

passthrough 层实现过程如图 6-9 所示。

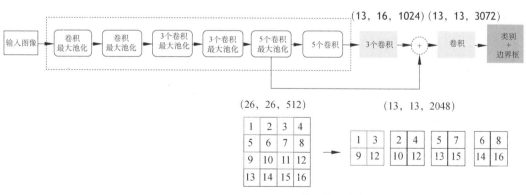

图 6-9 passthrough 层

6.3.3　YOLO V2 训练策略

1. 分类的训练策略

网络训练在 ImageNet 1000 类分类数据集上训练了 160 epochs，使用随机梯度下降，初始学习率为 0.1，多项式速率衰减，衰减幂为 4，权重衰减为 0.0005，动量为 0.9。训练期间使用标准的数据扩大方法：随机裁剪、旋转、变换颜色（hue）、变换饱和度（saturation）、变换曝光度（exposure shifts）。在训练时，以更高的分辨率 448×448，将整个网络微调 10 个周期。该网络 top-1 精确度达到 76.5%，top-5 精确度达到 93.3%。

2. 检测的训练策略

网络去掉了最后一个卷积层，而加上了 3 个 3×3×3 卷积层，每个卷积层有 1024 个 Filters，每个卷积层紧接着一个 1×1×3 卷积层。对于 VOC 数据集，网络预测出每个网格单元预测 5 个 bounding boxes，每个 bounding boxes 预测 5 个坐标和 20 类，所以一共 125 个 Filters，增加了 Passthough 层来获取前面层的细粒度信息，网络训练了 160 epoches，初始学习率为 0.001，数据扩大方法相同，对 COCO 与 VOC 数据集的训练策略相同。

6.4　YOLO V3

在 YOLO V3 论文中，作者提出了一个名为 Darknet-53 的更深的特征提取器架构。正如其名称所示，它包含 53 个卷积层，每个卷积层后面跟随批量归一化层和 Leaky ReLU 激活函数。没有使用任何形式的池化，而使用带有步长 2 的卷积层来降采样特征图。这有助于防止池化经常归因于低级特征的丢失。

YOLO 对输入图像的大小不变。然而，在实践中，由于我们在实现算法时可能遇到各种问题，因此我们希望坚持使用恒定的输入大小。

YOLO V3 模型架构图如图 6-10 所示。

第 6 章 YOLO 目标检测

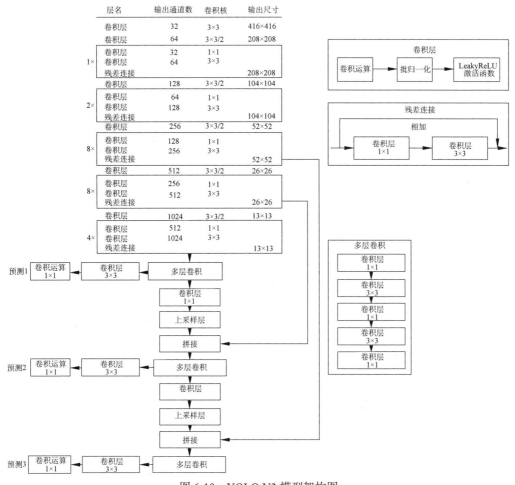

图 6-10 YOLO V3 模型架构图

6.4.1 主干网络

主干网络 Darknet-53 用于更深层的特征提取，该网络相继使用卷积核为 3×3 和 1×1 的卷积层。正如其名，主干网络包含 53 个卷积层，每个卷积之后跟随一个批量归一化和一个 Leaky ReLU 激活函数，加入这两个部分的目的是防止过拟合。使用残差单元，让网络可以提取更深层的特征，同时避免出现梯度消失或爆炸。

使用带有步长 2 的卷积层来降采样特征图，没有使用任何形式的池化。例如，大小为 416×416 的输入图像,经过 5 个步长为 2 的卷积层后,将产生大小为 13×13 的特征图。

6.4.2 多尺度预测

引入类似于特征金字塔网络(feature pyramid networks,FPN)的结构,用于多尺度预测。低层特征图拥有细粒度特征,能够更精准地预测目标位置;高级特征图的语义信息丰富,能够更好地预测类型信息。实验表明,YOLO V3 相比 YOLO V2 在小目标检测任务上性能更佳。该网络获得三种尺度的特征图。

- ☑ 尺度 1:在主干网络后面添加几个卷积层,输出 13×13 大小的特征图。
- ☑ 尺度 2:将尺度 1 的倒数第 2 层的卷积层上采样,再与最后一个 26×26 大小的特征图在通道维度上进行拼接,再次通过几个卷积层,输出 26×26 大小的特征图。
- ☑ 尺度 3:将尺度 2 的倒数第 2 层的卷积层上采样,再与最后一个 52×52 大小的特征图在通道维度上进行拼接,再次通过几个卷积层,输出 52×52 大小的特征图。

在训练前,将 COCO 数据集的所有边界框使用 k-means 聚类,得到 9 种不同大小和宽高比的先验框,则每个尺度有 3 种先验框。

在训练过程中,每种尺度的特征图得到 3 个预测边界框。因此,当输入图像的大小为 416×416 时,模型会输出(13×13+26×26+52×52)×3=10647 个预测框。在 COCO 数据集上,以尺度 13×13 为例,原始输入图像被分割成 13×13 的网格单元,每个网格预测 3 个边界框,因此模型得到的 3 维输出张量的大小为 13×13×[3×(4+1+80)],4 表示边界框坐标值 (t_x, t_y, t_h, t_w),1 表示置信度,80 表示 COCO 数据集的类别数目。

如果训练集中某一个真实边界框的中心点恰好落在了输入图像的某一个网格单元内,则该网格负责预测此物体的边界框,其对应的置信度是 1,其他网格单元的置信度为 0。每个网格单元上有 3 个不同大小的先验框,作者选择与真实边界框的 IOU 最大的先验框作为模型的学习目标。

当分类器为 Softmax 时,每个预测框只能有一个类别。YOLO V3 选择使用逻辑回归分类器,损失函数为二分类交叉熵损失函数,这样可以解决多标签预测问题。

6.5 YOLO V4

YOLO V4 是一个高效而强大的目标检测网络,它验证了大量先进的技巧对目标检测性能的影响,以及对目标检测方法进行了改进,并且更适合在单 GPU 上训练。

YOLO V4 实现了检测速度和精度的权衡。实验表明,在 Tesla V100 上,对 MS COCO 数据集的实时检测速度达到 65 FPS,平均精度达到 43.5%。可以使用 GTX 1080Ti 或 2080Ti 的 GPU 训练出超快速和精确的目标检测器。

6.5.1 网络结构

YOLO V4 做了大量试验,最终选定 YOLO V4 的组成结构如下。

- ☑ 主干部分:CSPDarknet53,用于特征提取。
- ☑ Neck 部分:SPP、PAN,为了检测不同大小的目标,需要使用一种分层结构,使得头部可探测不同空间分辨率的特征图。
- ☑ 检测头:与 YOLO V3 相同,用于目标检测。

单阶段目标检测器架构图如图 6-11 所示。

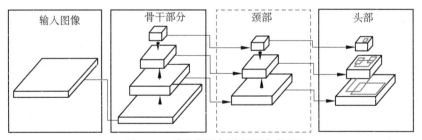

图 6-11 单阶段目标检测器架构图

1. CSPNet

跨阶段连接网络(cross stage partial network,CSPNet),由 Chien-Yao Wang 等在 2019 年提出,用于降低以往网络结构推理计算量的问题。作者将问题归结于网络优化中的重复梯度信息。CSPNet 在 ImageNet 数据集和 MS COCO 数据集上有很好的测试效果，同时它易于实现，在 ResNet、ResNeXt 和 DenseNet 网络结构上都能通用。CSPNet 的主要目的是能够实现更丰富的梯度组合，同时减少计算量。对于每一个输入特征层，按照特征图的通道维度拆分成两部分，一部分正常经过网络，另一部分直接与第一部分的输出张量进行拼接。

CSPNet 在 ResNet 网络中的应用如图 6-12 所示。激活函数如图 6-13 所示。

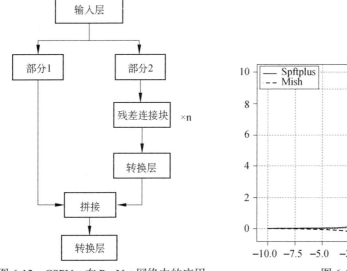
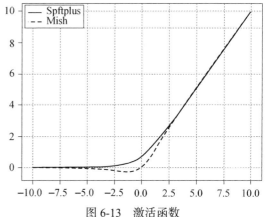

图 6-12　CSPNet 在 ResNet 网络中的应用　　　图 6-13　激活函数

将原来的 Darknet53 结构换为了 CSPDarknet53，主要进行了两项改变。其一，将原来的 Darknet53 与 CSPNet 进行结合。Darknet53 由一系列残差结构组成，进行结合后，CSPNet 的主要工作是将原来的残差块的堆叠进行拆分，分成左右两部分。主干部的残差块，支路部分则相当于一个残差边，经过少量处理直接连接到最后。其二，使用 Mish 激活函数代替了原来的 Leaky ReLU。在 YOLO V3 中，每个卷积层之后包含一个批量归一化层和一个 Leaky ReLU。而在 YOLO V4 的主干网络 CSPDarknet53 中，使用 Mish 代替了原来的 Leaky ReLU。

$$\text{Mish} = x * \tanh(\text{Softplus}) = x * \tanh(\ln(1 + e^x))$$

2. SPP

空间金字塔池化（spatial pyramid pooling，SPP）。在最后一个卷积层后面，使用 SPP

代替 CSPDarknet53 中的平均池化层，将输入特征层依次通过窗口大小为 5×5、9×9、13×13 的最大池化层，然后将这 3 个输出特征层和原始的输入特征层在通道维度上进行拼接。SPP 实现了局部特征图和全局特征图的融合，在一定程度上能够解决多尺度检测问题。

CSPDarknet53 模型架构图如图 6-14 所示。SPP 结构如图 6-15 所示。

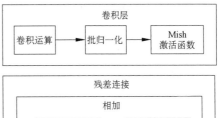

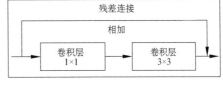

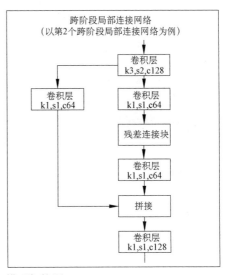

图 6-14　CSPDarknet53 模型架构图

3. PAN

路径聚合网络（path aggregation network，PAN）中，主要包含 FPN、自下而上路径增强、自适应特征池化、box 分支、掩码分支五个部分（图 6-16）。

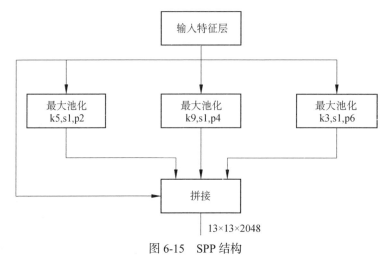

图 6-15 SPP 结构

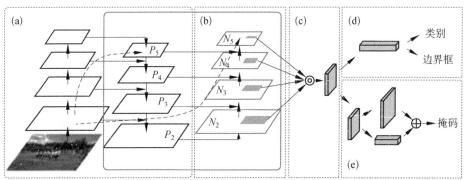

图 6-16 PAN 网络结构 [（a）FPN，（b）自下而上路径增强，（c）自适应特征池化，（d）box 分支，（e）掩码分支]

- FPN：发表于 CVPR2017，主要是通过融合高、低层特征提升目标检测的效果，尤其可以提高小尺寸目标的检测效果。这是因为低层特征提取的是局部纹理和图案信息，高层特征主要提取的是语义信息。但是，随着网络往高层推进，所需的局部信息可能会丢失。在 FPN 中，将自底向上和自上而下数据流的邻近层的信息结合到一起，增强了每个检测头预测不同尺寸的目标的能力。
- 自下而上路径增强：主要是考虑网络浅层特征信息对于实例分割非常重要，因为浅层特征一般是边缘形状等特征。

- ☑ 自适应特征池化：用于特征融合。也就是用每个 ROI 提取不同层的特征来做融合，提升模型效果。
- ☑ 混合全连接层：针对原有的分割支路（FCN）引入前背景二分类的全连接支路，通过融合 box 分支和掩码分支这两条支路的输出得到更加精确的分割结果。

YOLO V4 中使用 PAN 代替 YOLO V3 中的 FPN 作为融合不同特征层的方法，针对不同的检测器级别从不同的主干层进行特征聚合，并且对原 PAN 进行了修改，使用拼接操作代替了原来的相加操作（图 6-17）。

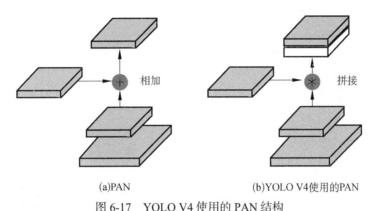

(a)PAN　　　　　　　　(b)YOLO V4使用的PAN

图 6-17　YOLO V4 使用的 PAN 结构

6.5.2　优化策略

1. 消除网格敏感程度

如图 6-18（a）所示，当目标中心点恰好落在网格边界上时，若 σ(t_x) 或 σ(t_y) 为 0 或 1，需要 t_x 或 t_y 等于 ±∞，这种极端情况通常难以达到。YOLO V4 的解决方法是乘缩放因子，通常缩放因子的值是 2，则此时偏移已经被扩到 −0.5～1.5。如果要实现在 0～1，t_x 和 t_y 只需要位于图 6-18（b）中的虚线之间即可。

$$b_x = (2\sigma(t_x) - 0.5) + c_x$$
$$b_y = (2\sigma(t_y) - 0.5) + c_y$$

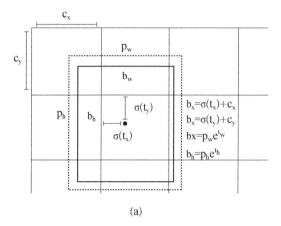 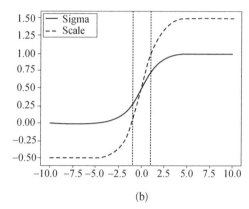

图 6-18　预测边界框与锚框关系图

2. 马赛克数据增强

在训练过程中，把 4 张图片通过随机缩放、随机裁剪、随机排布的方式进行拼接（图 6-19）。优点如下。

- ☑ 增加数据多样性：随机选取 4 张图片进行组合，得到的图像个数比原图个数要多。
- ☑ 增加模型鲁棒性：混合 4 张具有不同语义信息的图片，可以让模型检测到超出常规语境的目标。
- ☑ 提升小目标检测性能：数据增强图像由 4 张原始图像拼接而成，这样每张图像会有更大概率包含小目标。
- ☑ 减少 GPU 显存：直接计算 4 张图片的数据，使得批大小并不需要很大就可以达到比较好的效果。

图 6-19　马赛克数据增强

3. 空间注意力模块

空间注意力模块（spatial attention module，SAM），关注特征图的空间位置信息（图 6-20）。首先，对特征图进行通道维度的平均池化和最大池化操作，生成两个空间描述子。这两个描述子通过一个卷积层进行融合，再通过 Sigmoid 函数得到空间注意力权重。将这些权重与原始特征图相乘，实现对空间位置的特征加权。实现代码如下：

```
class SpatialAttentionModule(nn.Module):
    def __init__(self):
        super(SpatialAttentionModule, self).__init__()
        self.conv2d = nn.Conv2d(in_channels=2, out_channels=1, kernel_size
=7, stride=1, padding=3)
        self.sigmoid = nn.Sigmoid()

    def forward(self, x):
        # 特征图尺寸不变，缩减通道
        avgout = torch.mean(x, dim=1, keepdim=True)
        maxout, _ = torch.max(x, dim=1, keepdim=True)
        out = torch.cat([avgout, maxout], dim=1)
        out = self.sigmoid(self.conv2d(out))
        return out
spatial_model = SpatialAttentionModule()
x = torch.rand((1, 256, 14, 14))
y = spatial_model(x)
print(y.size())
torch.Size([1, 1, 14, 14])
```

YOLO V4 去掉了 SAM 中对特征图的通道维度的平均池化和最大池化操作，直接进行卷积，再通过 Sigmoid 函数得到空间注意力权重。

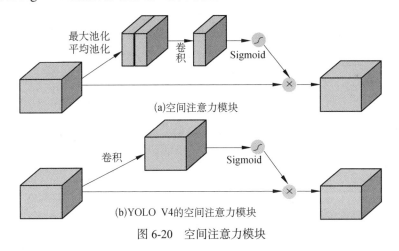

图 6-20　空间注意力模块

4. CIOU 损失函数

在训练过程中，YOLO V4 使用了 CIOU 损失函数。IOU 损失函数的定义为 1-IOU，用于表示预测边界框与真实边界框之间的重叠面积,可以将预测框的四个坐标值作为整体进行回归。但是,该损失函数存在以下两个弊端。

- ☑ 预测框与真实框不相交时,IOU=0,无法进行梯度计算。
- ☑ 相同的 IOU 反映不出预测框与真实框之间的情况(图 6-21)。

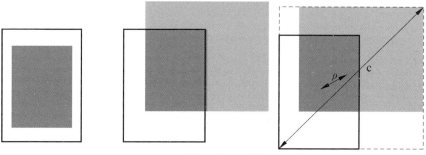

图 6-21 预测框与真实框的位置关系

CIOU 作为回归定位损失函数,考虑了三种几何参数,即重叠面积、中心点距离和长宽比。

$$CIOU = 1 - IOU + \frac{\rho^2(\boldsymbol{b}, \boldsymbol{b}^{gt})}{c^2} + \alpha v$$

$$v = \frac{4}{\pi^2}\left(\arctan\frac{w^{gt}}{h^{gt}} - \arctan\frac{w}{h}\right)^2$$

$$\alpha = \frac{v}{(1 - IOU) + v}$$

其中,

- ☑ $\rho^2(\boldsymbol{b}, \boldsymbol{b}^{gt})$:表示预测框与真实框的中心点欧式距离。
- ☑ c^2:表示能包围预测框与真实框的最小封闭框的对角线长度。
- ☑ αv:考虑了长宽比。

6.6 YOLO V5

YOLO V5 是一种单阶段目标检测算法,该算法在 YOLO V4 的基础上添加了一些新的改进思路，使其速度与精度都得到了极大的性能提升，主要的改进思路如下。

- ☑ 输入端：在模型训练阶段，提出了一些改进思路，主要包括 Mosaic 数据增强、自适应锚框计算、自适应图片缩放。Mosaic 数据增强方法是在 CutMix 数据增强方法的基础上改进而来的。CutMix 仅利用了两张图片进行拼接，而 Mosaic 数据增强方法则采用了 4 张图片，并且按照随机缩放、随机裁剪和随机排布的方式进行拼接而成。
- ☑ 基准网络：融合其他检测算法中的一些新思路，主要包括 Focus 结构与 CSP 结构。Focus 结构的主要思想是通过 slice 操作来对输入图片进行裁剪。
- ☑ Neck 网络：目标检测网络在 BackBone 与最后的 Head 输出层之间往往会插入一些层，YOLO V5 中添加了 FPN+PAN 结构。
- ☑ Head 输出层：输出层的锚框机制与 YOLO V4 相同，主要改进的是训练时的损失函数 GIOU_Loss，以及预测框筛选的 DIOU_nms。

下面重点讲解 YOLO V5，其他的版本都是在该版本的基础上对网络进行加深与加宽的。

- ☑ 输入端：表示输入的图片。该网络的输入图像大小为 608×608×3，该阶段通常包含一个图像预处理,即将输入图像缩放到网络的输入大小，并进行归一化等操作。在网络训练阶段，YOLO V5 使用 Mosaic 数据增强操作可以提升模型的训练速度和网络的精度，并提出了一种自适应锚框计算与自适应图片缩放的方法。
- ☑ Neck 网络：通常位于基准网络和头网络的中间位置，利用它可以进一步提升特征的多样性及鲁棒性。虽然 YOLO V5 同样用到了 SPP 模块、FPN+PAN 模块，但是实现的细节有些不同。
- ☑ Head 输出端：用来完成目标检测结果的输出。针对不同的检测算法，输出端的分支个数不尽相同,通常包含一个分类分支和一个回归分支。YOLO V5 利用 GIOU_Loss 来代替 Smooth L1 Loss 函数，从而进一步提升了算法的检测精度。

YOLO V5 的基础组件如下。

- ☑ CBL-CBL 模块由 Conv+BN+Leaky_relu 激活函数组成。
- ☑ Res unit 借鉴 ResNet 网络中的残差结构，用来构建深层网络，CBM 是残差模块中的子模块。
- ☑ CSP1_X 借鉴 CSPNet 网络结构，该模块由 CBL 模块、Res unint 模块以及卷积层、Concate 组成而成。CSP1_X 结构被应用于 Backbone 主干网络中。CSP2_X 结构则应用于 Neck 网络中。
- ☑ Focus 结构首先将多个 slice 结果 concat 起来，然后将其送入 CBL 模块中。
- ☑ SPP 采用 1×1、5×5、9×9 和 13×13 的最大池化方式，进行多尺度特征融合。

6.7　YOLO V8

YOLO V8 算法的核心特性和改动可以归结如下。

YOLO V8 提供了一个全新的 SOTA 模型，包括 P5 640 和 P6 1280 分辨率的目标检测网络和基于 YOLACT 的实例分割模型。和 YOLO V5 一样，基于缩放系数也提供了 N/S/M/L/X 尺度的不同大小模型，用于满足不同场景需求。

- ☑ Backbone：骨干网络和 Neck 部分可能参考了 YOLO V7 ELAN 设计思想，将 YOLO V5 的 C3 结构换成了梯度流更丰富的 C2f 结构，并对不同尺度模型调整了不同的通道数。属于对模型结构精心微调，不再是一套参数应用所有模型，大幅度提升了模型性能。不过这个 C2f 模块中存在 Split 等操作，对特定硬件部署没有之前那么友好了。
- ☑ Head：Head 部分较 YOLO V5 而言有两大改进：换成了目前主流的解耦头结构(decoupled-head)，将分类和检测头分离；同时也从 anchor-based 换成了 anchor-free。
- ☑ Loss：YOLO V8 抛弃了以往的 IOU 匹配或者单边比例的分配方式，使用了 task-aligned assigner 正负样本匹配方式；引入了 distribution focal loss(DFL)。
- ☑ Train:训练的数据增强部分引入了 YOLO X 中的最后 10 epoch 关闭 Mosiac 增强的操作，可以有效地提升精度。

第7章
人脸识别应用

7.1 应用场景介绍

人脸识别,是基于人的脸部特征信息进行身份验证的一种生物识别技术,已经被广泛应用于军事、金融、公共安全和日常生活中,人脸识别有如下两类典型的应用场景。

- ☑ 人脸验证(face verification):用于判断两张人脸图像是否是同一个人,是一个二分类问题。如手机人脸解锁,将当前拍摄的人脸图片与手机中存储的用于解锁的照片对比。
- ☑ 人脸身份确认(face identification):将一张人脸图像与人脸库里所有可能的身份进行对比,获得最匹配的人脸所对应的身份,如公司刷脸门禁。

7.2 人脸识别系统架构

随着计算机硬件和图像识别技术的发展,深度学习成为主流的人脸识别方法,人脸识别系统架构如图7-1所示。

通常来说,人脸识别系统的训练阶段分为3个过程。

(1)人脸检测,用于从图像中截取人脸边界框,并标注人脸关键特征点的坐标。

(2)人脸对齐,旋正人脸角度。

（3）训练人脸识别模型，用于人脸特征向量提取。该过程通常认为是人脸识别系统中最重要的步骤。

人脸识别系统的应用阶段分为4个过程。

（1）人脸检测在应用阶段除图像增广技术外，所使用的技术与训练阶段保持一致。

（2）人脸对齐与训练阶段保持一致。

（3）特征提取是通过使用训练好的人脸识别模型来获得人脸向量。

（4）特征匹配是将测试图像的特征向量与人脸库中已知标签的图像的特征向量进行匹配，通常用欧式距离衡量两个特征向量的距离，或者是用余弦相似度对比两个特征向量的相似性。

在工业界的应用阶段，通常在人脸检测和人脸对齐之后增加活体检测环节，以避免系统受到诸如打印图片、翻拍视频、3D头模等攻击。

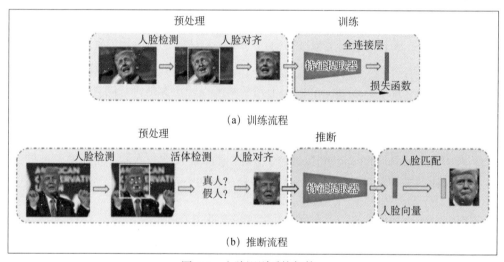

图 7-1　人脸识别系统架构

7.3　人脸检测模型：RetinaFace

RetinaFace 模型，是一种单步推理的人脸检测算法。如图 7-2 所示，模型同时输出人脸边界框（左上角和右下角）和 5 个人脸关键点（两只眼睛的中心点、鼻尖、左嘴角、右嘴角）的位置坐标。

图 7-2　RetinaFace 的预测结果

7.3.1　模型

RetinaFace 模型架构如图 7-3 所示。

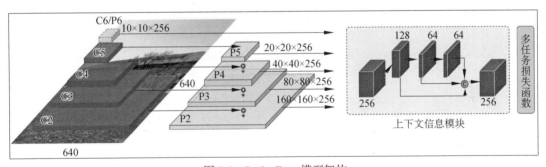

图 7-3　RetinaFace 模型架构

7.3.2　主干网络

在计算机视觉中，利用深度神经网络分层表示的思想，使用特征提取网络（即 Backbone）获得不同阶段的特征图，特征图的大小逐层递减，如图 7-4 所示。高层特征通过多层神经网络后，获得了丰富的语义特征，有助于分类任务；底层特征的分辨率高，有助于定位任务。

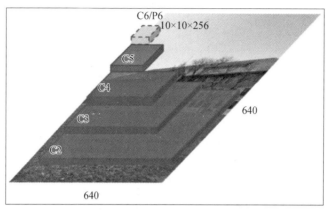

图 7-4 BackBone

如图 7-5 所示，主干网络以 ResNet50 为例。在预训练的 ResNet50 模型上进行微调，ResNet50 每个阶段的特征图长宽差距是 2 倍。本任务的输入图像大小是 640×640，选取 conv3_x、conv4_x、conv5_x 层的最后一个残差块的特征图作为输出，记为 C3、C4、C5，输出特征图的大小分别为 [512，80，80]、[1024，40，40]、[2048，20，20]。

层名	输出尺寸	18层	34层	50层	101层	152层
conv1	112×112	7×7, 64, stride 2				
conv2_x	56×56	3×3 max pool, stride 2				
conv2_x	56×56	$\begin{bmatrix}3\times3, 64\\3\times3, 64\end{bmatrix}\times2$	$\begin{bmatrix}3\times3, 64\\3\times3, 64\end{bmatrix}\times3$	$\begin{bmatrix}1\times1, 64\\3\times3, 64\\1\times1, 256\end{bmatrix}\times3$	$\begin{bmatrix}1\times1, 64\\3\times3, 64\\1\times1, 256\end{bmatrix}\times3$	$\begin{bmatrix}1\times1, 64\\3\times3, 64\\1\times1, 256\end{bmatrix}\times3$
conv3_x	28×28	$\begin{bmatrix}3\times3, 128\\3\times3, 128\end{bmatrix}\times2$	$\begin{bmatrix}3\times3, 128\\3\times3, 128\end{bmatrix}\times4$	$\begin{bmatrix}1\times1, 128\\3\times3, 128\\1\times1, 512\end{bmatrix}\times4$	$\begin{bmatrix}1\times1, 128\\3\times3, 128\\1\times1, 512\end{bmatrix}\times4$	$\begin{bmatrix}1\times1, 128\\3\times3, 128\\1\times1, 512\end{bmatrix}\times8$
conv4_x	14×14	$\begin{bmatrix}3\times3, 256\\3\times3, 256\end{bmatrix}\times2$	$\begin{bmatrix}3\times3, 256\\3\times3, 256\end{bmatrix}\times6$	$\begin{bmatrix}1\times1, 256\\3\times3, 256\\1\times1, 1024\end{bmatrix}\times6$	$\begin{bmatrix}1\times1, 256\\3\times3, 256\\1\times1, 1024\end{bmatrix}\times23$	$\begin{bmatrix}1\times1, 256\\3\times3, 256\\1\times1, 1024\end{bmatrix}\times36$
conv5_x	7×7	$\begin{bmatrix}3\times3, 512\\3\times3, 512\end{bmatrix}\times2$	$\begin{bmatrix}3\times3, 512\\3\times3, 512\end{bmatrix}\times3$	$\begin{bmatrix}1\times1, 512\\3\times3, 512\\1\times1, 2048\end{bmatrix}\times3$	$\begin{bmatrix}1\times1, 512\\3\times3, 512\\1\times1, 2048\end{bmatrix}\times3$	$\begin{bmatrix}1\times1, 512\\3\times3, 512\\1\times1, 2048\end{bmatrix}\times3$
	1×1	average pool, 1000-d fc, softmax				
浮点运算数		1.8×10^9	3.6×10^9	3.8×10^9	7.6×10^9	11.3×10^9

图 7-5 ResNet

实现代码如下。

```
import torchvision.models as models
import torchvision.models._utils as _utils
cfg = {'return_layers': {'layer2': 1, 'layer3': 2, 'layer4': 3}}
backbone = models.resnet50(pretrained=True)
body = _utils.IntermediateLayerGetter(backbone,
cfg['return_layers'])
```

7.3.3 特征金字塔网络

特征金字塔网络（feature pyramid network，FPN），如图7-6所示，其主要作用是提取人脸特征。

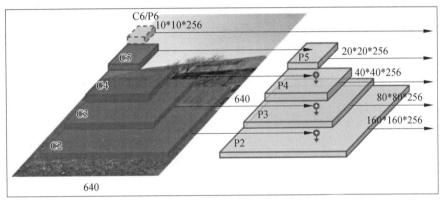

图7-6 FPN

将上文获得的C3、C4、C5作为FPN三个级别的输入特征，输出也是三个级别的特征P3、P4、P5。采用侧向连接的方式，使用1×1卷积实现所有级别的特征层的通道数一致；采用自上而下的方式，对特征图进行上采样，将上一层特征放大，获得和当前层特征分辨率一致的特征，然后通过逐元素相加融合。

FPN网络的操作过程分为以下4步。

（1）1×1卷积，用于改变通道数，实现所有级别的特征的通道数一致。

（2）上采样，一般采用插值法实现。将上一层的特征上采样，获得和当前层特征的分辨率一致的特征。

（3）逐元素相加，将上一层的特征和当前层特征进行融合。充分利用高层特征获得的高级语义信息有助于分类，底层特征的高分辨率特性也有助于定位。

（4）卷积融合，使用 3×3 卷积融合上一层特征和当前层特征。

FPN 的代码实现如下。

```python
import torch.nn as nn
import torch.nn.functional as F

def conv_bn(inp, oup, stride = 1, leaky = 0):
    return nn.Sequential(
        nn.Conv2d(inp, oup, 3, stride, 1, bias=False),
        nn.BatchNorm2d(oup),
        nn.LeakyReLU(negative_slope=leaky, inplace=True)
    )

def conv_bn1X1(inp, oup, stride, leaky=0):
    return nn.Sequential(
        nn.Conv2d(inp, oup, 1, stride, padding=0, bias=False),
        nn.BatchNorm2d(oup),
        nn.LeakyReLU(negative_slope=leaky, inplace=True)
    )

class FPN(nn.Module):
    def __init__(self, in_channels_list, out_channels):
        super(FPN, self).__init__()
        leaky = 0
        if (out_channels <= 64):
            leaky = 0.1
        # 1×1 卷积：用于改变不同级别的输入特征的通道数
        # 若 backbone 是 ResNet50,out_channels=256
        self.output1 = conv_bn1X1(in_channels_list[0], out_channels, stride=1, leaky=leaky)
        self.output2 = conv_bn1X1(in_channels_list[1], out_channels, stride=1, leaky=leaky)
        self.output3 = conv_bn1X1(in_channels_list[2], out_channels, stride=1, leaky=leaky)

        self.merge1 = conv_bn(out_channels, out_channels, leaky=leaky)
        self.merge2 = conv_bn(out_channels, out_channels, leaky=leaky)

    def forward(self, input):
        input = list(input.values())
```

```python
# 1.1×1卷积：实现不同级别的特征的通道数一致
output1 = self.output1(input[0]) # shape: [batch_size, out_channels, 80, 80]
output2 = self.output2(input[1]) # shape: [batch_size, out_channels, 40, 40]
output3 = self.output3(input[2]) # shape: [batch_size, out_channels, 20, 20]

# 2.上采样：将上一层特征上采样，获得与当前层特征相同的分辨率
up3 = F.interpolate(output3, size=[output2.size(2), output2.size(3)], mode="nearest") # shape: [batch_size, out_channels, 40, 40]
# 3.逐元素相加
output2 = output2 + up3 # shape: [batch_size, out_channels, 40, 40]
# 4.卷积融合
output2 = self.merge2(output2) # shape: [batch_size, out_channels, 40, 40]

# 2.上采样：将上一层特征上采样，获得与当前层特征相同的分辨率
up2 = F.interpolate(output2, size=[output1.size(2), output1.size(3)], mode="nearest") # shape: [batch_size, out_channels, 80, 80]
# 3.逐元素相加
output1 = output1 + up2 # shape: [batch_size, out_channels, 80, 80]
# 4.卷积融合
output1 = self.merge1(output1) # shape: [batch_size, out_channels, 80, 80]

# output1.shape: [batch_size, out_channels, 80, 80]
# output2.shape: [batch_size, out_channels, 40, 40]
# output3.shape: [batch_size, out_channels, 20, 20]
out = [output1, output2, output3]
return out
```

7.3.4 上下文信息模块

在小目标检测任务中，由于在目标上能够捕捉的信息量较少，任务从根本上具有挑战

性。人类视觉可以借助于目标周围的背景信息，正确分类尺寸较小的人脸。因此，小目标检测任务也需要利用超出目标范围的图像信息来辅助检测，因此被称为上下文信息。上下文信息模块（context module）如图7-7所示。

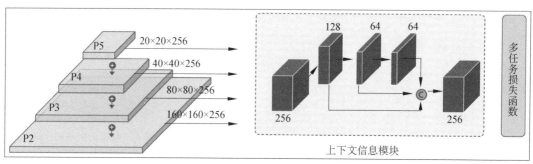

图7-7 上下文信息模块

在计算机视觉中，通过使用大的卷积核扩大感受野，从而增加上下文信息。对于5×5的感受野，可以使用两次3×3的卷积核实现；对于7×7的感受野，可以使用三次3×3的卷积核实现。这样实现的好处是，参数量小于直接使用5×5、7×7的卷积核，大大减少了计算量。

RetinaFace为了进一步加强特征提取，使用了上下文信息模块来扩大感受野，以增加网络捕捉上下文信息的能力。该模块使用三个并行结构，利用3×3卷积的堆叠代替5×5和7×7卷积的效果。

- ☑ 一次3×3卷积。
- ☑ 两次3×3卷积代替5×5卷积。
- ☑ 三次3×3卷积代替7×7卷积。

上下文信息模块的输入特征分别为P3、P4、P5，对应的特征图大小分别为[256，80，80]、[256，40，40]、[256，20，20]；输出特征分别为C1、C2、C3，对应的特征图大小分别为[256，80，80]、[256，40，40]、[256，20，20]。

上下文信息模块，实现代码如下。

```
def conv_bn_no_relu(inp, oup, stride):
    '''
    不带激活函数的3×3卷积
    :param inp:
    :param oup:
```

```python
    :param stride:
    :return:
    '''
return nn.Sequential(
        nn.Conv2d(inp, oup, 3, stride, 1, bias=False),
        nn.BatchNorm2d(oup),
)

class SSH(nn.Module):
    def __init__(self, in_channel, out_channel):
        super(SSH, self).__init__()
        assert out_channel % 4 == 0
        leaky = 0
        if (out_channel <= 64):
            leaky = 0.1
        # 输出通道数减半
        self.conv3X3 =   conv_bn_no_relu(in_channel,   out_channel//2, stride=1)

        self.conv5X5_1 = conv_bn(in_channel, out_channel//4, stride=1, leaky = leaky)
        self.conv5X5_2 = conv_bn_no_relu(out_channel//4, out_channel//4, stride=1)

        self.conv7X7_2 = conv_bn(out_channel//4, out_channel//4, stride=1, leaky = leaky)
        self.conv7x7_3 = conv_bn_no_relu(out_channel//4, out_channel//4, stride=1)

def forward(self, input):
# 0.input 以 P1: [batch_size, 256, 80, 80]为例
        # 1.3*3 卷积核
        conv3X3 = self.conv3X3(input) # shape: [batch_size, 128, 80, 80]

        # 2.5*5 卷积核: 两个 3*3 卷积核的感受野是 5*5
        conv5X5_1 = self.conv5X5_1(input) # shape: [batch_size, 64, 80, 80]
        conv5X5 = self.conv5X5_2(conv5X5_1) # shape: [batch_size, 64, 80, 80]

        # 3.7*7 卷积核: 3 个 3*3 卷积核的感受野是 7*7
```

```
        conv7X7_2 = self.conv7X7_2(conv5X5_1) # shape: [batch_size, 64, 80, 80]
        conv7X7 = self.conv7x7_3(conv7X7_2) # shape: [batch_size, 64, 80, 80]
        # 4.拼接
        out = torch.cat([conv3X3, conv5X5, conv7X7], dim=1) # shape: [batch_size, 256, 80, 80]
        out = F.relu(out) # shape: [batch_size, 256, 80, 80]
        return out
```

7.3.5 多检测头模块

多检测头模块由 3 个检测头构成,包括人脸分类检测头、人脸边界框检测头、人脸关键点检测头。

1. 人脸分类检测头

人脸分类检测头用于判断锚框内是否有人脸。特征图的每个像素点有两个锚框,每个锚框有两个类别:有人脸和无人脸。以 C3 作为输入张量获得的输出张量大小为 [80*80*2, 2],即 [12800, 2];以 C4 作为输入张量获得的输出张量大小为 [40*40*2, 2],即 [3200, 2];以 C5 作为输入张量获得的输出张量大小为 [20*20*2, 2],即 [800, 2]。将三个输出张量进行拼接,得到人脸分类检测头的最终输出张量的大小为 [16800, 2]。实现代码如下。

```
class ClassHead(nn.Module):
    def __init__(self, inchannels=512, num_anchors=3):
        super(ClassHead, self).__init__()
        self.num_anchors = num_anchors # 特征图每个像素点的锚框数量
# 1*1 卷积,改变通道数,*2 的含义是每个预测框的预测结果有两个值:有人脸、无人脸
        self.conv1x1 = nn.Conv2d(inchannels, self.num_anchors * 2, kernel_size=(1, 1), stride=1, padding=0)
    def forward(self,x):
# 输入张量 x,以[batch_size, 256, 80, 80]为例, inchannels=256, num_anchors=2
        out = self.conv1x1(x) # shape: [batch_size, 4, 80, 80]
        out = out.permute(0, 2, 3, 1).contiguous() # shape: [batch_size, 80, 80, 4]
        return out.view(out.shape[0], -1, 2) # shape: [batch_size, 12800, 2]
```

```
def _make_class_head(self, fpn_num=3, inchannels=64, anchor_num=2):
    classhead = nn.ModuleList()
    for i in range(fpn_num):
    # 输入张量分别为C3、C4、C5，输出张量的大小分别为[batch_size, 12800, 2]、
    [batch_size, 3200, 2]、[batch_size, 800, 2]。
        classhead.append(ClassHead(inchannels, anchor_num))
    return classhead
    # 人脸分类检测头的输出张量大小为[batch_size, 16800, 2]
    classifications = torch.cat([self.ClassHead[i](feature) for i, feature in enumerate(features)],dim=1)
```

2．人脸边界框检测头

人脸边界框检测头用于获得预测人脸边界框的中心点、宽高相对锚框的偏移量。特征图的每个像素点有两个锚框，每个锚框有4个预测值。以C3作为输入张量获得的输出张量大小为［12800，4］，以C4作为输入张量获得的输出张量大小为［3200，4］，以C5作为输入张量获得的输出张量大小为［800，4］。将三个输出张量进行拼接，得到人脸边界框检测头的最终输出张量的大小为［16800，4］。实现代码如下。

```
class BboxHead(nn.Module):
    def __init__(self, inchannels=512, num_anchors=3):
        super(BboxHead, self).__init__()
        # 1*1卷积，改变通道数，*4的含义表示每个预测框的预测结果有4个值：相对锚框中心点的横坐标、纵坐标、宽、高的偏移量
        self.conv1x1 = nn.Conv2d(inchannels, num_anchors * 4, kernel_size=(1, 1), stride=1, padding=0)
    def forward(self, x):
    # 输入张量x, 以[batch_size, 256, 80, 80]为例, inchannels=256, num_anchors=2
        out = self.conv1x1(x) # shape: [batch_size, 8, 80, 80]
        out = out.permute(0, 2, 3, 1).contiguous() # shape: [batch_size, 80, 80, 8]
        return out.view(out.shape[0], -1, 4) # shape: [batch_size, 12800, 4]
def _make_bbox_head(self, fpn_num=3, inchannels=64, anchor_num=2):
    bboxhead = nn.ModuleList()
    for i in range(fpn_num):
    # 输入张量分别为C3、C4、C5，输出张量的大小分别为[batch_size, 12800, 4]、
    [batch_size, 3200, 4]、[batch_size, 800, 4]。
        bboxhead.append(BboxHead(inchannels, anchor_num))
    return bboxhead
    # 人脸边界框检测头的输出张量大小为[batch_size, 16800, 4]
```

```
bbox_regressions = torch.cat([self.BboxHead[i](feature) for i, feature in
enumerate(features)], dim=1)
```

3.5 个人脸关键点检测头

5 个人脸关键点检测头用于获得 5 个预测人脸关键点相对锚框的偏移量。特征图的每个像素点有两个锚框，每个锚框有 10 个预测值。以 C3 作为输入张量获得的输出张量大小为 [12800，10]，以 C4 作为输入张量获得的输出张量大小为 [3200，10]，以 C5 作为输入张量获得的输出张量大小为 [800，10]。将三个输出张量进行拼接，得到人脸边界框检测头的最终输出张量的大小为 [16800，10]。实现代码如下。

```
class LandmarkHead(nn.Module):
    def __init__(self, inchannels=512, num_anchors=3):
        super(LandmarkHead, self).__init__()
# 1*1 卷积，改变通道数，*10 的含义表示每个预测框的预测结果有 10 个值：5 个人脸关键点相
对锚框中心点的横坐标、纵坐标的偏移量
        self.conv1x1 = nn.Conv2d(inchannels, num_anchors * 10,
kernel_size=(1, 1), stride=1, padding=0)
def forward(self,x):
# 输入张量 x，以[batch_size, 256, 80, 80]为例，inchannels=256，num_anchors=2
        out = self.conv1x1(x) # shape: [batch_size, 20, 80, 80]
        out = out.permute(0, 2, 3, 1).contiguous() # shape: [batch_size,
80, 80, 20]
        return out.view(out.shape[0], -1, 10) # shape: [batch_size, 12800,
10]
def _make_landmark_head(self,fpn_num=3,inchannels=64,anchor_num=2):
landmarkhead = nn.ModuleList()
for i in range(fpn_num):
# 输入张量分别为 C3、C4、C5，输出张量的大小分别为[batch_size, 12800, 10]、
[batch_size, 3200, 10]、[batch_size, 800, 10]。
landmarkhead.append(LandmarkHead(inchannels,anchor_num))
return landmarkhead
# 5 个人脸关键点检测头的输出张量大小为[batch_size, 16800, 10]
ldm_regressions = torch.cat([self.LandmarkHead[i](feature) for i, feature
in enumerate(features)], dim=1)
```

7.3.6 锚框

锚框（anchor box），也称为先验框（prior box）。RetinaFace 是基于锚框的人脸检测算

法，在训练模型的过程中，锚框的应用过程如下。

（1）设计锚框：为上下文信息模块输出的不同级别的特征图生成锚框，在特征图的每个像素点上定义若干个锚框。

（2）标注锚框：每个锚框是一个训练样本，根据交并比（IOU）判断标注为背景，或者是关联上真实边界框（ground truth bounding box）。通常来说，负样本的数量远多于正样本。

（3）预测偏移量：RetinaFace 模型的 3 个检测头的输出张量分别表示锚框中有无人脸、预测边界框的位置和长宽相对锚框的偏移量、预测人脸关键点的位置相对锚框的偏移量。

1．设计锚框

在 RetinaFace 模型中，上下文信息模块的不同级别的特征图 C3、C4、C5，在每个像素点上定义两个正方形锚框。从原图像的角度进行描述，特征图 C3 定义的两个锚框大小为 16、32，锚框间隔为 8；C4 定义的两个锚框大小为 64、128，锚框间隔为 16；C5 定义的两个锚框大小为 256、512，锚框间隔为 32。锚框间隔，也可以理解为原图与特征图的放大倍率。最终得到的锚框的中心点坐标和宽高均做归一化处理。

设计锚框的实现代码如下。

```
cfg = { 'min_sizes': [[16, 32], [64, 128], [256, 512]],
   'steps': [8, 16, 32],
'variance': [0.1, 0.2],
'clip': False,
'image_size': 640}
class PriorBox(object):
    def __init__(self, cfg, image_size=None, phase='train'):
        super(PriorBox, self).__init__()
        self.min_sizes = cfg['min_sizes'] # 从原图角度，描述锚框大小
        self.steps = cfg['steps'] # 从原图角度，描述锚框间隔
        self.clip = cfg['clip']
        self.image_size = image_size
        # 不同层级特征图的大小
        self.feature_maps = [[ceil(self.image_size[0] / step), ceil(self.image_size[1] / step)] for step in self.steps]
        self.name = "s"
    def forward(self):
        anchors = []
        for k, f in enumerate(self.feature_maps):
            min_sizes = self.min_sizes[k]
```

```
        # 每个像素点有两个正方形锚框,锚框的中心点坐标为每个像素点的中心
        for i, j in product(range(f[0]), range(f[1])):
            for min_size in min_sizes:
                # 长和宽归一化处理
                s_kx = min_size / self.image_size[1]
                s_ky = min_size / self.image_size[0]
                # 中心点坐标归一化处理
                dense_cx = [x * self.steps[k] / self.image_size[1] for x in [j + 0.5]]
                dense_cy = [y * self.steps[k] / self.image_size[0] for y in [i + 0.5]]
                for cy, cx in product(dense_cy, dense_cx):
                    anchors += [cx, cy, s_kx, s_ky]
    # back to torch land
    output = torch.Tensor(anchors).view(-1, 4)
    if self.clip:
        output.clamp_(max=1, min=0)  # 取值范围为[0, 1]
    return output
# 生成多尺度锚框
img_dim = cfg['image_size']
priorbox = PriorBox(cfg, image_size=(img_dim, img_dim))
with torch.no_grad():
    priors = priorbox.forward()
    priors = priors.to(device)
```

2. 标注锚框

在人脸检测任务中,每个锚框都是一个训练样本,需要为每个锚框分配最优的真实边界框,从而获得每个锚框的类别标签(有无人脸)、人脸框的偏移量和 5 个人脸关键点的偏移量,用于作为训练模型的标注样本。

计算真实边界框与所有锚框的 IOU,实现代码如下。

```
def jaccard(box_a, box_b):
    """
    jaccard系数,又名交并比,用于衡量两个矩形框的重合度
       A ∩ B / A ∪ B = A ∩ B / (area(A) + area(B) - A ∩ B)
    Args:
        box_a: (tensor) 真实边界框[x1, y1, x2, y2], Shape: [num_objects, 4]
        box_b: (tensor) 锚框[x1, y1, x2, y2], Shape: [num_anchors, 4]
    Return:
```

```
        jaccard overlap: (tensor) Shape: [num_objects, num_anchors]
"""
# 计算重合面积
inter = intersect(box_a, box_b)
# 计算box_a的面积
    area_a = ((box_a[:, 2]-box_a[:, 0]) *
              (box_a[:, 3]-box_a[:, 1])).unsqueeze(1).expand_as(inter)
# 计算box_b的面积
    area_b = ((box_b[:, 2]-box_b[:, 0]) *
              (box_b[:, 3]-box_b[:, 1])).unsqueeze(0).expand_as(inter)
    # 计算box_a和box_b的并集
    union = area_a + area_b - inter
    return inter / union

def intersect(box_a, box_b):
    """
    计算box_a和box_b的重合面积
    We resize both tensors to [A,B,2] without new malloc:
    [A,2] -> [A,1,2] -> [A,B,2]
    [B,2] -> [1,B,2] -> [A,B,2]
    Then we compute the area of intersect between box_a and box_b.
    Args:
      box_a: (tensor) bounding boxes, Shape: [A,4].
      box_b: (tensor) bounding boxes, Shape: [B,4].
    Return:
      (tensor) intersection area, Shape: [A,B].
    """
    A = box_a.size(0)
    B = box_b.size(0)
    # 获得box_a和box_b中的最小右下角坐标
    max_xy = torch.min(box_a[:, 2:].unsqueeze(1).expand(A, B, 2),
                       box_b[:, 2:].unsqueeze(0).expand(A, B, 2))
    # 获得box_a和box_b中的最大左上角坐标
    min_xy = torch.max(box_a[:, :2].unsqueeze(1).expand(A, B, 2),
                       box_b[:, :2].unsqueeze(0).expand(A, B, 2))
    # 计算重合面积的长、宽
    inter = torch.clamp((max_xy - min_xy), min=0)
return inter[:, :, 0] * inter[:, :, 1]
```

为锚框分配真实边界框,真实边界框与锚框的IOU越大,说明该真实边界框与该锚框的重合度越高。设真实边界框为 G_1、G_2、$\cdots$、G_{n_G}，n_G 是真实边界框的数量；设锚框为 A_1、A_2、$\cdots$、A_{n_A}，n_A 是锚框的数量，且 $n_G \ll n_A$。设 IOU 矩阵 $X \in \mathbb{R}^{n_G \times n_A}$，$x_{ij}$ 表示第 i 个真实边界框与第 j 个锚框的 IOU。为每个锚框分配真实边界框的步骤：首先选出与真实边界框 IOU 最大的锚框；再为剩余的锚框选出与其 IOU 最大的真实边界框。

假设为锚框 A 分配了一个真实边界框 G，则锚框 A 的类别被标注为真实边界框 G 的类别；若锚框 A 与真实边界框 G 的 IOU 小于阈值，则该锚框的类别被标注为背景。背景类别的锚框通常被称为负类锚框，其余锚框被称为正类锚框。

3. 预测偏移量

由于数据集中不同真实边界框的位置和大小不同，因此模型更容易拟合真实边界框相对锚框的位置和大小的偏移量，效果也更稳定。给定真实边界框 G，中心点坐标为 (x_G, y_G)，宽为 w_G，高为 h_G；锚框 A 的中心点坐标为 (x_A, y_A)，宽为 w_A，高为 h_A。常用的一种偏移量编码器计算公式如下。

$$\Delta x = \frac{\frac{x_G - x_A}{w_A} - \mu_x}{\sigma_x}$$

$$\Delta y = \frac{\frac{y_G - y_A}{h_A} - \mu_y}{\sigma_y}$$

$$\Delta w = \frac{\log \frac{w_G}{w_A} - \mu_w}{\sigma_w}$$

$$\Delta h = \frac{\log \frac{h_G}{h_A} - \mu_h}{\sigma_h}$$

其中，常量的默认值为 $\mu_x = \mu_y = \mu_w = \mu_h = 0$，$\sigma_x = \sigma_y = 0.1$，$\sigma_w = \sigma_h = 0.2$。真实边界框相对锚框的偏移量，实现代码如下。

```
def encode(matched, priors, variances):
    """
    获得真实边界框相对锚框的偏移量
    Args:
```

```
        matched: (tensor) 与每个锚框关联的真实边界框,表示形式为[x1, y1, x2, y2],
Shape: [num_priors, 4].
        priors: (tensor) 锚框,表示形式为[xc, yc, w, h],Shape: [num_priors,4].
        variances: (list[float]) 参数
    Return:
        encoded boxes (tensor), Shape: [num_anchors, 4]
    """
    # 真实边界框的中心点与锚框中心点之间的距离
    g_cxcy = (matched[:, :2] + matched[:, 2:]) / 2 - priors[:, :2]
    # 中心点的相对偏移量
    g_cxcy /= (variances[0] * priors[:, 2:])
    # 真实边界框的宽高与锚框的宽高的比值
    g_wh = (matched[:, 2:] - matched[:, :2]) / priors[:, 2:]
    # 宽高的相对值
    g_wh = torch.log(g_wh) / variances[1]
    return torch.cat([g_cxcy, g_wh], 1)  # [num_anchors,4]
```

真实边界框中的 5 个人脸关键点相对锚框中心点的偏移量,实现代码如下。

```
def encode_landm(matched, priors, variances):
    """
    获得真实边界框中的 5 个人脸关键点相对锚框中心点的偏移量
    Args:
        matched: (tensor) 真实边界框中的 5 个人脸关键点
        表示形式[x1, y1, x2, x2, x3, y3, x4, y4, x5, y5], Shape: [num_anchors, 10].
        priors: (tensor) 锚框,表示形式[xc, yc, w, h], Shape: [num_priors,4].
        variances: (list[float]) 参数
    Return:
        encoded landm (tensor), Shape: [num_anchors, 10]
    """
    matched = torch.reshape(matched, (matched.size(0), 5, 2))  # Shape: [num_anchors, 5, 2]
    priors_cx = priors[:, 0].unsqueeze(1).expand(matched.size(0), 5).unsqueeze(2)
    priors_cy = priors[:, 1].unsqueeze(1).expand(matched.size(0), 5).unsqueeze(2)
    priors_w = priors[:, 2].unsqueeze(1).expand(matched.size(0), 5).unsqueeze(2)
    priors_h = priors[:, 3].unsqueeze(1).expand(matched.size(0), 5).unsqueeze(2)
```

```python
    priors = torch.cat([priors_cx, priors_cy, priors_w, priors_h], dim=2)
# Shape: [num_anchors, 5, 4]
    # 真实边界框中的 5 个人脸关键点与锚框中心点之间的距离
    g_cxcy = matched[:, :, :2] - priors[:, :, :2]
    # 相对偏移量
    g_cxcy /= (variances[0] * priors[:, :, 2:]) # Shape: [num_anchors, 5, 2]
    g_cxcy = g_cxcy.reshape(g_cxcy.size(0), -1) # Shape: [num_anchors, 10]
return g_cxcy
```

为锚框分配真实边界框，并获得每个锚框的类别和偏移量，实现代码如下。

```
def match(threshold, truths, priors, variances, labels, landms, loc_t,
conf_t, landm_t, idx):
"""
依据交并比，为每个锚框分配真实边界框
Args:
threshold: 交并比阈值
truths: 真实边界框。Shape: [num_obj, 4]，num_obj 框数量，表示真实边界框位置采用的方式($x_1, y_1, x_2, y_2$)
priors: 锚框。Shape: [num_anchors, 4]，表示锚框位置采用的方式($x_c, y_c, w, h$)
variances: 计算偏移量的参数
labels: 真实边界框的类别标签。Shape: [num_obj]，取值为-1、1，-1 表示有人脸，但是没有标注出 5 个人脸关键点。1 表示有人脸，且标注了 5 个人脸关键点
landms:真实的 5 个人脸关键点。Shape [num_obj, 10]
idx: 当前图像在 batch 中的索引
Return:
loc_t: 真实边界框相对锚框的偏移量
conf_t: 每个锚框关联的真实边界框的标签，交并比小于阈值的锚框标签是 0
landm_t: 真实边界框中的 5 个人脸关键点相对锚框的中心点的偏移量   """
# 计算真实边界框与所有锚框的交并比
overlaps = jaccard(truths, point_form(priors)) # shape: [num_obj, num_anchors]
    # 与真实边界框交并比最大的锚框
    best_prior_overlap, best_prior_idx = overlaps.max(1, keepdim=True)
    # 仅保留与真实边界框的交并比大于等于 0.2 的最匹配锚框
    valid_gt_idx = best_prior_overlap[:, 0] >= 0.2
    best_prior_idx_filter = best_prior_idx[valid_gt_idx, :]
    if best_prior_idx_filter.shape[0] <= 0:
        loc_t[idx] = 0
```

```
        conf_t[idx] = 0
        Return
# 与锚框交并比最大的真实边界框。注意：很多锚框与所有的真实边界框均不重合
# 但是取 max 操作会认为与第 0 个真实边界框最匹配，交并比是 0。
    best_truth_overlap, best_truth_idx = overlaps.max(0, keepdim=True)
    best_truth_idx.squeeze_(0)
    best_truth_overlap.squeeze_(0)
    best_prior_idx.squeeze_(1)
best_prior_idx_filter.squeeze_(1)
best_prior_overlap.squeeze_(1)
# 每个锚框最匹配的真实边界框，与每个真实边界框最匹配的锚框，二者之间的关系是相互的
for j in range(best_prior_idx.size(0)):
        best_truth_idx[best_prior_idx[j]] = j
# 标注类别
# 将 best_prior_idx_filter 中的锚框与真实边界框的交并比设定为 2
best_truth_overlap.index_fill_(0, best_prior_idx_filter, 2)
# 获得每个锚框关联的真实边界框的标签，-1 或者是 1
conf = labels[best_truth_idx] # Shape: [num_anchors]
# 对于交并比小于阈值的锚框，标签设置为 0，表示锚框内没有人脸
conf[best_truth_overlap < threshold] = 0 # Shape: [num_anchors]
# 计算偏移量
# 获得每个锚框关联的真实边界框的左上角和右下角的坐标
matches = truths[best_truth_idx] # Shape: [num_anchors, 4]
# 获得真实边界框相对锚框的偏移量
loc = encode(matches, priors, variances) # Shape: [num_anchors, 4]
# 获得每个锚框关联的真实边界框内的 5 个人脸关键点的坐标
matches_landm = landms[best_truth_idx] # Shape: [num_anchors, 10]
# 获得真实边界框中的 5 个人脸关键点相对锚框中心的偏移量
landm = encode_landm(matches_landm, priors, variances) #Shape: [num_anchors, 10]
    loc_t[idx] = loc    # [num_anchors, 4]
conf_t[idx] = conf    # [num_anchors]
landm_t[idx] = landm # [num_anchors, 10]

def point_form(boxes):
    """
    将矩形框的表示形式从[xc, yc, w, h]转换成[x1, y1, x2, y2]
    Args:
        boxes: (tensor) 矩形框的表示形式为[xc, yc, w, h]
    Return:
```

```
        boxes: (tensor) 矩形框的表示形式为[x1, y1, x2, y2]
    """
    return torch.cat((boxes[:, :2] - boxes[:, 2:] / 2,     # x1, y1
                     boxes[:, :2] + boxes[:, 2:] / 2), 1)  # x2, y2
```

7.4 训练模型

7.4.1 数据集

本节使用的数据集是 WIDER Face，是目前公认的最大的人脸检测数据集之一，图片数量达到了 32203 张。由于它包含了各种室内外场景中以及不同背景下的人脸图像，涵盖不同的种类、尺寸、姿态和遮挡程度等，因此被广泛用于人脸检测算法的训练和性能评估。

RetinaFace 算法在原数据集的基础上增加了 5 个人脸关键点的标注数据。标注数据举例：以"#"开头的第 1 行表示图像的所在路径，非"#"开头的第 2 行，78 238 14 17，表示人脸的真实边界框(x1, y1, w, h)；接下来是 5 个人脸关键点，分别用 1.0 或 0.0 分隔开。

数据集中人脸数据包含两类，一类是有人脸边界框，且有 5 个人脸关键点；另一类是有人脸边界框，但是没有人脸关键点，若人脸关键点的坐标是-1，则表示该人脸没有标注出人脸关键点。

```
# 0--Parade/0_Parade_marchingband_1_799.jpg
78 238 14 17 84.188 244.607 1.0 89.527 244.491 1.0 86.973 247.857 1.0
85.116 250.643 1.0 88.482 250.643 1.0 0.36
78 221 7 8 -1.0 -1.0 -1.0 -1.0 -1.0 -1.0 -1.0 -1.0 -1.0 -1.0 -1.0 -1.0
1.0 -1.0 -1.0 0.2
113 212 11 15 117.0 220.0 0.0 122.0 220.0 0.0 119.0 222.0 0.0 118.0 225.0
0.0 122.0 225.0 0.0 0.3
134 260 15 15 142.0 265.0 0.0 146.0 265.0 0.0 145.0 267.0 0.0 142.0 272.0
0.0 146.0 271.0 0.0 0.24
```

读取人脸检测数据集与预处理，实现代码如下。

```
import torch
import torch.utils.data as data
```

```python
import cv2
import numpy as np

class WiderFaceDetection(data.Dataset):
    def __init__(self, txt_path, preproc=None):
        self.preproc = preproc  # 图像增广技术
        self.imgs_path = []
        self.words = []
        f = open(txt_path, 'r')  # 标注数据
        lines = f.readlines()
        isFirst = True
        labels = []
        for line in lines:
            line = line.rstrip()
            if line.startswith('#'):  # 以#号开头的行表示图像所在的路径
                if isFirst is True:
                    isFirst = False
                else:
                    labels_copy = labels.copy()
                    self.words.append(labels_copy)
                    labels.clear()
                path = line[2:]
                path = txt_path.replace('label.txt','images/') + path
                self.imgs_path.append(path)  # 图像路径
            else:
                line = line.split(' ')
                label = [float(x) for x in line]  # 非#号开头的行包含人脸真实边界框和5个人脸关键点的坐标
                labels.append(label)
        self.words.append(labels)
    def __len__(self):
        return len(self.imgs_path)  # 获得数据集大小

    def __getitem__(self, index):
        img = cv2.imread(self.imgs_path[index])  # 读取第 index 张图像
        height, width, _ = img.shape

        labels = self.words[index]
        annotations = np.zeros((0, 15))
        if len(labels) == 0:  # 该图像没有标注数据
```

```
        return annotations
for idx, label in enumerate(labels):
    annotation = np.zeros((1, 15))
    # 人脸的真实边界框
    annotation[0, 0] = label[0]   # x1
    annotation[0, 1] = label[1]   # y1
    annotation[0, 2] = label[0] + label[2]  # x2=x1+w
    annotation[0, 3] = label[1] + label[3]  # y2=y1+h

    # 5个人脸关键点
    annotation[0, 4] = label[4]    # l0_x
    annotation[0, 5] = label[5]    # l0_y
    annotation[0, 6] = label[7]    # l1_x
    annotation[0, 7] = label[8]    # l1_y
    annotation[0, 8] = label[10]   # l2_x
    annotation[0, 9] = label[11]   # l2_y
    annotation[0, 10] = label[13]  # l3_x
    annotation[0, 11] = label[14]  # l3_y
    annotation[0, 12] = label[16]  # l4_x
    annotation[0, 13] = label[17]  # l4_y
    if (annotation[0, 4] < 0):  # 如果人脸关键点坐标小于0，则表示没有标注人脸关键点
        annotation[0, 14] = -1
    else:  # 标注了人脸关键点
        annotation[0, 14] = 1
    annotations = np.append(annotations, annotation, axis=0)
# target是n个人脸标注数据，1个人脸边界框（索引范围是[0, 3]）、5个人脸标注关键点（索引范围是[4, 13]）、1个标签（索引是14）
target = np.array(annotations)

if self.preproc is not None:
    img, target = self.preproc(img, target)  # 图像增广

return torch.from_numpy(img), target
```

7.4.2 图像增广

当训练好的人脸检测模型应用到实际场景时，可能由于场景、人脸背景、光线、拍摄

角度等环境差异,导致模型的泛化能力不足。图像增广是一种常用的增强模型泛化能力的技术,通过生成与训练集相似但不相同的训练样本,增加训练集多样性,扩大数据集规模。在图像增广中,增加随机性,弱化了模型对某些属性的过分依赖。在预测阶段,不使用图像增广。常见的图像增广技术如下。

1. 水平翻转

以给定概率 p 随机水平翻转图像。在人脸检测任务中,水平翻转的实现代码如下。

```python
def _mirror(image, boxes, landms):
    _, width, _ = image.shape # image.shape: [H, W, C]
    if random.randrange(2): #以0.5的概率随机水平翻转
        image = image[:, ::-1]
        # 将人脸边界框水平翻转
        boxes = boxes.copy()
        boxes[:, 0::2] = width - boxes[:, 2::-2]

        # 将5个人脸关键点水平翻转
        landms = landms.copy()
        landms = landms.reshape([-1, 5, 2])
        # 变换人脸关键点的横坐标
        landms[:, :, 0] = width - landms[:, :, 0]
        # 交换左眼和右眼的坐标位置
        tmp = landms[:, 1, :].copy()
        landms[:, 1, :] = landms[:, 0, :]
        landms[:, 0, :] = tmp
        # 交换左嘴角和右嘴角的坐标位置
        tmp1 = landms[:, 4, :].copy()
        landms[:, 4, :] = landms[:, 3, :]
        landms[:, 3, :] = tmp1
        landms = landms.reshape([-1, 10])

    return image, boxes, landms
```

2. 随机裁剪

从图像中随机裁剪一部分,然后变形到固定形状。其中包含3个随机:随机宽高比、随机大小、随机位置。随机裁剪可以减少模型对目标所在位置的依赖,且能提升小目标检测的效果。在人脸检测任务中,随机裁剪后的图像中需要确保至少包含一个完整的人脸,然后以裁剪后的图像的左上角为原点，变换其中包含的人脸边界框和 5 个人脸关键点的坐标。

随机裁剪实现代码如下。

```python
def _crop(image, boxes, labels, landm, img_dim):
    '''
    随机裁剪，裁剪大图使之变成小图，用于增强小目标检测。
    :param image:
    :param boxes:
    :param labels:
    :param landm:
    :param img_dim:
    :return:
    '''
    height, width, _ = image.shape
    short_side = min(width, height) # 计算最小边的长度
    pad_image_flag = True # 用于指示是否找到了满足条件的裁剪区域。
    PRE_SCALES = [0.3, 0.45, 0.6, 0.8, 1.0] # 预定义的缩放比

    for _ in range(250):
    # 最多尝试 250 次裁剪，用于确保找到一个满足条件的裁剪区域
    # 随机选择一个缩放比例 scale
        scale = random.choice(PRE_SCALES)
        w = int(scale * short_side)
        h = w
    # 随机选择裁剪区域的左上角坐标(l, t)
        if width == w:
            l = 0
        else:
            l = random.randrange(width - w)
        if height == h:
            t = 0
        else:
            t = random.randrange(height - h)
    # 创建一个感兴趣区域（roi），用于提取裁剪区域的图像
        roi = np.array((l, t, l + w, t + h))
        # 通过计算裁剪区域 roi 与所有边界框的交集 IOU 来检查是否包含一个完整的人脸。如果没有找到包含完整人脸的裁剪区域，则继续下一次循环
    # 由于 roi 包含 boxes，不适合使用 IOU=交集/并集的计算方式，适合 IOU=交集/最小面积的计算方式
        value = matrix_iof(boxes, roi[np.newaxis])
```

```python
        flag = (value >= 1)
        if not flag.any():
            continue
# 确保裁剪后的 roi 包含一个人脸边界框的中心点，并提取相应的人脸边界框、标签、人脸关键点。
        centers = (boxes[:, :2] + boxes[:, 2:]) / 2
        mask_a = np.logical_and(roi[:2] < centers, centers < roi[2:]).all(axis=1)
        boxes_t = boxes[mask_a].copy()
        labels_t = labels[mask_a].copy()
        landms_t = landm[mask_a].copy()
        landms_t = landms_t.reshape([-1, 5, 2])
        if boxes_t.shape[0] == 0:
            continue
        image_t = image[roi[1]:roi[3], roi[0]:roi[2]]

# 调整 roi 的人脸边界框的坐标
        boxes_t[:, :2] = np.maximum(boxes_t[:, :2], roi[:2])
        boxes_t[:, :2] -= roi[:2]
        boxes_t[:, 2:] = np.minimum(boxes_t[:, 2:], roi[2:])
        boxes_t[:, 2:] -= roi[:2]

        # 调整 roi 中的人脸关键点的坐标
        landms_t[:, :, :2] = landms_t[:, :, :2] - roi[:2]
        landms_t[:, :, :2] = np.maximum(landms_t[:, :, :2], np.array([0, 0]))
        landms_t[:, :, :2] = np.minimum(landms_t[:, :, :2], roi[2:] - roi[:2])
        landms_t = landms_t.reshape([-1, 10])

        # 仅保留长、宽大于 0 的有意义 roi
        b_w_t = (boxes_t[:, 2] - boxes_t[:, 0] + 1) / w * img_dim
        b_h_t = (boxes_t[:, 3] - boxes_t[:, 1] + 1) / h * img_dim
        mask_b = np.minimum(b_w_t, b_h_t) > 0.0
        boxes_t = boxes_t[mask_b]
        labels_t = labels_t[mask_b]
        landms_t = landms_t[mask_b]
        if boxes_t.shape[0] == 0:
            continue

# 如果满足条件，将 pad_image_flag 设置为 False，表示找到了合适的裁剪区域
```

```
    pad_image_flag = False
        return image_t, boxes_t, labels_t, landms_t, pad_image_flag
# 如果没有找到满足条件的裁剪区域,最终返回原始输入图像等,以及将 pad_image_flag 设置
为 True,表示需要对输入图像进行填充
return image, boxes, labels, landm, pad_image_flag

def matrix_iof(a, b):
    """
    相交面积除以最小面积
    """
    lt = np.maximum(a[:, np.newaxis, :2], b[:, :2])
    rb = np.minimum(a[:, np.newaxis, 2:], b[:, 2:])

    area_i = np.prod(rb - lt, axis=2) * (lt < rb).all(axis=2)
    area_a = np.prod(a[:, 2:] - a[:, :2], axis=1)
return area_i / np.maximum(area_a[:, np.newaxis], 1)
```

将图像调整为正方形,确保每张图像具有相同的尺寸,以适应模型的输入要求。

```
def _pad_to_square(image, rgb_mean, pad_image_flag):
    if not pad_image_flag:
        return image
height, width, _ = image.shape
# 将图像变成正方形,默认值为 ImageNet 数据集 RGB 的平均值
long_side = max(width, height)
    image_t = np.empty((long_side, long_side, 3), dtype=image.dtype)
image_t[:, :] = rgb_mean
    image_t[0:0 + height, 0:0 + width] = image # 变换后,左上角为原图像的像素值
return image_t
随机采用不同的插值法,调整图像尺寸,将每个像素点减去 ImageNet 数据集 RGB 的平均值,并将
图像维度由原来的[H,W,C]调整为[C,H,W]。
def _resize_subtract_mean(image, insize, rgb_mean):
    interp_methods = [cv2.INTER_LINEAR, cv2.INTER_CUBIC, cv2.INTER_AREA,
cv2.INTER_NEAREST, cv2.INTER_LANCZOS4]
    interp_method = interp_methods[random.randrange(5)]
    image = cv2.resize(image, (insize, insize), interpolation=interp_method)
    image = image.astype(np.float32)
    image -= rgb_mean
    return image.transpose(2, 0, 1)
```

3. 随机改变图像的颜色

随机改变图像的颜色,包括亮度、对比度、色调、饱和度等,该操作可以降低模型对

208

颜色的敏感度。

```
color_aug = transforms.ColorJitter(brightness=0.2, contrast=0.8, saturatio=
0.75, hue=0.5)
color_aug(img)
```

7.4.3 损失函数

第 i 个锚框的损失函数，公式如下。

$$L = \lambda_1 p_i^* L_{pts}(l_i, l_i^*) + \lambda_2 p_i^* L_{box}(t_i, t_i^*) + + L_{cls}(p_i, p_i^*)$$

1. $L_{pts}(l_i, l_i^*)$

5 个人脸关键点的回归损失函数，使用 smooth-L_1 损失函数，仅考虑包含人脸关键点的锚框。p_i^* 是与该锚框关联的真实边界框的类别，仅考虑 $p_i^*=1$ 的人脸锚框。$l_i = \{l_{x_1}, l_{y_1}, \cdots, l_{x_5}, l_{x_5}\}_i$，表示模型预测的 5 个人脸关键点相对第 i 个锚框的中心点的偏移量；$l_i^* = \{l_{x_1}^*, l_{y_1}^*, \cdots, l_{x_5}^*, l_{y_5}^*\}_i$，表示分配的真实边界框中 5 个人脸关键点相对第 i 个锚框的中心点的偏移量。smooth-L_1 损失函数的公式如下，损失函数如图 7-8 所示。

$$\text{smooth}-L_1(x) = \begin{cases} 0.5x^2, & \text{if } |x| < 1 \\ |x| - 0.5, & \text{otherwise} \end{cases}$$

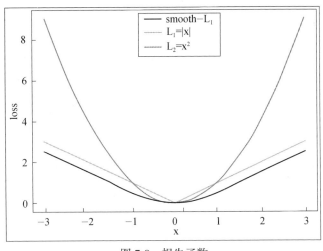

图 7-8　损失函数

2. $L_{box}(t_i, t_i^*)$

人脸边界框回归损失函数，使用 smooth $-L_1$ 损失函数，仅考虑包含人脸的锚框，即考虑 $p_i^* \neq 0$ 的人脸锚框。$t_i = \{t_x, t_y, t_w, t_h\}_i$，表示模型预测的人脸边界框相对第 i 个锚框的偏移量；$t_i^* = \{t_x^*, t_y^*, t_w^*, t_h^*\}_i$，表示分配的真实边界框相对第 i 个锚框的偏移量。

3. $L_{cls}(p_i, p_i^*)$

人脸分类损失函数，使用交叉熵损失函数。p_i 表示第 i 个锚框是人脸的预测概率；p_i^* 是与该锚框关联的真实边界框的类别，标签 $p_i^*=1$，表示人脸锚框，是正类样本；标签 $p_i^*=0$，表示背景锚框，是负类样本。

人脸检测任务在训练过程中，存在负样本数量远大于正样本的问题，且大多数负样本都是容易被正确分类的简单负样本，不仅增加了模型训练的计算量，且对于模型训练的效果提升不大。通常采用难负样本挖掘（hard negative sample mining）的技术，选择高损失值的负样本用于模型训练，使模型被迫学习更有区分性的特征，最终提高人脸检测任务的性能。二分类交叉熵损失函数如下。

$$L_{CE} = -\sum_{i=1}^{2} t_i \log(p_i) = \begin{cases} -\log(p_0), & \text{if } t = [1, 0] \\ -\log(p_1), & \text{otherwise} \end{cases}$$

其中，p_i 由 Softmax 函数计算得来，N 表示类别数量。

$$p_i = \frac{\exp(x_i)}{\sum_{n=1}^{N} \exp(x_n)}, \sum_{i=1}^{N} p_i = 1$$

由于上述公式中含有指数函数 exp，当 x_i 取很大的正数时，$\exp(x_i)$ 趋向于正无穷；当 x_i 取很小的负数时，$\exp(x_i)$ 趋向于 0。因此，对 p_i 做变换，获得如下公式。

$$p_i = \exp(x_i - \log\_sum\_exp(x_1, \cdots, x_N))$$

$$\log\_sum\_exp(x_1, \cdots, x_N) = c + \log\left(\sum_{n=1}^{N} \exp(x_n - c)\right)$$

$$c = \max\{x_1, \cdots, x_N\}$$

因此，二分类交叉熵损失函数可以表示如下。

$$L_{CE} = \log\_sum\_exp(x_1, \cdots, x_N) - x_i$$

人脸检测模型 RetinaFace 的损失函数，实现代码如下。

```
def log_sum_exp(x):
"""
Utility function for computing log_sum_exp while determining
    This will be used to determine unaveraged confidence loss across
    all examples in a batch.
    Args:
        x (Variable(tensor)): conf_preds from conf layers
    """
x_max = x.data.max()
return torch.log(torch.sum(torch.exp(x-x_max), 1, keepdim=True)) + x_max

class MultiBoxLoss(nn.Module):
"""
```

多任务损失函数实现代码如下。

```
    """
    def __init__(self, num_classes, overlap_thresh, prior_for_matching,
bkg_label, neg_mining, neg_pos, neg_overlap, encode_target):
        super(MultiBoxLoss, self).__init__()
        self.num_classes = num_classes # num_classes 等于 2
        self.threshold = overlap_thresh # IOU 阈值，高于阈值判断为人脸锚框，是正类样本
        self.background_label = bkg_label
        self.encode_target = encode_target
        self.use_prior_for_matching = prior_for_matching
        self.do_neg_mining = neg_mining
        self.negpos_ratio = neg_pos # 正负样本的比率
        self.neg_overlap = neg_overlap
        self.variance = [0.1, 0.2] # 计算偏移量的常量

    def forward(self, predictions, priors, targets):
        """
```

人脸关键点的损失函数仅考虑包含人脸关键点的锚框。

人脸边界框偏移量仅考虑包含人脸框的锚框。

人脸分类损失函数计算正样本和难负样本（背景）的交叉熵损失函数，实现代码如下。

```
        Args:
```

```python
            predictions (tuple): RetinaFace 模型预测输出
            Target (tensor): 标注数据
        """
        # 取出预测结果的三个值：框的回归信息，人脸置信度，人脸关键点的回归信息
        # loc_data: 模型预测的人脸边界框相对锚框的偏移量
        # landm_data: 模型预测的人脸关键点相对锚框的中心点的偏移量, Shape: [batch,num_priors,10]
        # conf_data: 模型预测的人脸边界框的类别, Shape: [batch,num_priors,2]
        loc_data, conf_data, landm_data = predictions
        priors = priors
        #计算出 batch_size 和先验框的数量
        num = loc_data.size(0)
        num_priors = (priors.size(0))

        # 为每个锚框标注类别和偏移量
        # loc_t: 真实边界框相对锚框的偏移量
        # landm_t: 真实边界框中的人脸关键点相对锚框的中心点偏移量, Shape: [batch,num_priors,10]
        # conf_t: 真实边界框相对锚框的偏移量, Shape: [batch,num_priors]
        loc_t = torch.Tensor(num, num_priors, 4)
        landm_t = torch.Tensor(num, num_priors, 10)
        conf_t = torch.LongTensor(num, num_priors)
        for idx in range(num):
            # 标注人脸框、类别标签、人脸关键点
            truths = targets[idx][:, :4].data
            labels = targets[idx][:, -1].data
            landms = targets[idx][:, 4:14].data
            defaults = priors.data #获得先验框
            #利用真实框和先验框进行匹配。如果真实框和先验框的重合度较高，则认为匹配上了
            #该先验框用于负责检测出该真实框
            match(self.threshold, truths, defaults, self.variance, labels, landms, loc_t, conf_t, landm_t, idx)
        loc_t = loc_t.to(device)
        conf_t = conf_t.to(device)
        landm_t = landm_t.to(device)

        # 计算人脸关键点的回归损失函数
        zeros = torch.tensor(0).to(device)
        pos1 = conf_t > zeros # 仅考虑包含人脸关键点的训练样本, Shape: [batch,num_priors,10]
```

```python
        num_pos_landm = pos1.long().sum(1, keepdim=True)
        N1 = max(num_pos_landm.data.sum().float(), 1)  # 训练样本数量
        pos_idx1 = pos1.unsqueeze(pos1.dim()).expand_as(landm_data)  # 训练样本的索引
        landm_p = landm_data[pos_idx1].view(-1, 10)
        landm_t = landm_t[pos_idx1].view(-1, 10)
        loss_landm = F.smooth_l1_loss(landm_p, landm_t, reduction='sum')

        # 计算人脸边界框的回归损失函数
        pos = conf_t != zeros  # 仅考虑包含人脸的训练样本
        pos_idx = pos.unsqueeze(pos.dim()).expand_as(loc_data)  # 训练样本的索引
        loc_p = loc_data[pos_idx].view(-1, 4)
        loc_t = loc_t[pos_idx].view(-1, 4)
        loss_l = F.smooth_l1_loss(loc_p, loc_t, reduction='sum')

        # 计算人脸分类损失函数
        conf_t[pos] = 1  # 将包含人脸框的锚框的标签设为1
        batch_conf = conf_data.view(-1, self.num_classes)
        # 所有样本的交叉熵损失函数
        loss_c = log_sum_exp(batch_conf) - batch_conf.gather(1, conf_t.view(-1, 1))

        # 难负样本挖掘
        loss_c[pos.view(-1, 1)] = 0  # 将包含人脸框的样本的损失值设置为0
        loss_c = loss_c.view(num, -1)  # shape: [batch_size, num_anchors]
        _, loss_idx = loss_c.sort(1, descending=True)  # 损失值从大到小排序
        _, idx_rank = loss_idx.sort(1)  #损失值越大,idx_rank中对应的值越小
        num_pos = pos.long().sum(1, keepdim=True)  # 正类样本数量
        num_neg = torch.clamp(self.negpos_ratio * num_pos, max=pos.size(1) - 1)  # 负类样本数量
        neg = idx_rank < num_neg.expand_as(idx_rank)  # 获得损失值最大的TopN负样本

        pos_idx = pos.unsqueeze(2).expand_as(conf_data)  # 正样本索引
        neg_idx = neg.unsqueeze(2).expand_as(conf_data)  # 负样本索引
        conf_p = conf_data[(pos_idx + neg_idx).gt(0)].view(-1, self.num_classes)
        targets_weighted = conf_t[(pos + neg).gt(0)]
        loss_c = F.cross_entropy(conf_p, targets_weighted, reduction='sum')
```

```
# Sum of losses: L(x,c,l,g) = (Lconf(x, c) + αLloc(x,l,g)) / N
N = max(num_pos.data.sum().float(), 1)
loss_l /= N
loss_c /= N
loss_landm /= N1

return loss_l, loss_c, loss_landm
```

人脸检测 RetinaFace 模型训练，实现代码如下。

```
net = RetinaFace(cfg=cfg)  # 定义模型
optimizer = optim.SGD(net.parameters(), lr=initial_lr, momentum=momentum,
weight_decay=weight_decay)  # 小批量随机梯度下降优化法
criterion = MultiBoxLoss(num_classes, 0.35, True, 0, True, 7, 0.35, False)
# 定义损失函数
# 生成多尺度锚框
priorbox = PriorBox(cfg, image_size=(img_dim, img_dim))
with torch.no_grad():
    priors = priorbox.forward()
priors = priors.to(device)

def train():
    """
    训练模型
    """
    net.train()
    epoch = 0 + args.resume_epoch
    print('Loading Dataset...')
    # 读取训练集，并进行图像增广
    dataset = WiderFaceDetection(training_dataset, preproc(img_dim, rgb_mean))
    # 迭代步数
    epoch_size = math.ceil(len(dataset) / batch_size)
    max_iter = max_epoch * epoch_size
    # 用于设置学习率
    stepvalues = (cfg['decay1'] * epoch_size, cfg['decay2'] * epoch_size)
    step_index = 0

    if args.resume_epoch > 0:
        start_iter = args.resume_epoch * epoch_size
```

```python
        else:
            start_iter = 0

        for iteration in range(start_iter, max_iter):
            if iteration % epoch_size == 0:
                # create batch iterator
                batch_iterator = iter(data.DataLoader(dataset, batch_size, shuffle=True, num_workers=num_workers, collate_fn=detection_collate))
                if (epoch % 10 == 0 and epoch > 0) or (epoch % 5 == 0 and epoch > cfg['decay1']):
                    torch.save(net.state_dict(), save_folder + cfg['name']+ '_epoch_' + str(epoch) + '.pth')
                epoch += 1

            load_t0 = time.time()
            if iteration in stepvalues:
                step_index += 1
            lr = adjust_learning_rate(optimizer, gamma, epoch, step_index, iteration, epoch_size) # 调整学习率

            # load train data
            images, targets = next(batch_iterator)
            print('images.shape: {0}'.format(images.shape))
            images = images.to(device)
            targets = [anno.to(device) for anno in targets]
            # 前向传播
            out = net(images) # 预测人脸框相对锚框的偏移量，预测人脸关键点相对锚框中心点的偏移量、预测人脸框的类别概率

            # 反向传播
            optimizer.zero_grad() # 每个迭代步的梯度初始化为0
            # 计算多任务损失函数
            loss_l, loss_c, loss_landm = criterion(out, priors, targets)
            loss = cfg['loc_weight'] * loss_l + loss_c + loss_landm
            loss.backward() # 计算梯度
            optimizer.step() # 使用梯度优化网络参数
            load_t1 = time.time()
            batch_time = load_t1 - load_t0
            eta = int(batch_time * (max_iter - iteration))
```

```
        print('Epoch:{}/{} || Epochiter: {}/{} || Iter: {}/{} || Loc: {:.4f} 
Cla: {:.4f} Landm: {:.4f} || LR: {:.8f} || Batchtime: {:.4f} s || ETA: 
{}'
            .format(epoch, max_epoch, (iteration % epoch_size) + 1, 
            epoch_size, iteration + 1, max_iter, loss_l.item(), loss_c.
item(), loss_landm.item(), lr, batch_time, str(datetime.timedelta(seconds=
eta))))

    torch.save(net.state_dict(), save_folder + cfg['name'] + '_Final.pth')
def adjust_learning_rate(optimizer, gamma, epoch, step_index, iteration, 
epoch_size):
    """
    调整学习率
    """
    warmup_epoch = -1
    if epoch <= warmup_epoch:
        lr = 1e-6 + (initial_lr-1e-6) * iteration / (epoch_size * warmup_
epoch)
    else:
        lr = initial_lr * (gamma ** (step_index))
    for param_group in optimizer.param_groups:
        param_group['lr'] = lr
    return lr
```

7.5 预测目标

7.5.1 偏移量解码器

给定锚框 A 的中心点坐标为 (x_A, y_A)，宽为 w_A，高为 h_A；模型预测的人脸边界框 P，其相对锚框 A 的中心点坐标偏移量为 $(\Delta x, \Delta y)$，宽为 Δw，高为 Δh。计算人脸边界框 P 的中心点和长、宽的解码器计算公式如下。

$$x_P = x_A + w_A(\sigma_x \cdot \Delta x + \mu_x)$$

$$y_P = y_A + h_A(\sigma_x \cdot \Delta y + \mu_y)$$

$$w_P = w_A \cdot \exp(\sigma_w \cdot \Delta w + \mu_w)$$

$$h_P = h_A \cdot \exp(\sigma_h \cdot \Delta h + \mu_h)$$

其中，常量的默认值为 $\mu_x = \mu_y = \mu_w = \mu_h = 0$，$\sigma_x = \sigma_y = 0.1$，$\sigma_w = \sigma_h = 0.2$。

偏移量解码器的实现代码如下。

```
def decode(loc, priors, variances):
    """
    模型预测的人脸边界框的解码器
        Args:
            loc (tensor)：模型预测的人脸边界框相对锚框的偏移量
                Shape: [num_priors,4]
            priors (tensor)：锚框，表示形式为[xc, yc, w, h]
                Shape: [num_priors,4].
            variances: (list[float]) 常量
        Return:
            解码后的模型预测的人脸边界框的坐标[x1, y1, x2, y2]为归一化坐标
    """
    boxes = torch.cat((
        priors[:, :2] + loc[:, :2] * variances[0] * priors[:, 2:],
        priors[:, 2:] * torch.exp(loc[:, 2:] * variances[1])), 1)  # [xc, yc, w, h]
    # [x1, y1, x2, y2]
    boxes[:, :2] -= boxes[:, 2:] / 2
    boxes[:, 2:] += boxes[:, :2]
    return boxes


def decode_landm(pre, priors, variances):
    """
    模型预测的5个人脸关键点的解码器
        Args:
            pre (tensor)：模型预测的5个人脸关键点相对锚框中心点的偏移量
                Shape: [num_priors,10]
            priors (tensor)：锚框，表示形式为[xc, yc, w, h]
                Shape: [num_priors,4].
            variances: (list[float]) 常量
        Return:
            解码后的模型预测的5个人脸关键点的坐标为归一化坐标
```

```
"""
    landms = torch.cat((priors[:, :2] + pre[:, :2] * variances[0] * priors[:, 2:],
                        priors[:, :2] + pre[:, 2:4] * variances[0] * priors[:, 2:],
                        priors[:, :2] + pre[:, 4:6] * variances[0] * priors[:, 2:],
                        priors[:, :2] + pre[:, 6:8] * variances[0] * priors[:, 2:],
                        priors[:, :2] + pre[:, 8:10] * variances[0] * priors[:, 2:],
                        ), dim=1)
return landms
```

7.5.2 非极大值抑制

锚框的设计方式，会导致同一个目标可能会输出多个相似的预测边界框，如图 7-9 所示，需要选择一个最合适的人脸框，并去除多余的人脸框。为了解决这个问题，常用的技术是非极大值抑制（non-maximum suppression，NMS），NMS 是一个抑制冗余的反复迭代遍历的过程。

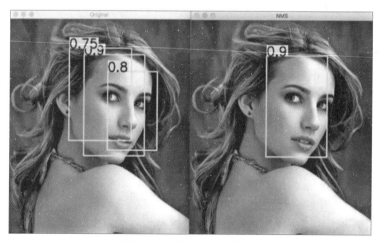

图 7-9 损失 NMS 示例图

NMS 的实现步骤和代码如下。

（1）将人脸置信度按照从大到小排序，排序后的人脸边界框列表为 $b_0,\cdots,b_{N-1}$，对应的索引列表为 $i_0,\cdots,i_{N-1}$。

（2）将人脸置信度最大的边界框的索引保存到列表 $L = \{i_0\}$。

（3）计算该边界框 b_0 与置信度排序靠后的其他边界框 $b_1,\cdots,b_{N-1}$ 的 IOU，删除 IOU 小于阈值的边界框，假设删除 b_1、b_2、b_5，，剩余的人脸边界框列表为 $b_3,b_4,b_6,\cdots,b_{N-1}$，剩余的索引列表为 $i_3,i_4,i_6,\cdots,i_{N-1}$。

（4）在剩余的人脸边界框中，重复步骤（2）、（3），直至剩余的人脸边界框列表为空。

```
def py_cpu_nms(dets, thresh):
"""
NMS
    Args:
        dets (array)：模型的人脸边界框的坐标，表示形式为[x1, y1, x2, y2]
            Shape: [num_priors, 4]
        thresh (float): IOU 阈值
    Return:
        挑选出最合适的人脸边界框的索引列表
"""
    x1 = dets[:, 0] # 左上角横坐标
    y1 = dets[:, 1] # 左上角纵坐标
    x2 = dets[:, 2] # 右下角横坐标
    y2 = dets[:, 3] # 右下角纵坐标
    scores = dets[:, 4] # 模型预测的人脸置信度

    areas = (x2 - x1 + 1) * (y2 - y1 + 1) # 人脸边界框的面积
    order = scores.argsort()[::-1] # 按照人脸置信度从大到小排序

    keep = []
while order.size > 0:
        # 保留当前最大置信度的人脸边界框
        i = order[0]
        keep.append(i)

        # 计算当前人脸边界框与置信度排序靠后的边界框的 IOU
        xx1 = np.maximum(x1[i], x1[order[1:]])
        yy1 = np.maximum(y1[i], y1[order[1:]])
        xx2 = np.minimum(x2[i], x2[order[1:]])
        yy2 = np.minimum(y2[i], y2[order[1:]])
        w = np.maximum(0.0, xx2 - xx1 + 1)
        h = np.maximum(0.0, yy2 - yy1 + 1)
        inter = w * h
        ovr = inter / (areas[i] + areas[order[1:]] - inter)
```

```
        # 仅保留 IOU 小于等于阈值的人脸边界框
        inds = np.where(ovr <= thresh)[0]
        order = order[inds + 1]
    return keep
```

7.5.3 模型预测

人脸检测模型 RetinaFace 的预测，实现代码如下。

```
def test():
    torch.set_grad_enabled(False)

    cfg = None
    if args.network == "mobile0.25":
        cfg = cfg_mnet
    elif args.network == "resnet50":
        cfg = cfg_re50

    net = RetinaFace(cfg=cfg, phase = 'test')  # 定义模型
    net = load_model(net, args.trained_model, args.cpu)  # 加载已训练好的网络参数
    net.eval()  # 在测试模型前添加，不启用批量归一化和 dropout
    print('Finished loading model!')
    print(net)

    cudnn.benchmark = True
    device = torch.device("cpu" if args.cpu else "cuda")
    net = net.to(device)

    # 获得测试集图像
    testset_folder = args.dataset_folder
    testset_list = args.dataset_folder[:-7] + "label.txt"
    test_dataset = []
    with open(testset_list, 'r') as fr:
        for line in fr:
            if line.strip():
                test_dataset.append(line.strip().split()[1])
    num_images = len(test_dataset)
```

```python
    _t = {'forward_pass': Timer(), 'misc': Timer()}
    # 预测
    for i, img_name in enumerate(test_dataset):
        image_path = testset_folder + img_name
        img_raw = cv2.imread(image_path, cv2.IMREAD_COLOR)  # 读取图像
        img = np.float32(img_raw)

        # 调整图像的大小
        target_size = 1600
        max_size = 2150
        im_shape = img.shape
        im_size_min = np.min(im_shape[0:2])
        im_size_max = np.max(im_shape[0:2])
        resize = float(target_size) / float(im_size_min)
        # prevent bigger axis from being more than max_size:
        if np.round(resize * im_size_max) > max_size:
            resize = float(max_size) / float(im_size_max)
        if args.origin_size:
            resize = 1
        if resize != 1:
            img = cv2.resize(img, None, None, fx=resize, fy=resize, interpolation=cv2.INTER_LINEAR)
        im_height, im_width, _ = img.shape
        scale = torch.Tensor([img.shape[1], img.shape[0], img.shape[1], img.shape[0]])
        img -= (104, 117, 123)
        img = img.transpose(2, 0, 1)  # [C, H, W]
        img = torch.from_numpy(img).unsqueeze(0)
        img = img.to(device)
        scale = scale.to(device)

        _t['forward_pass'].tic()
        loc, conf, landms = net(img)  # 前向传播
        _t['forward_pass'].toc()
        _t['misc'].tic()

        # 获得锚框
        priorbox = PriorBox(cfg, image_size=(im_height, im_width))
        priors = priorbox.forward()
        priors = priors.to(device)
```

```python
        prior_data = priors.data

        # 解码器,计算模型预测的人脸边界框的归一化坐标和长宽
        boxes = decode(loc.data.squeeze(0), prior_data, cfg['variance'])
        # 获得预测人脸边界框在原图像中的坐标和长宽
        boxes = boxes * scale / resize
        boxes = boxes.cpu().numpy()
        # 模型预测的边界框中包含人脸的概率
        scores = conf.squeeze(0).data.cpu().numpy()[:, 1]
        # 解码器,计算模型预测的人脸关键点的归一化坐标
        landms = decode_landm(landms.data.squeeze(0), prior_data, cfg
['variance'])
        scale1 = torch.Tensor([img.shape[3], img.shape[2], img.shape[3],
img.shape[2], img.shape[3], img.shape[2], img.shape[3], img.shape[2],img.
shape[3], img.shape[2]])
        scale1 = scale1.to(device)
# 获得预测人脸关键点在原图像中的坐标
        landms = landms * scale1 / resize
        landms = landms.cpu().numpy()

        # 仅保留人脸置信度大于阈值的人脸边界框
        inds = np.where(scores > args.confidence_threshold)[0]
        boxes = boxes[inds]
        landms = landms[inds]
        scores = scores[inds]

        # 按照人脸置信度从大到小排序
        order = scores.argsort()[::-1]
        boxes = boxes[order]
        landms = landms[order]
        scores = scores[order]

        # 执行 NMS
        dets = np.hstack((boxes, scores[:, np.newaxis])).astype(np.float32,
copy=False)
        keep = py_cpu_nms(dets, args.nms_threshold)
        dets = dets[keep, :]
        landms = landms[keep]
        dets = np.concatenate((dets, landms), axis=1)
        _t['misc'].toc()
```

```python
        save_name = args.save_folder + img_name[:-4] + ".txt"
        dirname = os.path.dirname(save_name)
        if not os.path.isdir(dirname):
            os.makedirs(dirname)
        with open(save_name, "w") as fd:
            bboxs = dets
            file_name = os.path.basename(save_name)[:-4] + "\n"
            bboxs_num = str(len(bboxs)) + "\n"
            fd.write(file_name)
            fd.write(bboxs_num)
            for box in bboxs:
                x = int(box[0])
                y = int(box[1])
                w = int(box[2]) - int(box[0])
                h = int(box[3]) - int(box[1])
                confidence = str(box[4])
                line = str(x) + " " + str(y) + " " + str(w) + " " + str(h) + " " + confidence + " \n"
                fd.write(line)

        print('im_detect: {:d}/{:d} forward_pass_time: {:.4f}s misc: {:.4f}s'.format(i + 1, num_images, _t['forward_pass'].average_time, _t['misc'].average_time))

        # save image
        if args.save_image:
            for b in dets:
                if b[4] < args.vis_thres:
                    continue
                text = "{:.4f}".format(b[4])
                b = list(map(int, b))
                cv2.rectangle(img_raw, (b[0], b[1]), (b[2], b[3]), (0, 0, 255), 2)
                cx = b[0]
                cy = b[1] + 12
                cv2.putText(img_raw, text, (cx, cy),
                            cv2.FONT_HERSHEY_DUPLEX, 0.5, (255, 255, 255))

                # landms
                cv2.circle(img_raw, (b[5], b[6]), 1, (0, 0, 255), 4)
```

```
            cv2.circle(img_raw, (b[7], b[8]), 1, (0, 255, 255), 4)
            cv2.circle(img_raw, (b[9], b[10]), 1, (255, 0, 255), 4)
            cv2.circle(img_raw, (b[11], b[12]), 1, (0, 255, 0), 4)
            cv2.circle(img_raw, (b[13], b[14]), 1, (255, 0, 0), 4)
        # save image
        if not os.path.exists("./results/"):
            os.makedirs("./results/")
        name = "./results/" + str(i) + ".jpg"
        cv2.imwrite(name, img_raw)
```

7.5.4 人脸对齐

人脸对齐（face alignment），通过图像变换，将人脸上的眼睛、鼻子、嘴巴对准到一个预设的固定位置上，从而消除人脸五官的位置对人脸识别效果的影响。需要根据人脸关键点的坐标(x, y)和预设的固定坐标(x', y')，获得如下仿射变换矩阵。

$$\begin{bmatrix} x' \\ y' \\ 1 \end{bmatrix} = \begin{bmatrix} a_1 & a_2 & t_x \\ a_3 & a_4 & t_y \\ 0 & 0 & 1 \end{bmatrix} \begin{bmatrix} x \\ y \\ 1 \end{bmatrix}$$

人脸对齐实现代码如下。

```
def face_alignment(img, bbox=None, landmark=None, **kwargs):
    if isinstance(img, str):
        img = read_image(img, **kwargs)
    M = None
    image_size = []
    str_image_size = kwargs.get('image_size', '')
    if len(str_image_size) > 0:
        image_size = [int(x) for x in str_image_size.split(',')]
        if len(image_size) == 1:
            image_size = [image_size[0], image_size[0]]
        assert len(image_size) == 2
    if landmark is not None:
        assert len(image_size) == 2
# 预设的人脸关键点的坐标
    src = np.array([
      [30.2946, 51.6963],
      [65.5318, 51.5014],
```

```
        [48.0252, 71.7366],
        [33.5493, 92.3655],
        [62.7299, 92.2041] ], dtype=np.float32)
    if image_size[0] == 224:
      src = np.array([
        [30.2946*2+15, 51.6963*2],
        [65.5318*2+15, 51.5014*2],
        [48.0252*2+15, 71.7366*2],
        [33.5493*2+15, 92.3655*2],
        [62.7299*2+15, 92.2041*2]], dtype=np.float32)
    if image_size[1] == 112:
      src[:, 0] += 8.0
    # 人脸关键点的坐标
dst = np.reshape(landmark.astype(np.float32), (-1, 2))
# 计算仿射变换矩阵
    tform = trans.SimilarityTransform()
    tform.estimate(dst, src)
    M = tform.params[0:2, :]

    if M is None:
      if bbox is None: #use center crop
        det = np.zeros(4, dtype=np.int32)
        det[0] = int(img.shape[1] * 0.0625)
        det[1] = int(img.shape[0] * 0.0625)
        det[2] = img.shape[1] - det[0]
        det[3] = img.shape[0] - det[1]
      else:
        det = bbox
      margin = kwargs.get('margin', 44)
      bb = np.zeros(4, dtype=np.int32)
      bb[0] = np.maximum(det[0] - margin / 2, 0)
      bb[1] = np.maximum(det[1] - margin / 2, 0)
      bb[2] = np.minimum(det[2] + margin / 2, img.shape[1])
      bb[3] = np.minimum(det[3] + margin / 2, img.shape[0])
      ret = img[bb[1]:bb[3], bb[0]:bb[2], :]
      if len(image_size) > 0:
        ret = cv2.resize(ret, (image_size[1], image_size[0]))
      return ret
    else: #do align using landmark
      assert len(image_size) == 2
```

```
# 人脸对齐操作
    warped = cv2.warpAffine(img, M, (image_size[1], image_size[0]),
borderValue=0.0)
    return warped
```

7.6　人脸识别模型 ArcFace

人脸识别属于开集分类问题（open-set problem），在很多情况下，测试阶段的人脸身份是训练集没有见过的。对于这类问题，模型学习的目标是增大类间距离、缩小类内距离。近几年，研究领域的创新点集中于在 Softmax 损失函数中加入不同形式的 margins 来增大类间距，用于提升模型的判别能力。

7.6.1　Softmax 损失函数

Softmax 损失函数，是指使用了 Softmax 作为激活函数的交叉熵损失函数。第 i 个样本的 Softmax 损失函数公式如下。

$$L_{\text{Softmax}} = -\log p_{y_i} = -\log \frac{\exp(W_{y_i}^T x_i + b_{y_i})}{\sum_{j=1}^{C} \exp(W_{y_j}^T x_i + b_{y_j})}$$

Softmax 损失函数由三部分组成。
- ☑ 全连接层，输入张量是 x，类别权重矩阵 W。
- ☑ Softmax 激活函数。
- ☑ 交叉熵损失函数。

应用 Softmax 损失函数，能够实现将不同的类别区分开，但是同一类别内的样本间距离可能大于不同类别的样本间距离，在开集问题上应用效果不好。

7.6.2　Triplet 损失函数

Triplet 损失函数，增加一个 margin 超参数，实现不同类别间的距离比相同类别间的距离加上 margin 还要大的效果，迫使模型努力学习，使得不同类别的样本间的距离更大，公式如下。

$$\|f(A) - f(P)\|^2 + \alpha \leq \|f(A) - f(N)\|^2$$

其中，A 表示 Anchor，P 表示与 A 同一类别的正样本，N 表示与 A 的类别不同的负样本，α 是 margin。Triplet 损失函数的公式如下，示意图为图 7-10。

$$L_{Triplet} = \max(\|f(A) - f(P)\|^2 + \alpha - \|f(A) - f(N)\|^2, 0)$$

Triplet 损失函数有两个主要问题。
- 图像与图像的组合数量呈爆炸式增长，难以穷举，计算量巨大，不容易收敛。
- 难负样本挖掘困难。

7.6.3 ArcFace 损失函数

由于类别数目远小于图片数量，因此转变思路，由计算每个样本间的距离变成计算与每个类别的中心表示向量的距离，如图 7-11 所示。

图 7-10 Triplet 损失函数示意图

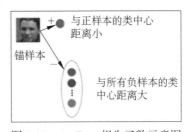

图 7-11 ArcFace 损失函数示意图

ArcFace 损失函数，基于 Softmax 损失函数，并做了如下几点改进，如图 7-12 所示。
- W：将权重矩阵 W 视作每个类别的中心向量表示。
- 令 b 等于 0，将 W 和 x 归一化，即 $W_{y_i}^T x_i = \|W_{y_i}^T\| \|x_i\| \cos\theta_{y_i} = \cos\theta_{y_i}$，并放大 s 倍，得到公式。

$$L = -\log \frac{\exp(s \cdot \cos\theta_{y_i})}{\exp(s \cdot \cos\theta_{y_i}) + \sum_{j=1, j \neq y_i}^{C} \exp(s \cdot \cos\theta_j)}$$

- 在第 i 个样本 x_i 和该类的中心表示向量 W_{y_i} 的夹角上增加一个 m 惩罚，用于增强模型类内聚、类间开的能力，得到如下公式。

$$L = -\log \frac{\exp(s \cdot \cos(\theta_{y_i} + m))}{\exp(s \cdot \cos(\theta_{y_i} + m)) + \sum_{j=1, j \neq y_i}^{C} \exp(s \cdot \cos\theta_j)}$$

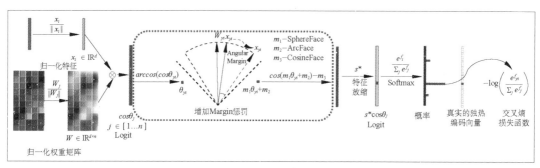

图 7-12 ArcFace 损失函数

下面举例说明 ArcFace 的使用。

假设一个 5 维的特征向量，对应的类别是 3，使用 ArcFace 前的输出向量为 $(\cos\theta_1, \cos\theta_2, \cos\theta_3, \cos\theta_4, \cos\theta_5)$，使用 ArcFace 后的输出向量为 $(\cos\theta_1, \cos\theta_2, \cos(\theta_3 + m), \cos\theta_4, \cos\theta_5)$。通过 θ+m 的操作，空间距离变大了，对应的输出值变小了，从而增强了向类中心聚集的能力。使用 ArcFace 损失函数的网络预测值，实现代码如下。

```python
class MarginCosineProduct(nn.Module):
    """
    Implement of large margin cosine distance: :
        Args:
            in_features: size of each input sample
            out_features: size of each output sample
            s: norm of input feature
            m: margin
    """
    def __init__(self, in_features, out_features, s=30.0, m=0.40):
        super(MarginCosineProduct, self).__init__()
        self.in_features = in_features
        self.out_features = out_features
        self.s = s
        self.m = m
        # 初始化权重矩阵
```

第 7 章 人脸识别应用

```python
        self.weight = Parameter(torch.Tensor(out_features, in_features))
        nn.init.xavier_uniform_(self.weight)

    def forward(self, input, label):
        cosine = cosine_sim(input, self.weight) # 计算余弦相似度
        # 将 label 转换成 one-hot 的形式
        one_hot = torch.zeros_like(cosine)
        one_hot.scatter_(1, label.view(-1, 1), 1.0)
        output = self.s * (cosine - one_hot * self.m) # 带 margin 的余弦相似度
        return output

def cosine_sim(x1, x2, dim=1, eps=1e-8):
    """
    计算余弦相似度
    """
    ip = torch.mm(x1, x2.t()) # 矩阵乘积
    w1 = torch.norm(x1, 2, dim) # 求模
    w2 = torch.norm(x2, 2, dim) # 求模
    return ip / torch.ger(w1, w2).clamp(min=eps) # 归一化获得余弦相似度
```

7.7 应用实战

使用 flask 框架，创建人脸识别服务 recognition_server.py。这里人脸识别模型是直接调用的 InsightFace 第三方库中的 ArcFace 模型。

```python
#-*-coding:utf-8-*-
import sys
sys.path.append('..')
from flask import Flask, request, json, make_response, jsonify
import time
import argparse
from collections import OrderedDict
import insightface

from Retinaface.retinaface import retinaFace
```

```python
from search_index import Search
import server_compara
import my_logger
logger = my_logger.logger

face_recognition_Server = Flask(__name__)
face_recognition_Server.config["SECRET_KEY"] = "123456"

parser = argparse.ArgumentParser(description='face model test')
# 人脸识别模型ArcFace存储路径
parser.add_argument('--face_model_dir',
default='./models_hub/InsightFace/buffalo_l', help='path to load InsightFace model.')
# 人脸检测模型RetinaFace存储路径
parser.add_argument('--detect_model',
default='./models_hub/RetinaFace/mobilenet0.25_Final.pth', help='path to load RetinaFace model.')
parser.add_argument('--cpu', default=0, type=int, help='cpu')
parser.add_argument("--gpu_id", type=int, default=0, help="which gpu id, [0/1/2/3]")
# NMS的IOU阈值
parser.add_argument('--det_thresh', default=0.8, type=float, help=' detection threshold')
# 人脸特征向量的相似度阈值
parser.add_argument('--threshold', default=0.48, type=float, help='ann dist threshold')
# 人脸库路径
parser.add_argument('--index_path',
default='./data/insight_face_index.bin', type=str, help='face embeddings index')
# 人脸特征向量对应的身份证号、姓名等信息
parser.add_argument('--index_info_path',
default='./data/insight_face_emb_info.pkl', type=str, help='face embeddings info')
args, unknown = parser.parse_known_args()

model_time = time.time()
detector = retinaFace(args, logger, 'mobile0.25') #人脸检测模型
face_model = insightface.app.FaceAnalysis(root='./models_hub',
allowed_modules=['recognition'], model_dir=args.face_model_dir,
```

```python
providers=['CUDAExecutionProvider'],
detection_model=detector, det_thresh=args.det_thresh) # 人脸识别模型

searcher = Search(logger, args.index_path, args.index_info_path, args.threshold) # ANN 向量搜索算法
logger.info("loading model time :{}s".format(round(time.time() - model_time, 6)))

@face_recognition_Server.route('/face_Recognition_Server',methods = ["GET","POST"])
def main():
    re_data = OrderedDict()
    re_data["code"] = 1
    re_data["msg"] = 'Failed to receive dat' # 接收数据失败
    result = OrderedDict()
    result["face_verification"] = 0 # 用于标记是否识别出人脸身份
    result["id_card"] = '' # 身份证号
    result["name"] = '' # 姓名
    result["sex"] = '' # 性别
    re_data["result"] = result
    if request.method == 'GET':
        msg = 'Please use post request' # 请使用 POST 请求
        code = 1
        response = server_compara.get_fail_response(logger, msg, code, re_data)
        return response
    else:
        try:
            data = request.files["file"] # 获得测试图像
            data = data.read()
        except Exception as e:
            msg = 'The server receives the image and sends an unknown error' # 服务器接收到图片,但发生未知异常
            code = 1
            response = server_compara.get_fail_response(logger, msg, code, re_data)
            return response
        re_result = server_compara.video_recognition(logger, data, searcher, face_model) # 识别测试图像的身份
        return re_result
```

```
if __name__ == '__main__':
    face_recognition_Server.run(host='0.0.0.0', port=6901)
```

将人脸库中与测试图像相似度最高的人脸身份返回，代码文件 server_compara.py 如下。

```
#-*-coding:utf-8-*-
from __future__ import unicode_literals
from collections import OrderedDict
import cv2
import numpy as np
from flask import json, make_response
from sklearn import preprocessing
import time

import face_preprocess

def get_fail_response(logger, msg, code, re_data):
    # 构建异常响应
    re_data['code'] = code
    re_data['msg'] = msg
    logger.info(msg)
    response = make_response(json.dumps(re_data, ensure_ascii=False))
    response.headers["Content-Type"] = "application/json"
    response.headers["name"] = "face_Recognition_Server"
    return response

def video_recognition(logger, image_string, searcher, face_model):
    re_data = OrderedDict()
    re_data["code"] = 1
    re_data["msg"] = 'Failed to receive data'  # 接收数据失败
    result = OrderedDict()
    result["face_verification"] = 0
    result["id_card"] = ''
    result["name"] = ''
    result["sex"] = ''
    re_data["result"] = result

    try:
        image = cv2.imdecode(np.frombuffer(image_string, dtype=np.uint8), cv2.IMREAD_COLOR)  # 解析图像数据
        logger.info('image.shape: {0}'.format(image.shape))
```

```python
        except Exception as e:
            msg = 'The incoming image format cannot be parsed'  # 输入图片格式无
法解析
            code = 1
            response = get_fail_response(logger, msg, code, re_data)
            return response

start_time = time.time()
# 调整图像尺寸,并使用人脸检测模型获得人脸
    im_scale = face_preprocess.get_scale(image.shape)
    faces = face_model.get(image, resize=im_scale)
    logger.info("[InsightFace] recognition faces takes {}s".format(round
(time.time() - start_time, 6)))

    try:
        if len(faces) == 0:  #未找到最大脸
            msg = 'Max face is not found!'  # 未检测到人脸
            code = 1
            response = get_fail_response(logger, msg, code, re_data)
            return response
        face = faces[0]
        emb_feature = np.array(face.embedding).reshape((1, -1))  #人脸特征向
量
        emb_feature = preprocessing.normalize(emb_feature)  #归一化

        #HNSW:查找最相似人脸
        sim_faces = searcher.search(emb_feature)[0]  #获得Top1客户
        if len(sim_faces) == 0:  # 没有找到相似脸
            msg = 'No similar face'
            code = 1
            response = get_fail_response(logger, msg, code, re_data)
            return response
        else:
            top1_sim_face = sim_faces[0]
            logger.info('top1_sim_face:
{0}'.format('\t'.join(top1_sim_face)))
            re_data["code"] = 0
            re_data["msg"] = 'Successful transfer of pictures'  # 成功识别出
您的身份
            result["name"] = top1_sim_face[0]
            result["sex"] = top1_sim_face[1]
            result["id_card"] = top1_sim_face[2]
```

```
            result["face_verification"] = 1
            re_data["result"] = result
            response = make_response(json.dumps(re_data, ensure_ascii=False))
            response.headers["Content-Type"] = "application/json"
            response.headers["name"] = "face_Recognition_Server"
            return response
        except Exception as e:
            msg = 'Recognition exception' # 识别异常
            code = 1
            response = get_fail_response(logger, msg, code, re_data)
            return response
```

使用 HNSW 近似最近邻算法（approximate nearest neighbor，ANN）获得最相似的人脸身份，代码文件 search_index.py 如下。

```
#-*-coding:utf-8-*-
import hnswlib
import pickle
import time
import math

dim = 512
num_elements = 1000000
space = 'cosine'

class Search:
    def __init__(self, logger, index_path, info_path, threshold):
        self.logger = logger
        # 加载人脸向量库
        self.p = hnswlib.Index(space=space, dim=dim)
        self.p.load_index(index_path, max_elements=num_elements)
        # 加载每个人脸特征向量对应的人脸身份
        self.id2cert = dict()
        with open(info_path, 'rb') as fr:
            for line in pickle.load(fr):
                self.id2cert[int(line[0])] = line[1:]
        self.threshold = threshold # 相似度阈值

    def set_threshold(self, threshold):
        '''
        设置相似度阈值
```

```python
'''
self.threshold = threshold

def get_threshold(self):
    return self.threshold

def search(self, data, top_k=1):
    '''
    设置相似度阈值
    '''
    start_time = time.time()
    sample_num = data.shape[0]
    self.logger.info('sample_num: {0}, top_k: {1}'.format(sample_num, top_k))
    labels, distances = self.p.knn_query(data, k=top_k)  # 获得top_k相似人脸向量的索引和相似度
    ans = []
    for i in range(sample_num):  # 计算每个测试人脸的top_k身份
        cur_ans = []
        for j in range(top_k):
            if math.isnan(distances[i, j]):
                break
            if distances[i, j] > self.threshold:  # 保留相似度大于阈值的人脸身份
                self.logger.info('i: {0}, j: {1}, identity: {2}, distance: {3}' \
                    .format(i, j, ', '.join(self.id2cert[labels[i, j]]), \
                    round(distances[i, j], 6)))
                cur_ans.append(self.id2cert[labels[i, j]])
            else:
                break
        ans.append(cur_ans)
    delta_time = time.time() - start_time
    self.logger.info('[ann search] takes {0}s'.format(round(delta_time, 6)))
    return ans
```

第 8 章
Swin Transformer 视觉大模型详解

8.1 Vision Transformer 如何工作

Transformer 模型最开始是用于自然语言处理（NLP）领域的，NLP 主要处理的是文本、句子、段落等，即序列数据。但是视觉领域处理的是图像数据，因此将 Transformer 模型应用到 CV 领域（图像数据处理）面临着诸多挑战，分析如下。

（1）与单词、句子、段落等文本数据不同，图像中包含更多的信息，并且是以像素值的形式呈现。

（2）如果按照处理文本的方式来处理图像，即逐像素处理，以目前的硬件条件很难。

（3）Transformer 缺少 CNN 的归纳偏差，如平移不变性和局部受限感受野。

（4）CNN 是通过相似的卷积操作来提取特征，随着模型层数的加深，感受野也会逐步增加。但是由于 Transformer 的本质，其在计算量上会比 CNN 更大。

（5）Transformer 无法直接用于处理基于网格的数据，如图像数据。

（6）Transformer 与 CNN 有许多不同之处，其主要优势说明如下。

- ☑ 更好的处理序列数据能力：Transformer 架构在序列数据建模方面表现非常出色，它通过自注意力机制对序列中的不同位置进行加权处理，从而实现了更好的序列建模能力。相比之下，CNN 对于序列建模的能力较弱，主要用于图像等非序列数据的处理。

- ☑ 并行计算能力：Transformer 中的自注意力机制允许每个时间步进行并行计算，因此

Transformer 的训练速度相对于 CNN 要更快。相比之下，CNN 需要在每个时间步上执行串行卷积操作，这使得 CNN 在处理较长的序列时计算效率较低。
- ☑ 更好的处理长距离依赖关系的能力：Transformer 中的自注意力机制允许模型从序列中任意位置获取信息，这使得 Transformer 能够更好地处理长距离依赖关系，而 CNN 则需要通过增加卷积层数来处理这种长距离依赖。
- ☑ 更容易扩展到其他任务：由于 Transformer 在序列建模方面表现优异，它在许多 NLP 任务中表现出色，如机器翻译、语言模型等。相比之下，CNN 主要用于计算机视觉领域，如图像分类、目标检测等。因此，Transformer 更容易扩展到处理其他 NLP 任务，而 CNN 则需要进行更多的改进才能适用于 NLP 任务。

CNN 在处理 VC 大模型时遇到了困境的原因分析：一是卷积进行中，出现了越来越多的网络结构，必须堆叠多层卷积，逐层对特征图进行处理，感受野才会不断增大，慢慢才有了全局的信息提取；二是从小规模数据开始，进行模型训练。

Transfomer 网络处理 VC 的大模型优势表现突出，是因为从第一层开始，就全局计算序列中各个向量的关联权重。但是需要足够多的数据，全局学习需要非常大量的数据才能表现卓越，这是所有模型的测试效果好的前提条件。从预训练模型开始，对其微调就可以适合个性化场景。

总之，Transformer 和 CNN 在不同的任务中表现出色，但在处理序列数据方面，Transformer 具有更好的建模能力和计算效率，可以处理更长的序列，更容易扩展到其他 NLP 任务。

8.2 第一代 CV 大模型 Vision Transformer

为了解决上述问题，Google 的研究团队提出了 ViT 模型。ViT 是谷歌提出的把 Transformer 应用到图像分类的模型，因为其模型"简单"且效果好，可扩展性强（模型越大效果越好），成为了 Transformer 在 CV 领域应用的里程碑。

ViT 原论文中最核心的结论是，当拥有足够多的数据进行预训练的时候，ViT 的表现就会超过 CNN，突破 Transformer 缺少归纳偏置的限制，可以在下游任务中获得较好的迁移效果。但是当训练数据集不够大的时候，ViT 的表现通常比同等大小的 ResNets 要差一些，因为 Transformer 和 CNN 相比缺少归纳偏置（inductive bias），即一种先验知识，提前做好的假设。CNN 具有两种归纳偏置，一种是局部性，即图片上相邻区域具有相似的特征；一种是平移不变性。CNN 具有上面两种归纳偏置，就有了很多先验信息，需要相对少的数据就可以学习到一个比较好的模型。

对比 CNN，ViT 表现出更强的性能，这是由于以下几个原因。

- ☑ 全局视野和长距离依赖：ViT 引入了 Transform 模型的注意力机制，可以对整个图像的全局信息进行建模。相比之下，CNN 在处理图像时使用局部感受野，只能捕捉图像的局部特征。ViT 通过自注意力层可以建立全局关系，并学习图像中不同区域之间的长距离依赖关系，从而更好地理解图像的结构和语义。
- ☑ 可学习的位置编码：ViT 通过对输入图像块进行位置编码，将位置信息引入模型中。这使得 ViT 可以处理不同位置的图像块，并学习它们之间的位置关系。相比之下，CNN 在卷积和池化过程中会导致空间信息的丢失，对位置不敏感。
- ☑ 数据效率和泛化能力：ViT 在大规模数据集上展现出出色的泛化能力。由于 ViT 基于 Transform 模型，它可以从大量的数据中学习到更丰富、更复杂的图像特征表示。相比之下，CNN 在小样本数据集上可能需要更多的数据和调优才能取得好的效果。
- ☑ 可解释性和可调节性：ViT 的自注意机制使其在解释模型预测和注意力权重时具有优势。相比之下，CNN 的特征表示通常较难解释，因为它们是通过卷积和池化操作获得的。

8.3 ViT 模型架构

我们先结合图 8-1 来粗略地分析一下 ViT 的工作流程，说明如下。

将一张图片分成 patches，将 patches 铺平，将铺平后的 patches 的线性映射到更低维的空间，添加位置 embedding 编码信息。将图像序列数据送入标准 Transformer encoder 中去，在较大的数据集上预训练，在下游数据集上微调用于图像分类。

第 8 章　Swin Transformer 视觉大模型详解

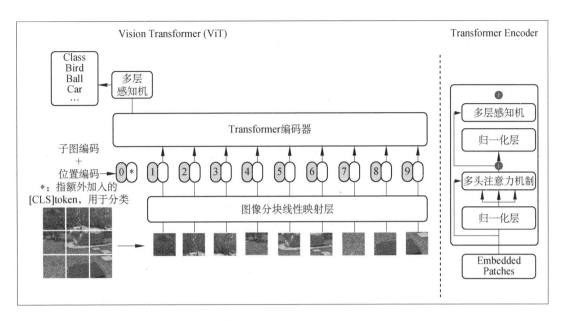

图 8-1　ViT 模型简洁代码架构

ViT 工作实现代码如下。

```
## from https://github.com/lucidrains/vit-pytorch
import os
os.environ['KMP_DUPLICATE_LIB_OK'] = 'True'

import torch
import torch.nn.functional as F
import matplotlib.pyplot as plt

from torch import nn
from torch import Tensor
from PIL import Image
from torchvision.transforms import Compose, Resize, ToTensor
from einops import rearrange, reduce, repeat
from einops.layers.torch import Rearrange, Reduce
from torchsummary import summary

# einops张量操作神器
```

```python
# helpers

def pair(t):
    return t if isinstance(t, tuple) else (t, t)

# classes

class PreNorm(nn.Module):
    def __init__(self, dim, fn):
        super().__init__()
        self.norm = nn.LayerNorm(dim)
        self.fn = fn
    def forward(self, x, **kwargs):
        return self.fn(self.norm(x), **kwargs)

class FeedForward(nn.Module):
    def __init__(self, dim, hidden_dim, dropout = 0.):
        super().__init__()
        self.net = nn.Sequential(
            nn.Linear(dim, hidden_dim),
            nn.GELU(),
            nn.Dropout(dropout),
            nn.Linear(hidden_dim, dim),
            nn.Dropout(dropout)
        )
    def forward(self, x):
        return self.net(x)

class Attention(nn.Module):
    def __init__(self, dim, heads = 8, dim_head = 64, dropout = 0.1):
        super().__init__()
        inner_dim = dim_head * heads
        project_out = not (heads == 1 and dim_head == dim)

        self.heads = heads
        self.scale = dim_head ** -0.5
```

```python
        self.attend = nn.Softmax(dim = -1)
        self.to_qkv = nn.Linear(dim, inner_dim * 3, bias = False)

        self.to_out = nn.Sequential(
            nn.Linear(inner_dim, dim),
            nn.Dropout(dropout)
        ) if project_out else nn.Identity()

    def forward(self, x):  ## 最重要的都是forword函数
        qkv = self.to_qkv(x).chunk(3, dim = -1)
        ## 对tensor张量分块 x :1 197 1024, qkv 最后是一个元组, tuple, 长度是3, 每个元素形状: 1 197 1024
        q, k, v = map(lambda t: rearrange(t, 'b n (h d) -> b h n d', h = self.heads), qkv)
        # 分成多少个Head, 与TRM生成qkv的方式不同, 要更简单, 不需要区分来自Encoder还是Decoder

        dots = torch.matmul(q, k.transpose(-1, -2)) * self.scale

        attn = self.attend(dots)

        out = torch.matmul(attn, v)
        out = rearrange(out, 'b h n d -> b n (h d)')
        return self.to_out(out)

class Transformer(nn.Module):
    def __init__(self, dim, depth, heads, dim_head, mlp_dim, dropout = 0.):
        super().__init__()
        self.layers = nn.ModuleList([])
        for _ in range(depth):
            self.layers.append(nn.ModuleList([
                PreNorm(dim, Attention(dim, heads = heads, dim_head = dim_head, dropout = dropout)),
                PreNorm(dim, FeedForward(dim, mlp_dim, dropout = dropout))
            ]))
    def forward(self, x):
```

```python
        for attn, ff in self.layers:
            x = attn(x) + x
            x = ff(x) + x
        return x
# 1. ViT整体架构从这里开始
class ViT(nn.Module):
    def __init__(self, *, image_size, patch_size, num_classes, dim, depth, heads, mlp_dim, pool = 'cls', channels = 3, dim_head = 64, dropout = 0., emb_dropout = 0.):
        super().__init__()
        # 初始化函数内,是从输入的图片,得到img_size,patch_size的宽和高
        image_height, image_width = pair(image_size) ## 224*224 *3
        patch_height, patch_width = pair(patch_size)## 16 * 16 *3
        #图像尺寸必须能被patch大小整除
        assert image_height % patch_height == 0 and image_width % patch_width == 0, 'Image dimensions must be divisible by the patch size.'

        num_patches = (image_height // patch_height) * (image_width // patch_width) ## 步骤1.将一个图像分成N个patch
        patch_dim = channels * patch_height * patch_width
        assert pool in {'cls', 'mean'}, 'pool type must be either cls (cls token) or mean (mean pooling)'

        self.to_patch_embedding = nn.Sequential(
            Rearrange('b c (h p1) (w p2) -> b (h w) (p1 p2 c)', p1 = patch_height, p2 = patch_width),# 步骤2.将patch铺开
            nn.Linear(patch_dim, dim), # 映射到指定的embedding的维度
        )

        self.pos_embedding = nn.Parameter(torch.randn(1, num_patches + 1, dim))
        self.cls_token = nn.Parameter(torch.randn(1, 1, dim))
        self.dropout = nn.Dropout(emb_dropout)

        self.transformer = Transformer(dim, depth, heads, dim_head, mlp_dim, dropout)
```

```python
        self.pool = pool
        self.to_latent = nn.Identity()

        self.mlp_head = nn.Sequential(
            nn.LayerNorm(dim),
            nn.Linear(dim, num_classes)
        )

    def forward(self, img):
        x = self.to_patch_embedding(img)   ## img 1 3 224 224,输出形状 x : 1 196 1024
        b, n, _ = x.shape  ##
        #将cls复制batch_size份
        cls_tokens = repeat(self.cls_token, '() n d -> b n d', b = b)
        # 将cls token在维度1 扩展到输入上
        x = torch.cat((cls_tokens, x), dim=1)
        # 添加位置编码
        x += self.pos_embedding[:, :(n + 1)]
        x = self.dropout(x)
        # 输入TRM
        x = self.transformer(x)

        x = x.mean(dim = 1) if self.pool == 'mean' else x[:, 0]

        x = self.to_latent(x)
        return self.mlp_head(x)


v = ViT(
    image_size = 224,
    patch_size = 16,
    num_classes = 1000,
    dim = 1024,
    depth = 6,
    heads = 16,
    mlp_dim = 2048,
```

```
    dropout = 0.1,
    emb_dropout = 0.1
)

img = torch.randn(1, 3, 224, 224)

preds = v(img)   # (1, 1000)
```

8.4 第二代 CV 大模型 Swin Transformer

Swin Transformer 是 2021 年微软研究院发表在 ICCV 上的一篇最佳论文（best paper）。该论文已在多项视觉任务中霸榜（分类、检测、分割）。*Swin Transformer: Hierarchical Vision Transformer using Shifted Windows* 论文地址：https://arxiv.org/pdf/2103.14030.pdf。

1. 两代模型 ViT 和 Swin Transformer 的对比

（1）图像分块方式不同。

ViT 模型将图像分成固定大小的小块，每个小块都被视为一个"图像片段"，并通过 Transformer 编码器进行处理。而 Swin Transformer 模型采用了一种新的分块方式，称为"局部窗口注意力"，它将图像分成一系列大小相同的局部块。

（2）Transformer 编码器的层数不同。

ViT 模型中使用的 Transformer 编码器层数较少，通常只有 12 层。而 Swin Transformer 模型中使用了更多的 Transformer 编码器层，通常为 24 层或 48 层。

（3）模型的参数量不同。

由于 Swin Transformer 模型采用了更多的 Transformer 编码器层，因此其参数量比 ViT 模型更大。例如，Swin Transformer 模型中的最大模型参数量可以达到 1.5 亿，而 ViT 模型中的最大模型参数量只有 1.2 亿。

（4）模型的性能不同。

在 ImageNet 数据集上进行的实验表明，Swin Transformer 模型的性能优于 ViT 模型。例如，在 ImageNet-1K 上，Swin Transformer 模型的 Top-1 准确率为 87.4%，而 ViT 模型的

第 8 章 Swin Transformer 视觉大模型详解

Top-1 准确率为 85.8%。

最后总结二者的不同之处如下。

（1）Swin-Transformer 所构建的特征图是具有层次性的，很像卷积神经网络，随着特征提取层的不断加深，特征图的尺寸是越来越小的（4x、8x、16x 下采样）。正因为 Swin Transformer 拥有像 CNN 这样的下采样特性，所以能够构建出具有层次性的特征图。这样的好处就是，Swin Transformer 对于目标检测和分割任务相比 ViT 有更大的优势。在 ViT 模型中，是直接对特征图下采样 16 倍，在后面的结构中也一致保持这样的下采样规律不变（只有 16x 下采样，不像 Swin Transformer 那样有多种下采样尺度，这样就导致 ViT 不能构建出具有层次性的特征图）。

（2）在 Swin Transformer 的特征图中，它是用一个个窗口的形式将特征图分割开的。窗口与窗口之间是没有重叠的。而在 ViT 中，特征图是一个整体，并没有对其进行分割。其中的窗口（Window）就是我们即将要讲的 Windows Multi-head Self-attention。引入该结构之后，Swin Transformer 就可以在每个 Window 的内部进行 Multi-head Self-Attention 的计算。Window 与 Window 之间是不进行信息传递的。这样做的好处是可以大大降低运算量，尤其是在浅层网络，下采样倍率比较低的时候，相比 ViT 直接针对整张特征图进行 Multi-head Self-Attention 而言，能够减少计算量。

2. Swin Transformer 是什么 CV 模型

Swin Transformer 是一种为视觉领域设计的分层 Transformer 结构，它的两大特性是滑动窗口和分层表示。滑动窗口在局部不重叠的窗口中计算自注意力，并允许跨窗口连接。分层结构允许模型适配不同尺度的图片，并且计算复杂度与图像大小呈线性关系。Swin Transformer 借鉴了 CNN 的分层结构，不仅能够做分类，还能够和 CNN 一样扩展到下游任务，用于计算机视觉任务的通用主干网络，可以用于图像分类、图像分割、目标检测等一系列视觉下游任务。

3. Swin Transformer 应用场景

Swin Transformer 是一种通过不重叠的和重叠的滑窗操作实现在一个窗口中使用注意力机制计算的 Transformer 模型。它作为计算机视觉的通用骨干网络 Backbone 在物体分类、目标检测、语义和实例分割、目标跟踪等任务中取得了很好的性能和效果，所以 Swin Transformer 大有取代 CNN 的趋势。不仅公开了源码，预训练模型也公开了，预训练模型提供了大中小三个版本。

Swin Transformer 以及 swin-transformer-ocr 的工程源码地址如下。https://github.com/microsoft/Swin-Transformer.git。https://github.com/YongWookHa/swin-transformer-ocr.git。

4. Swin Transformer 到底解决了什么问题

（1）超高分辨率的图像所带来的计算量问题。

参考卷积网络的工作方式，在其获得全局注意力能力的同时，又将计算量从图像大小的平方关系降为线性关系，大大地减少了运算量，包括串联窗口自注意力运算（W-MSA）以及滑动窗口自注意力运算（SW-MSA）。

（2）最初的 Vision Transformer 是不具备多尺度预测。

通过特征融合的方式 PatchMerging（可参考卷积网络里的池化操作），每次特征抽取之后都进行一次下采样，增加了下一次窗口注意力运算在原始图像上的感受野，从而对输入图像进行了多尺度的特征提取。

（3）核心技术是什么？

SwinTransformer 针对 ViT 使用了"窗口"和"分层"的方式来替代长序列进行改进，如图 8-2 所示。

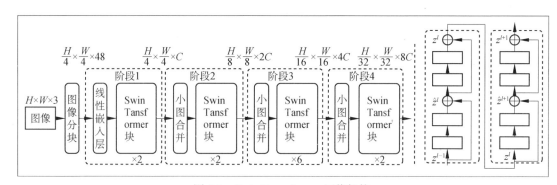

图 8-2　Swin Transformer 网络架构

- ☑ 输入：输入还是一张图像数据，224（宽）×224（高）×3（通道）。
- ☑ 处理过程：通过卷积得到多个特征图，把特征图分成 patch，堆叠 Swin Transformer Block，将 Swin TransformerBlock 在每次堆叠后长宽减半，特征图个数翻倍。
- ☑ Block 含义：最核心的部分是对 attention 的计算方法做出了改进，每个 Block 包括一个 W-MSA 和一个 SW-MSA，成对组合才能串联成一个 Block。W-MSA 是基于窗口的注意力计算，SW-MSA 是窗口滑动后重新计算注意力。

Patch Embbeding 介绍如下。

- 输入：图像数据（224，224，3）。
- 输出：（3136，96），相当于序列长度是 3136，每个的向量是 96 维特征。
- 处理过程：通过卷积得到 Conv2d(3, 96, kernel_size=(4, 4), stride=(4, 4))，3136 通过 (224/4)×(224/4) 得到，也可以根据需求更改卷积参数。

实际上 Pacth Embbeding 计算就是一个下采样的操作，其不同于池化，相当于间接的对 H 和 W 维度进行间隔采样后拼接在一起，得到 H/2，W/2，C×4，如图 8-3 所示。

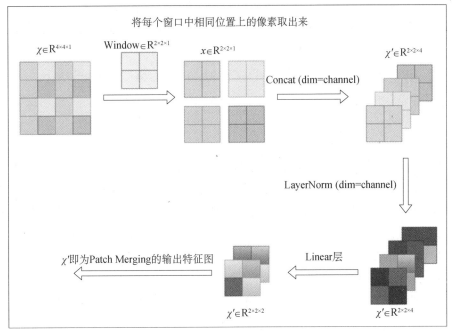

图 8-3　Patch Embbeding 计算

window_partition 介绍如下。

- 输入：特征图（56，56，96）。

默认窗口大小为 7，所以总共可以分成 8×8 个窗口。

- 输出：特征图（64，7，7，96）。

- ☑ 处理过程：之前的单位是序列，现在的单位是窗口（共 64 个窗口），56=224/4，5656 分成每个都是 7×7 大小的窗口，一共可以得到 8×8 的窗口，由于输出为（64，7，7，96），因此输入变成了 64 个窗口不再是序列了。

W-MSA（Window Multi-head Self Attention）介绍如下。

对得到的窗口，计算各个窗口自己的自注意力得分。

- ☑ qkv 三个矩阵放在一起：（3，64，3，49，32），3 个矩阵，64 个窗口，heads 为 3，窗口大小 7×7=49，每个 head 特征 96/3=32。
- ☑ attention 结果：（64，3，49，49）每个头都会得出每个窗口内的自注意力。

原来有 64 个窗口，每个窗口都是 7×7 的大小，对每个窗口都进行 Self Attention 的计算（3，64，3，49，32），第一个 3 表示的是 QKV 这 3 个，64 代表 64 个窗口；第二个 3 表示的是多头注意力的头数，49 就是 7×7 的大小，每个头注意力机制对应 32 维的向量。

attention 权重矩阵维度（64，3，49，49），64 表示 64 个窗口，3 还是表示的是多头注意力的头数，49*49 表示每一个窗口的 49 个特征之间的关系，如图 8-4 所示。

Window_reverse 介绍如下。

通过 attention 计算得到新的特征（64，49，96），总共 64 个窗口，每个窗口为 7*7 的大小，每个点对应 96 维向量。

window_reverse 就是通过 reshape 操作还原回（56，56，96），还原的目的是为了循环，得到跟输入特征图一样的大小，但是其已经计算了 attention，attention 权重与（3，64，3，49，32）乘积结果为（64，49，96），这是新的特征的维度，96 还是表示每个向量的维度，这个时候的特征已经经过重构，96 表示在一个窗口的每个像素之间的关系。

SW-MSA（Shifted Window Multi-head Self Attention）介绍如下。

- ☑ 原因分析：原来的 window 只算自己内部，这样就会导致只有内部计算，没有它们之间的关系，容易让模型局限在自己的小领地，可以通过 shift 操作来改善。

通过 W-MSA 我们得到的是每个窗口内的特征，但还没有每个窗口与窗口之间的特征，SW-MSA 就是用来得到每个窗口与窗口之间的特征。窗口与窗口之间的特征，是用一种滑动 shift 的方式计算的。

- ☑ 处理过程：实际上 SW-MSA 的偏移就是窗口在水平和垂直方向上分别偏移一定数量的像素，不管是 SW-MSA 还是 W-MSA，实际上都是在做 self-Attention 的计算，只不过 W-MSA 是只对一个窗口内部做 self-Attention 的计算，SW-MSA 是使用了一种偏移的方式，但还是对一个窗口内部做 self-Attention 的计算。

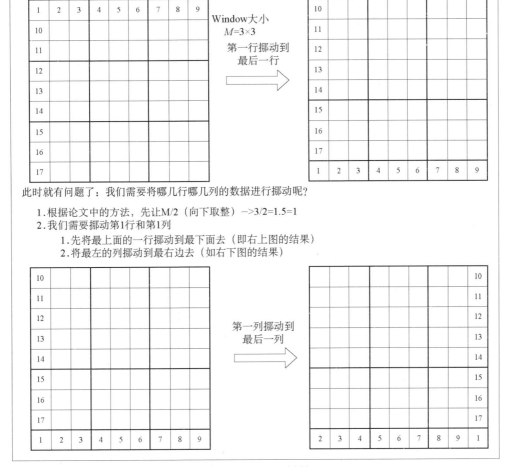

图 8-4 W-MSA 计算

如图 8-5 所示，红色线是窗口的分割，灰色是 patch 的分割，W-MSA 将相邻的 patch 进行拼凑成窗口，但是这就导致了窗口之间没有办法连接。SW-MSA 的偏移计算会重新划分窗口，但是在窗口不可以重叠的情况下，窗口由 4 个变成了 9 个。窗口的数量和大小都发生了变化，如图 8-5 所示原文给出了一个办法，将窗口的大小做出了限制。

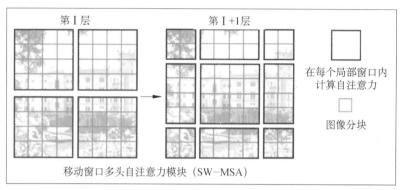

图 8-5 SW-MSA 计算

使用 pad 和 mask 方法可以解决这一问题，对边缘部分尺寸较小的 windows 进行填充，使得每个 windows 都能够保持原来的大小。并且论文还采用 mask 方法可使得模型只在除了 pad 的部分做 self-attention 计算，这样一来就能够解决上面所提到的问题。

如图 8-6 所示，4 自始至终都没有改变，原来在 W-MSA 使用 self-attention 进行计算，在 SW-MSA 还是使用 self-attention 进行计算，但是 1 和 7 发生了变化，7 和 1 的计算，加入了 mask 和 padding 的一些处理。一开始是 4 个窗口，经过偏移后变成了 9 个，但是计算不方便，还是按照 4 个窗口进行计算，多出来的值被 mask 处理。

所以，一个 Swin Transformer Block 就是先后经过 W-MSA 和 SW-MSA 计算，而 Swin Transformer 主要就是执行 Swin Transformer Block 的堆叠操作。

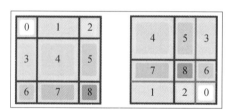

图 8-6 SW-MSA 的 self-Attention 计算

如图 8-7 所示，Swin Transformer 的模型参数有四个不同规模，分别是 tiny、small、base、larger。concat 为 Patch Partition 和 Patch Merging 操作，4×4 表明高和宽变为原来的 1/4，96-d 表示输出通道为 96 维。下面×2 表示堆叠两个 Swin Transformer Block，窗口大小维 7×7，输出通道维度为 96，多头注意力机制的头数为 3，其他的参数都类似。需要注意的是，在堆叠 Swin Transformer Block 时，含 SW-MSA 的块和含 W-MSA 的块是成对进行的，因此每一个 stage 的堆叠数都是偶数。如果第一块是 W-MSA 的 Block，则下一个块必须为 SW-MSA。

	降采样率 (输出尺寸)	Swin-T	Swin-S	Swin-B	Swin-L
阶段1	4× (56×56)	concat 4×4, 96-d, LN $\begin{bmatrix}\text{win. sz. }7\times7,\\ \text{dim 96, head 3}\end{bmatrix}\times2$	concat 4×4, 96-d, LN $\begin{bmatrix}\text{win. sz. }7\times7,\\ \text{dim 96, head 3}\end{bmatrix}\times2$	concat 4×4, 128-d, LN $\begin{bmatrix}\text{win. sz. }7\times7,\\ \text{dim 128, head 4}\end{bmatrix}\times2$	concat 4×4, 192-d, LN $\begin{bmatrix}\text{win. sz. }7\times7,\\ \text{dim 192, head 6}\end{bmatrix}\times2$
阶段2	8× (28×28)	concat 2×2, 192-d, LN $\begin{bmatrix}\text{win. sz. }7\times7,\\ \text{dim 192, head 6}\end{bmatrix}\times2$	concat 2×2, 192-d, LN $\begin{bmatrix}\text{win. sz. }7\times7,\\ \text{dim 192, head 6}\end{bmatrix}\times2$	concat 2×2, 256-d, LN $\begin{bmatrix}\text{win. sz. }7\times7,\\ \text{dim 256, head 8}\end{bmatrix}\times2$	concat 2×2, 384-d, LN $\begin{bmatrix}\text{win. sz. }7\times7,\\ \text{dim 384, head 12}\end{bmatrix}\times2$
阶段3	16× (14×14)	concat 2×2, 384-d, LN $\begin{bmatrix}\text{win. sz. }7\times7,\\ \text{dim 384, head 12}\end{bmatrix}\times6$	concat 2×2, 384-d, LN $\begin{bmatrix}\text{win. sz. }7\times7,\\ \text{dim 384, head 12}\end{bmatrix}\times18$	concat 2×2, 512-d, LN $\begin{bmatrix}\text{win. sz. }7\times7,\\ \text{dim 512, head 16}\end{bmatrix}\times18$	concat 2×2, 768-d, LN $\begin{bmatrix}\text{win. sz. }7\times7,\\ \text{dim 768, head 24}\end{bmatrix}\times18$
阶段4	32× (7×7)	concat 2×2, 768-d, LN $\begin{bmatrix}\text{win. sz. }7\times7,\\ \text{dim 768, head 24}\end{bmatrix}\times2$	concat 2×2, 768-d, LN $\begin{bmatrix}\text{win. sz. }7\times7,\\ \text{dim 768, head 24}\end{bmatrix}\times2$	concat 2×2, 1024-d, LN $\begin{bmatrix}\text{win. sz. }7\times7,\\ \text{dim 1024, head 32}\end{bmatrix}\times2$	concat 2×2, 1536-d, LN $\begin{bmatrix}\text{win. sz. }7\times7,\\ \text{dim 1536, head 48}\end{bmatrix}\times2$

模型架构细节

图 8-7 Swin Transformer 的模型参数

8.5 核心代码讲解

1. Patch Partition 代码模块

```
class PatchEmbed(nn.Module):
    """
    2D Image to Patch Embedding
    split image into non-overlapping patches    即将图片划分成一个个没有重叠的 patch
    """
    def __init__(self, patch_size=4, in_c=3, embed_dim=96, norm_layer=None):
        super().__init__()
        patch_size = (patch_size, patch_size)
        self.patch_size = patch_size
        self.in_chans = in_c
        self.embed_dim = embed_dim
```

```
        self.proj = nn.Conv2d(in_c, embed_dim, kernel_size=patch_size,
stride=patch_size)
        self.norm = norm_layer(embed_dim) if norm_layer else nn.Identity()

    def forward(self, x):
        _, _, H, W = x.shape

        # padding
        # 如果输入图片的 H, W 不是 patch_size 的整数倍,则需要进行 padding
        pad_input = (H % self.patch_size[0] != 0) or (W % self.patch_size[1] != 0)
        if pad_input:
            # to pad the last 3 dimensions,
            # (W_left, W_right, H_top,H_bottom, C_front, C_back)
            x = F.pad(x, (0, self.patch_size[1] - W % self.patch_size[1],  # 表示宽度方向右侧填充数
                          0, self.patch_size[0] - H % self.patch_size[0],  # 表示高度方向底部填充数
                          0, 0))

        # 下采样 patch_size 倍
        x = self.proj(x)
        _, _, H, W = x.shape
        # flatten: [B, C, H, W] -> [B, C, HW]
        # transpose: [B, C, HW] -> [B, HW, C]
        x = x.flatten(2).transpose(1, 2)
        x = self.norm(x)
        return x, H, W
```

2. Patch Merging 代码模块

```
class PatchMerging(nn.Module):
    """ Patch Merging Layer.
        步长为 2,间隔采样
    Args:
        dim (int): Number of input channels.
        norm_layer (nn.Module, optional): Normalization layer. Default: nn.LayerNorm
```

```python
"""
def __init__(self, dim, norm_layer=nn.LayerNorm):
    super().__init__()
    self.dim = dim
    self.reduction = nn.Linear(4 * dim, 2 * dim, bias=False)
    self.norm = norm_layer(4 * dim)

def forward(self, x, H, W):
    """
    x: B, H*W, C    即输入 x 的通道排列顺序
    """
    B, L, C = x.shape
    assert L == H * W, "input feature has wrong size"

    x = x.view(B, H, W, C)

    # padding
    # 如果输入 feature map 的 H, W 不是 2 的整数倍，则需要进行 padding
    pad_input = (H % 2 == 1) or (W % 2 == 1)
    if pad_input:
        # to pad the last 3 dimensions, starting from the last dimension and moving forward.
        # (C_front, C_back, W_left, W_right, H_top, H_bottom)
        # 注意这里的 Tensor 通道是[B, H, W, C]，所以会和官方文档有些不同
        x = F.pad(x, (0, 0, 0, W % 2, 0, H % 2))

    # 以 2 为间隔进行采样
    x0 = x[:, 0::2, 0::2, :]  # [B, H/2, W/2, C]
    x1 = x[:, 1::2, 0::2, :]  # [B, H/2, W/2, C]
    x2 = x[:, 0::2, 1::2, :]  # [B, H/2, W/2, C]
    x3 = x[:, 1::2, 1::2, :]  # [B, H/2, W/2, C]
    x = torch.cat([x0, x1, x2, x3], -1)  # ————> [B, H/2, W/2, 4*C]  在 channael 维度上进行拼接
    x = x.view(B, -1, 4 * C)  # [B, H/2*W/2, 4*C]

    x = self.norm(x)
```

```python
        x = self.reduction(x)  # [B, H/2*W/2, 2*C]

        return x

    def create_mask(self, x, H, W):
        # calculate attention mask for SW-MSA
        # 保证 Hp 和 Wp 是 window_size 的整数倍
        Hp = int(np.ceil(H / self.window_size)) * self.window_size
        Wp = int(np.ceil(W / self.window_size)) * self.window_size
        # 拥有和 feature map 一样的通道排列顺序，方便后续 window_partition
        img_mask = torch.zeros((1, Hp, Wp, 1), device=x.device)  # [1, Hp, Wp, 1]
        h_slices = (slice(0, -self.window_size),
                    slice(-self.window_size, -self.shift_size),
                    slice(-self.shift_size, None))
        w_slices = (slice(0, -self.window_size),
                    slice(-self.window_size, -self.shift_size),
                    slice(-self.shift_size, None))
        cnt = 0
        for h in h_slices:
            for w in w_slices:
                img_mask[:, h, w, :] = cnt
                cnt += 1

        # 将 img_mask 划分成一个一个窗口
        mask_windows = window_partition(img_mask, self.window_size)  # [nW, Mh, Mw, 1]
                # 输出的是按照指定的 window_size 划分成一个一个窗口的数据
        mask_windows = mask_windows.view(-1, self.window_size * self.window_size)  # [nW, Mh*Mw]
        attn_mask = mask_windows.unsqueeze(1) - mask_windows.unsqueeze(2)  # [nW, 1, Mh*Mw] - [nW, Mh*Mw, 1] 使用了广播机制
        # [nW, Mh*Mw, Mh*Mw]
        # 因为需要求得的是自身注意力机制，所以相同的区域使用 0 表示；不同的区域不等于 0，填入 -100
        attn_mask = attn_mask.masked_fill(attn_mask != 0, float(-100.0)).masked_fill(attn_mask == 0, float(0.0))  # 即对于不等于 0 的位置，赋值为 -100；否则为 0
```

```
        return attn_mask
```

3. mask 掩码生成

```
def create_mask(self, x, H, W):
    # calculate attention mask for SW-MSA
    # 保证 Hp 和 Wp 是 window_size 的整数倍
    Hp = int(np.ceil(H / self.window_size)) * self.window_size
    Wp = int(np.ceil(W / self.window_size)) * self.window_size
    # 拥有和 feature map 一样的通道排列顺序，方便后续 window_partition
    img_mask = torch.zeros((1, Hp, Wp, 1), device=x.device)  # [1, Hp, Wp, 1]
    h_slices = (slice(0, -self.window_size),
                slice(-self.window_size, -self.shift_size),
                slice(-self.shift_size, None))
    w_slices = (slice(0, -self.window_size),
                slice(-self.window_size, -self.shift_size),
                slice(-self.shift_size, None))
    cnt = 0
    for h in h_slices:
        for w in w_slices:
            img_mask[:, h, w, :] = cnt
            cnt += 1

    # 将 img_mask 划分成一个一个窗口
    mask_windows = window_partition(img_mask, self.window_size)  # [nW, Mh, Mw, 1]         # 输出的是按照指定的 window_size 划分成一个一个窗口的数据
    mask_windows = mask_windows.view(-1, self.window_size * self.window_size)  # [nW, Mh*Mw]
    attn_mask = mask_windows.unsqueeze(1) - mask_windows.unsqueeze(2)
    # [nW, 1, Mh*Mw] - [nW, Mh*Mw, 1] 使用了广播机制
    # [nW, Mh*Mw, Mh*Mw]
    # 因为需要求得的是自身注意力机制，所以相同的区域使用 0 表示；不同的区域不等于 0，填入-100
    attn_mask = attn_mask.masked_fill(attn_mask != 0, float(-100.0)).masked_fill(attn_mask == 0, float(0.0))    # 即对于不等于 0 的位置，赋值为-100；否则为 0
    return attn_mask
```

4. stage 堆叠部分代码

```
class BasicLayer(nn.Module):
    """
    A basic Swin Transformer layer for one stage.
    Args:
        dim (int): Number of input channels.
        depth (int): Number of blocks.
        num_heads (int): Number of attention heads.
        window_size (int): Local window size.
        mlp_ratio (float): Ratio of mlp hidden dim to embedding dim.
        qkv_bias (bool, optional): If True, add a learnable bias to query, key, value. Default: True
        drop (float, optional): Dropout rate. Default: 0.0
        attn_drop (float, optional): Attention dropout rate. Default: 0.0
        drop_path (float | tuple[float], optional): Stochastic depth rate. Default: 0.0
        norm_layer (nn.Module, optional): Normalization layer. Default: nn.LayerNorm
        downsample (nn.Module | None, optional): Downsample layer at the end of the layer. Default: None
        use_checkpoint (bool): Whether to use checkpointing to save memory. Default: False.
    def __init__(self, dim, depth, num_heads, window_size,
                 mlp_ratio=4., qkv_bias=True, drop=0., attn_drop=0.,
                 drop_path=0., norm_layer=nn.LayerNorm, downsample=None, use_checkpoint=False):
        super().__init__()
        self.dim = dim
        self.depth = depth
        self.window_size = window_size
        self.use_checkpoint = use_checkpoint
        self.shift_size = window_size // 2  # 表示向右和向下偏移的窗口大小，即窗口大小除以2，然后向下取整

        # build blocks
        self.blocks = nn.ModuleList([
```

```python
            SwinTransformerBlock(
                dim=dim,
                num_heads=num_heads,
                window_size=window_size,
                shift_size=0 if (i % 2 == 0) else self.shift_size,  # 通过
判断shift_size是否等于0，来决定是使用W-MSA与SW-MSA
                mlp_ratio=mlp_ratio,
                qkv_bias=qkv_bias,
                drop=drop,
                attn_drop=attn_drop,
                drop_path=drop_path[i] if isinstance(drop_path, list) else drop_path,
                norm_layer=norm_layer)
            for i in range(depth)])

        # patch merging layer    即PatchMerging类
        if downsample is not None:
            self.downsample = downsample(dim=dim, norm_layer=norm_layer)
        else:
            self.downsample = None

    def create_mask(self, x, H, W):
        # calculate attention mask for SW-MSA
        # 保证Hp和Wp是window_size的整数倍
        Hp = int(np.ceil(H / self.window_size)) * self.window_size
        Wp = int(np.ceil(W / self.window_size)) * self.window_size
        # 拥有和feature map一样的通道排列顺序，方便后续window_partition
        img_mask = torch.zeros((1, Hp, Wp, 1), device=x.device)  # [1, Hp, Wp, 1]
        h_slices = (slice(0, -self.window_size),
                    slice(-self.window_size, -self.shift_size),
                    slice(-self.shift_size, None))
        w_slices = (slice(0, -self.window_size),
                    slice(-self.window_size, -self.shift_size),
                    slice(-self.shift_size, None))
        cnt = 0
        for h in h_slices:
```

```python
        for w in w_slices:
            img_mask[:, h, w, :] = cnt
            cnt += 1

    # 将 img_mask 划分成一个一个窗口
    mask_windows = window_partition(img_mask, self.window_size)  # [nW, Mh, Mw, 1]
    # 输出的是按照指定的 window_size 划分成一个一个窗口的数据
    mask_windows = mask_windows.view(-1, self.window_size * self.window_size)  # [nW, Mh*Mw]
    attn_mask = mask_windows.unsqueeze(1) - mask_windows.unsqueeze(2)
    # [nW, 1, Mh*Mw] - [nW, Mh*Mw, 1]  使用了广播机制
    # [nW, Mh*Mw, Mh*Mw]
    # 因为需要求得的是自身注意力机制,所以相同的区域使用 0 表示; 不同的区域不等于 0,填入 -100
    attn_mask = attn_mask.masked_fill(attn_mask != 0, float(-100.0)).masked_fill(attn_mask == 0, float(0.0))  # 即对于不等于 0 的位置,赋值为 -100; 否则为 0
    return attn_mask


def forward(self, x, H, W):
    attn_mask = self.create_mask(x, H, W)  # [nW, Mh*Mw, Mh*Mw]  # 制作 mask 蒙版
    for blk in self.blocks:
        blk.H, blk.W = H, W
        if not torch.jit.is_scripting() and self.use_checkpoint:
            x = checkpoint.checkpoint(blk, x, attn_mask)
        else:
            x = blk(x, attn_mask)
    if self.downsample is not None:
        x = self.downsample(x, H, W)
        H, W = (H + 1) // 2, (W + 1) // 2

    return x, H, W
```

5. SW-MSA 或者 W-MSA 模块代码

```
class SwinTransformerBlock(nn.Module):
    r""" Swin Transformer Block.
```

```python
    Args:
        dim (int): Number of input channels.
        num_heads (int): Number of attention heads.
        window_size (int): Window size.
        shift_size (int): Shift size for SW-MSA.
        mlp_ratio (float): Ratio of mlp hidden dim to embedding dim.
        qkv_bias (bool, optional): If True, add a learnable bias to query, key, value. Default: True
        drop (float, optional): Dropout rate. Default: 0.0
        attn_drop (float, optional): Attention dropout rate. Default: 0.0
        drop_path (float, optional): Stochastic depth rate. Default: 0.0
        act_layer (nn.Module, optional): Activation layer. Default: nn.GELU
        norm_layer (nn.Module, optional): Normalization layer. Default: nn.LayerNorm
    """

    def __init__(self, dim, num_heads, window_size=7, shift_size=0,
                 mlp_ratio=4., qkv_bias=True, drop=0., attn_drop=0., drop_path=0.,
                 act_layer=nn.GELU, norm_layer=nn.LayerNorm):
        super().__init__()
        self.dim = dim
        self.num_heads = num_heads
        self.window_size = window_size
        self.shift_size = shift_size
        self.mlp_ratio = mlp_ratio
        assert 0 <= self.shift_size < self.window_size, "shift_size must in 0-window_size"

        self.norm1 = norm_layer(dim)     # 先经过层归一化处理

        # WindowAttention 即为 SW-MSA 或者 W-MSA 模块
        self.attn = WindowAttention(
            dim, window_size=(self.window_size, self.window_size), num_heads=num_heads, qkv_bias=qkv_bias,
            attn_drop=attn_drop, proj_drop=drop)
```

```python
        self.drop_path = DropPath(drop_path) if drop_path > 0. else nn.Identity()
        self.norm2 = norm_layer(dim)
        mlp_hidden_dim = int(dim * mlp_ratio)
        self.mlp = Mlp(in_features=dim, hidden_features=mlp_hidden_dim, act_layer=act_layer, drop=drop)

    def forward(self, x, attn_mask):
        H, W = self.H, self.W
        B, L, C = x.shape
        assert L == H * W, "input feature has wrong size"

        shortcut = x
        x = self.norm1(x)
        x = x.view(B, H, W, C)

        # pad feature maps to multiples of window size
        # 把feature map给pad到window size的整数倍
        pad_l = pad_t = 0
        pad_r = (self.window_size - W % self.window_size) % self.window_size
        pad_b = (self.window_size - H % self.window_size) % self.window_size
        x = F.pad(x, (0, 0, pad_l, pad_r, pad_t, pad_b))
        _, Hp, Wp, _ = x.shape

        # cyclic shift
        # 判断是执行SW-MSA还是W-MSA模块
        if self.shift_size > 0:
            # 
```
https://blog.csdn.net/ooooocj/article/details/126046858?ops_request_misc=&request_id=&biz_id=102&utm_term=torch.roll()%E7%94%A8%E6%B3%95&utm_medium=distribute.pc_search_result.none-task-blog-2~all~sobaiduweb~default-0-126046858.142^v73^control,201^v4^add_ask,239^v1^control&spm=1018.2226.3001.4187

```python
        shifted_x = torch.roll(x, shifts=(-self.shift_size, -self.shift_size), dims=(1, 2))    #进行数据移动操作
    else:
        shifted_x = x
        attn_mask = None

    # partition windows
    # 将窗口按照window_size的大小进行划分,得到一个个窗口
    x_windows = window_partition(shifted_x, self.window_size)  # [nW*B, Mh, Mw, C]
    # 将数据进行展平操作
    x_windows = x_windows.view(-1, self.window_size * self.window_size, C)  # [nW*B, Mh*Mw, C]

    # W-MSA/SW-MSA
    """
        # 进行多头自注意力机制操作
    """
    attn_windows = self.attn(x_windows, mask=attn_mask)  # [nW*B, Mh*Mw, C]

    # merge windows
    attn_windows = attn_windows.view(-1, self.window_size, self.window_size, C)  # [nW*B, Mh, Mw, C]
    # 将多窗口拼接回大的featureMap
    shifted_x = window_reverse(attn_windows, self.window_size, Hp, Wp)  # [B, H', W', C]

    # reverse cyclic shift
    # 将移位的数据进行还原
    if self.shift_size > 0:
        x = torch.roll(shifted_x, shifts=(self.shift_size, self.shift_size), dims=(1, 2))
    else:
        x = shifted_x
    # 如果进行了padding操作,需要移出相应的pad
    if pad_r > 0 or pad_b > 0:
```

```python
        # 把前面 pad 的数据移除
        x = x[:, :H, :W, :].contiguous()

    x = x.view(B, H * W, C)

    # FFN
    x = shortcut + self.drop_path(x)
    x = x + self.drop_path(self.mlp(self.norm2(x)))

    return x
```

6. 整体流程代码实现

```
""" Swin Transformer
A PyTorch impl of : `Swin Transformer: Hierarchical Vision Transformer
using Shifted Windows`
    - https://arxiv.org/pdf/2103.14030
Code/weights from https://github.com/microsoft/Swin-Transformer
"""

import torch
import torch.nn as nn
import torch.nn.functional as F
import torch.utils.checkpoint as checkpoint
import numpy as np
from typing import Optional


def drop_path_f(x, drop_prob: float = 0., training: bool = False):
    """Drop paths (Stochastic Depth) per sample (when applied in main path
of residual blocks).
    This is the same as the DropConnect impl I created for EfficientNet,
etc networks, however,
    the original name is misleading as 'Drop Connect' is a different form
of dropout in a separate paper...
    See discussion: https://github.com/tensorflow/tpu/issues/494#issuecomment-
532968956 ... I've opted for
    changing the layer and argument names to 'drop path' rather than mix
DropConnect as a layer name and use
```

```python
    'survival rate' as the argument.
    """
    if drop_prob == 0. or not training:
        return x
    keep_prob = 1 - drop_prob
    shape = (x.shape[0],) + (1,) * (x.ndim - 1)  # work with diff dim tensors, not just 2D ConvNets
    random_tensor = keep_prob + torch.rand(shape, dtype=x.dtype, device=x.device)
    random_tensor.floor_()  # binarize
    output = x.div(keep_prob) * random_tensor
    return output


class DropPath(nn.Module):
    """Drop paths (Stochastic Depth) per sample  (when applied in main path of residual blocks).
    """
    def __init__(self, drop_prob=None):
        super(DropPath, self).__init__().__init__()
        self.drop_prob = drop_prob

    def forward(self, x):
        return drop_path_f(x, self.drop_prob, self.training)

"""
将窗口按照 window_size 的大小进行划分,得到一个个窗口
"""
def window_partition(x, window_size: int):
    """
    将 feature map 按照 window_size 划分成一个个没有重叠的 window
    Args:
        x: (B, H, W, C)
        window_size (int): window size(M)

    Returns:
        windows: (num_windows*B, window_size, window_size, C)
    """
    B, H, W, C = x.shape
    x = x.view(B, H // window_size, window_size, W // window_size, window_size, C)
```

```python
    # permute: [B, H//Mh, Mh, W//Mw, Mw, C] -> [B, H//Mh, W//Mh, Mw, Mw, C]
    # view: [B, H//Mh, W//Mw, Mh, Mw, C] -> [B*num_windows, Mh, Mw, C]
    windows = x.permute(0, 1, 3, 2, 4, 5).contiguous().view(-1, window_size, window_size, C)    # 输出的是按照指定的window_size划分成的一个一个窗口的数据
    return windows


def window_reverse(windows, window_size: int, H: int, W: int):
    """
    将每个window还原成一个feature map
    Args:
        windows: (num_windows*B, window_size, window_size, C)
        window_size (int): Window size(M)
        H (int): Height of image
        W (int): Width of image
    Returns:
        x: (B, H, W, C)
    """
    B = int(windows.shape[0] / (H * W / window_size / window_size))
    # view: [B*num_windows, Mh, Mw, C] -> [B, H//Mh, W//Mw, Mh, Mw, C]
    x = windows.view(B, H // window_size, W // window_size, window_size, window_size, -1)
    # permute: [B, H//Mh, W//Mw, Mh, Mw, C] -> [B, H//Mh, Mh, W//Mw, Mw, C]
    # view: [B, H//Mh, Mh, W//Mw, Mw, C] -> [B, H, W, C]
    x = x.permute(0, 1, 3, 2, 4, 5).contiguous().view(B, H, W, -1)
    return x


class PatchEmbed(nn.Module):
    """
    2D Image to Patch Embedding
    split image into non-overlapping patches    即将图片划分成一个个没有重叠的patch
    """
    def __init__(self, patch_size=4, in_c=3, embed_dim=96, norm_layer=None):
        super().__init__()
```

```python
            patch_size = (patch_size, patch_size)
        self.patch_size = patch_size
        self.in_chans = in_c
        self.embed_dim = embed_dim
        self.proj = nn.Conv2d(in_c, embed_dim, kernel_size=patch_size, stride=patch_size)
        self.norm = norm_layer(embed_dim) if norm_layer else nn.Identity()

    def forward(self, x):
        _, _, H, W = x.shape

        # padding
        # 如果输入图片的H, W不是patch_size的整数倍, 需要进行padding
        pad_input = (H % self.patch_size[0] != 0) or (W % self.patch_size[1] != 0)
        if pad_input:
            # to pad the last 3 dimensions,
            # (W_left, W_right, H_top, H_bottom, C_front, C_back)
            x = F.pad(x, (0, self.patch_size[1] - W % self.patch_size[1],  # 表示宽度方向右侧填充数
                          0, self.patch_size[0] - H % self.patch_size[0],  # 表示高度方向底部填充数
                          0, 0))

        # 下采样patch_size倍
        x = self.proj(x)
        _, _, H, W = x.shape
        # flatten: [B, C, H, W] -> [B, C, HW]
        # transpose: [B, C, HW] -> [B, HW, C]
        x = x.flatten(2).transpose(1, 2)
        x = self.norm(x)
        return x, H, W


class PatchMerging(nn.Module):
    r""" Patch Merging Layer.
    步长为2, 间隔采样
    Args:
        dim (int): Number of input channels.
```

```python
        norm_layer (nn.Module, optional): Normalization layer. Default: nn.LayerNorm
    """

    def __init__(self, dim, norm_layer=nn.LayerNorm):
        super().__init__()
        self.dim = dim
        self.reduction = nn.Linear(4 * dim, 2 * dim, bias=False)
        self.norm = norm_layer(4 * dim)

    def forward(self, x, H, W):
        """
        x: B, H*W, C     即输入 x 的通道排列顺序
        """
        B, L, C = x.shape
        assert L == H * W, "input feature has wrong size"

        x = x.view(B, H, W, C)

        # padding
        # 如果输入 feature map 的 H, W 不是 2 的整数倍，需要进行 padding
        pad_input = (H % 2 == 1) or (W % 2 == 1)
        if pad_input:
            # to pad the last 3 dimensions, starting from the last dimension and moving forward.
            # (C_front, C_back, W_left, W_right, H_top, H_bottom)
            # 注意这里的 Tensor 通道是[B, H, W, C]，所以会和官方文档有些不同
            x = F.pad(x, (0, 0, 0, W % 2, 0, H % 2))

        # 以 2 为间隔进行采样
        x0 = x[:, 0::2, 0::2, :]  # [B, H/2, W/2, C]
        x1 = x[:, 1::2, 0::2, :]  # [B, H/2, W/2, C]
        x2 = x[:, 0::2, 1::2, :]  # [B, H/2, W/2, C]
        x3 = x[:, 1::2, 1::2, :]  # [B, H/2, W/2, C]
        x = torch.cat([x0, x1, x2, x3], -1)  # ————> [B, H/2, W/2, 4*C]  在 channael 维度上进行拼接
        x = x.view(B, -1, 4 * C)  # [B, H/2*W/2, 4*C]

        x = self.norm(x)
        x = self.reduction(x)  # [B, H/2*W/2, 2*C]
```

```
        return x
```

"""
MLP 模块
"""
```python
class Mlp(nn.Module):
    """ MLP as used in Vision Transformer, MLP-Mixer and related networks
    """
    def __init__(self, in_features, hidden_features=None, out_features=None, act_layer=nn.GELU, drop=0.):
        super().__init__()
        out_features = out_features or in_features
        hidden_features = hidden_features or in_features

        self.fc1 = nn.Linear(in_features, hidden_features)
        self.act = act_layer()
        self.drop1 = nn.Dropout(drop)
        self.fc2 = nn.Linear(hidden_features, out_features)
        self.drop2 = nn.Dropout(drop)

    def forward(self, x):
        x = self.fc1(x)
        x = self.act(x)
        x = self.drop1(x)
        x = self.fc2(x)
        x = self.drop2(x)
        return x
```

"""
WindowAttention 即为 SW-MSA 或者 W-MSA 模块
"""
```python
class WindowAttention(nn.Module):
    r""" Window based multi-head self attention (W-MSA) module with relative position bias.
    It supports both of shifted and non-shifted window.

    Args:
        dim (int): Number of input channels.
        window_size (tuple[int]): The height and width of the window.
        num_heads (int): Number of attention heads.
```

```
        qkv_bias (bool, optional): If True, add a learnable bias to query,
key, value. Default: True
        attn_drop (float, optional): Dropout ratio of attention weight.
Default: 0.0
        proj_drop (float, optional): Dropout ratio of output. Default: 0.0
    """

    def __init__(self, dim, window_size, num_heads, qkv_bias=True,
attn_drop=0., proj_drop=0.):

        super().__init__()
        self.dim = dim
        self.window_size = window_size  # [Mh, Mw]
        self.num_heads = num_heads
        head_dim = dim // num_heads
        self.scale = head_dim ** -0.5

        # define a parameter table of relative position bias
        # 创建偏置bias项矩阵
        self.relative_position_bias_table = nn.Parameter(
            torch.zeros((2 * window_size[0] - 1) * (2 * window_size[1] - 1), num_heads))  # [2*Mh-1 * 2*Mw-1, nH]     其元素的个数===>>[(2*Mh-1) * (2*Mw-1)]
        # get pair-wise relative position index for each token inside the window
        coords_h = torch.arange(self.window_size[0])    # 如果此处的 self.window_size[0]为2，则生成的coords_h为[0,1]
        coords_w = torch.arange(self.window_size[1])    # 同理得
        coords = torch.stack(torch.meshgrid([coords_h, coords_w]))  # [2, Mh, Mw]
        coords_flatten = torch.flatten(coords, 1)  # [2, Mh*Mw]
        # [2, Mh*Mw, 1] - [2, 1, Mh*Mw]
        relative_coords = coords_flatten[:, :, None] - coords_flatten[:, None, :]  # [2, Mh*Mw, Mh*Mw]
        relative_coords = relative_coords.permute(1, 2, 0).contiguous()  # [Mh*Mw, Mh*Mw, 2]
        relative_coords[:, :, 0] += self.window_size[0] - 1  # shift to start from 0  行标+（M-1）
        relative_coords[:, :, 1] += self.window_size[1] - 1      # 列表标+（M-1）
```

第8章 Swin Transformer 视觉大模型详解

```python
            relative_coords[:, :, 0] *= 2 * self.window_size[1] - 1
            relative_position_index = relative_coords.sum(-1)  # [Mh*Mw, Mh*Mw]
            self.register_buffer("relative_position_index",
relative_position_index)    # 将 relative_position_index 放入模型的缓存当中

            self.qkv = nn.Linear(dim, dim * 3, bias=qkv_bias)
            self.attn_drop = nn.Dropout(attn_drop)
            self.proj = nn.Linear(dim, dim)
            self.proj_drop = nn.Dropout(proj_drop)

            nn.init.trunc_normal_(self.relative_position_bias_table, std=.02)
            self.softmax = nn.Softmax(dim=-1)

        def forward(self, x, mask: Optional[torch.Tensor] = None):
            """
            Args:
                x: input features with shape of (num_windows*B, Mh*Mw, C)
                mask: (0/-inf) mask with shape of (num_windows, Wh*Ww, Wh*Ww) or None
            """
            # [batch_size*num_windows, Mh*Mw, total_embed_dim]
            B_, N, C = x.shape
            # qkv(): -> [batch_size*num_windows, Mh*Mw, 3 * total_embed_dim]
            # reshape: -> [batch_size*num_windows, Mh*Mw, 3, num_heads, embed_dim_per_head]
            # permute: -> [3, batch_size*num_windows, num_heads, Mh*Mw, embed_dim_per_head]
            qkv = self.qkv(x).reshape(B_, N, 3, self.num_heads, C // self.num_heads).permute(2, 0, 3, 1, 4)
            # [batch_size*num_windows, num_heads, Mh*Mw, embed_dim_per_head]
            q, k, v = qkv.unbind(0)   # make torchscript happy (cannot use tensor as tuple)

            # transpose: -> [batch_size*num_windows, num_heads, embed_dim_per_head, Mh*Mw]
            # @: multiply -> [batch_size*num_windows, num_heads, Mh*Mw, Mh*Mw]
            q = q * self.scale
            attn = (q @ k.transpose(-2, -1))
```

```python
        # relative_position_bias_table.view: [Mh*Mw*Mh*Mw,nH] -> [Mh*Mw,
Mh*Mw,nH]
        relative_position_bias = self.relative_position_bias_table[self.relative_
position_index.view(-1)].view(
            self.window_size[0] * self.window_size[1], self.window_size[0]
* self.window_size[1], -1)
        relative_position_bias = relative_position_bias.permute(2, 0, 1).
contiguous()  # [nH, Mh*Mw, Mh*Mw]
        attn = attn + relative_position_bias.unsqueeze(0)

        # 进行mask,相同区域使用0表示;不同区域使用-100表示
        if mask is not None:
            # mask: [nW, Mh*Mw, Mh*Mw]
            nW = mask.shape[0]  # num_windows
            # attn.view: [batch_size, num_windows, num_heads, Mh*Mw, Mh*Mw]
            # mask.unsqueeze: [1, nW, 1, Mh*Mw, Mh*Mw]
            attn = attn.view(B_ // nW, nW, self.num_heads, N, N) + mask.
unsqueeze(1).unsqueeze(0)
            attn = attn.view(-1, self.num_heads, N, N)
            attn = self.softmax(attn)
        else:
            attn = self.softmax(attn)

        attn = self.attn_drop(attn)

        # @: multiply -> [batch_size*num_windows, num_heads, Mh*Mw, embed_
dim_per_head]
        # transpose: -> [batch_size*num_windows, Mh*Mw, num_heads, embed_
dim_per_head]
        # reshape: -> [batch_size*num_windows, Mh*Mw, total_embed_dim]
        x = (attn @ v).transpose(1, 2).reshape(B_, N, C)
        x = self.proj(x)
        x = self.proj_drop(x)
        return x


"""
    SwinTransformerBlock
"""
class SwinTransformerBlock(nn.Module):
    r""" Swin Transformer Block.
```

```
    Args:
        dim (int): Number of input channels.
        num_heads (int): Number of attention heads.
        window_size (int): Window size.
        shift_size (int): Shift size for SW-MSA.
        mlp_ratio (float): Ratio of mlp hidden dim to embedding dim.
        qkv_bias (bool, optional): If True, add a learnable bias to query, key, value. Default: True
        drop (float, optional): Dropout rate. Default: 0.0
        attn_drop (float, optional): Attention dropout rate. Default: 0.0
        drop_path (float, optional): Stochastic depth rate. Default: 0.0
        act_layer (nn.Module, optional): Activation layer. Default: nn.GELU
        norm_layer (nn.Module, optional): Normalization layer.  Default: nn.LayerNorm
    """

    def __init__(self, dim, num_heads, window_size=7, shift_size=0,
                 mlp_ratio=4., qkv_bias=True, drop=0., attn_drop=0., drop_path=0.,
                 act_layer=nn.GELU, norm_layer=nn.LayerNorm):
        super().__init__()
        self.dim = dim
        self.num_heads = num_heads
        self.window_size = window_size
        self.shift_size = shift_size
        self.mlp_ratio = mlp_ratio
        assert 0 <= self.shift_size < self.window_size, "shift_size must in 0-window_size"

        self.norm1 = norm_layer(dim)      # 先经过层归一化处理

        # WindowAttention 即为 SW-MSA 或者 W-MSA 模块
        self.attn = WindowAttention(
            dim, window_size=(self.window_size, self.window_size), num_heads=num_heads, qkv_bias=qkv_bias,
            attn_drop=attn_drop, proj_drop=drop)

        self.drop_path = DropPath(drop_path) if drop_path > 0. else nn.Identity()
        self.norm2 = norm_layer(dim)
```

```python
        mlp_hidden_dim = int(dim * mlp_ratio)
        self.mlp = Mlp(in_features=dim, hidden_features=mlp_hidden_dim,
act_layer=act_layer, drop=drop)

    def forward(self, x, attn_mask):
        H, W = self.H, self.W
        B, L, C = x.shape
        assert L == H * W, "input feature has wrong size"

        shortcut = x
        x = self.norm1(x)
        x = x.view(B, H, W, C)

        # pad feature maps to multiples of window size
        # 把 feature map 给 pad 到 window size 的整数倍
        pad_l = pad_t = 0
        pad_r = (self.window_size - W % self.window_size) % self.window_size
        pad_b = (self.window_size - H % self.window_size) % self.window_size
        x = F.pad(x, (0, 0, pad_l, pad_r, pad_t, pad_b))
        _, Hp, Wp, _ = x.shape

        # cyclic shift
        # 判断是进行 SW-MSA 或者是 W-MSA 模块
        if self.shift_size > 0:
            # https://blog.csdn.net/ooooocj/article/details/126046858?ops_request_misc=&request_id=&biz_id=102&utm_term=torch.roll()%E7%94%A8%E6%B3%95&utm_medium=distribute.pc_search_result.none-task-blog-2~all~sobaiduweb~default-0-126046858.142^v73^control,201^v4^add_ask,239^v1^control&spm=1018.2226.3001.4187
            shifted_x = torch.roll(x, shifts=(-self.shift_size, -self.shift_size), dims=(1, 2))    #进行数据移动操作
        else:
            shifted_x = x
            attn_mask = None

        # partition windows
```

```python
        # 将窗口按照window_size的大小进行划分，得到一个个窗口
        x_windows = window_partition(shifted_x, self.window_size)  # [nW*B, Mh, Mw, C]
        # 将数据进行展平操作
        x_windows = x_windows.view(-1, self.window_size * self.window_size, C)  # [nW*B, Mh*Mw, C]

        # W-MSA/SW-MSA
        """
            # 进行多头自注意力机制操作
        """
        attn_windows = self.attn(x_windows, mask=attn_mask)  # [nW*B, Mh*Mw, C]

        # merge windows
        attn_windows = attn_windows.view(-1, self.window_size, self.window_size, C)  # [nW*B, Mh, Mw, C]
        # 将多窗口拼接回大的featureMap
        shifted_x = window_reverse(attn_windows, self.window_size, Hp, Wp)  # [B, H', W', C]

        # reverse cyclic shift
        # 将移位的数据进行还原
        if self.shift_size > 0:
            x = torch.roll(shifted_x, shifts=(self.shift_size, self.shift_size), dims=(1, 2))
        else:
            x = shifted_x
        # 如果进行了padding操作，则需要移出相应的pad
        if pad_r > 0 or pad_b > 0:
            # 把前面pad的数据移除
            x = x[:, :H, :W, :].contiguous()

        x = x.view(B, H * W, C)

        # FFN
        x = shortcut + self.drop_path(x)
        x = x + self.drop_path(self.mlp(self.norm2(x)))

        return x
```

```python
class BasicLayer(nn.Module):
    """
    A basic Swin Transformer layer for one stage.
    Args:
        dim (int): Number of input channels.
        depth (int): Number of blocks.
        num_heads (int): Number of attention heads.
        window_size (int): Local window size.
        mlp_ratio (float): Ratio of mlp hidden dim to embedding dim.
        qkv_bias (bool, optional): If True, add a learnable bias to query, key, value. Default: True
        drop (float, optional): Dropout rate. Default: 0.0
        attn_drop (float, optional): Attention dropout rate. Default: 0.0
        drop_path (float | tuple[float], optional): Stochastic depth rate. Default: 0.0
        norm_layer (nn.Module, optional): Normalization layer. Default: nn.LayerNorm
        downsample (nn.Module | None, optional): Downsample layer at the end of the layer. Default: None
        use_checkpoint (bool): Whether to use checkpointing to save memory. Default: False.
    """

    def __init__(self, dim, depth, num_heads, window_size,
                 mlp_ratio=4., qkv_bias=True, drop=0., attn_drop=0.,
                 drop_path=0., norm_layer=nn.LayerNorm, downsample=None,
                 use_checkpoint=False):
        super().__init__()
        self.dim = dim
        self.depth = depth
        self.window_size = window_size
        self.use_checkpoint = use_checkpoint
        self.shift_size = window_size // 2  # 表示向右和向下偏移的窗口大小，即窗口大小除以2，然后向下取整

        # build blocks
        self.blocks = nn.ModuleList([
            SwinTransformerBlock(
```

```python
            dim=dim,
            num_heads=num_heads,
            window_size=window_size,
            shift_size=0 if (i % 2 == 0) else self.shift_size,    # 通过
判断 shift_size 是否等于 0，来决定是使用 W-MSA 与 SW-MSA
            mlp_ratio=mlp_ratio,
            qkv_bias=qkv_bias,
            drop=drop,
            attn_drop=attn_drop,
            drop_path=drop_path[i] if isinstance(drop_path, list) else
drop_path,
            norm_layer=norm_layer)
        for i in range(depth)])

    # patch merging layer    即 PatchMerging 类
    if downsample is not None:
        self.downsample = downsample(dim=dim, norm_layer=norm_layer)
    else:
        self.downsample = None

def create_mask(self, x, H, W):
    # calculate attention mask for SW-MSA
    # 保证 Hp 和 Wp 是 window_size 的整数倍
    Hp = int(np.ceil(H / self.window_size)) * self.window_size
    Wp = int(np.ceil(W / self.window_size)) * self.window_size
    # 拥有和 feature map 一样的通道排列顺序，方便后续 window_partition
    img_mask = torch.zeros((1, Hp, Wp, 1), device=x.device)  # [1, Hp, Wp, 1]
    h_slices = (slice(0, -self.window_size),
                slice(-self.window_size, -self.shift_size),
                slice(-self.shift_size, None))
    w_slices = (slice(0, -self.window_size),
                slice(-self.window_size, -self.shift_size),
                slice(-self.shift_size, None))
    cnt = 0
    for h in h_slices:
        for w in w_slices:
            img_mask[:, h, w, :] = cnt
            cnt += 1
```

```python
        # 将 img_mask 划分成一个一个窗口
        mask_windows = window_partition(img_mask, self.window_size)  # [nW, Mh, Mw, 1]    # 输出的是按照指定的 window_size 划分成一个一个窗口的数据
        mask_windows = mask_windows.view(-1, self.window_size * self.window_size)  # [nW, Mh*Mw]
        attn_mask = mask_windows.unsqueeze(1) - mask_windows.unsqueeze(2)
        # [nW, 1, Mh*Mw] - [nW, Mh*Mw, 1]  使用了广播机制
        # [nW, Mh*Mw, Mh*Mw]
        # 因为需要求得的是自身注意力机制，所以相同的区域使用 0 表示；不同的区域不等于 0，填入-100
        attn_mask = attn_mask.masked_fill(attn_mask != 0, float(-100.0)).masked_fill(attn_mask == 0, float(0.0))   # 即对于不等于 0 的位置，赋值为-100；否则为 0
        return attn_mask

    def forward(self, x, H, W):
        attn_mask = self.create_mask(x, H, W)  # [nW, Mh*Mw, Mh*Mw]    # 制作 mask 蒙版
        for blk in self.blocks:
            blk.H, blk.W = H, W
            if not torch.jit.is_scripting() and self.use_checkpoint:
                x = checkpoint.checkpoint(blk, x, attn_mask)
            else:
                x = blk(x, attn_mask)
        if self.downsample is not None:
            x = self.downsample(x, H, W)
            H, W = (H + 1) // 2, (W + 1) // 2

        return x, H, W


class SwinTransformer(nn.Module):
    r""" Swin Transformer
        A PyTorch impl of : `Swin Transformer: Hierarchical Vision Transformer using Shifted Windows`  -
          https://arxiv.org/pdf/2103.14030

    Args:
        patch_size (int | tuple(int)): Patch size. Default: 4     表示通过 Patch Partition 层后，下采样几倍
        in_chans (int): Number of input image channels. Default: 3
```

```
        num_classes (int): Number of classes for classification head.
Default: 1000
        embed_dim (int): Patch embedding dimension. Default: 96
        depths (tuple(int)): Depth of each Swin Transformer layer.
        num_heads (tuple(int)): Number of attention heads in different
layers.
        window_size (int): Window size. Default: 7
        mlp_ratio (float): Ratio of mlp hidden dim to embedding dim. Default:
4
        qkv_bias (bool): If True, add a learnable bias to query, key, value.
Default: True
        drop_rate (float): Dropout rate. Default: 0
        attn_drop_rate (float): Attention dropout rate. Default: 0
        drop_path_rate (float): Stochastic depth rate. Default: 0.1
        norm_layer (nn.Module): Normalization layer. Default: nn.LayerNorm.
        patch_norm (bool): If True, add normalization after patch embedding.
Default: True
        use_checkpoint (bool): Whether to use checkpointing to save memory.
Default: False
    """

    def __init__(self, patch_size=4,    # 表示通过 Patch Partition 层后，下采样几倍
                 in_chans=3,             # 输入图像通道
                 num_classes=1000,       # 类别数
                 embed_dim=96,           # Patch partition 层后的 LinearEmbedding 层映射后的维度，之后的几层都是该数的整数倍  分别是 C、2C、4C、8C
                 depths=(2, 2, 6, 2),    # 表示每一个 Stage 模块内，Swin Transformer Block 重复的次数
                 num_heads=(3, 6, 12, 24), # 表示每一个 Stage 模块内，Swin Transformer Block 中采用的 Multi-Head self-Attention 的 head 的个数
                 window_size=7,          # 表示 W-MSA 与 SW-MSA 所采用的 window 的大小
                 mlp_ratio=4.,           # 表示 MLP 模块中，第一个全连接层增大的倍数
                 qkv_bias=True,
                 drop_rate=0.,           # 对应的 PatchEmbed 层后面的
                 attn_drop_rate=0.,      # 对应于 Multi-Head self-Attention 模块中对应的 dropRate
                 drop_path_rate=0.1,     # 对应于每一个 Swin-Transformer 模块中采用的 DropRate，其是慢慢递增的，从 0 增长到 drop_path_rate
```

```
                norm_layer=nn.LayerNorm,
                patch_norm=True,
                use_checkpoint=False, **kwargs):
        super().__init__()

        self.num_classes = num_classes
        self.num_layers = len(depths)  # depths:表示重复的Swin Transoformer
Block模块的次数,表示每一个Stage模块内Swin Transformer Block重复的次数
        self.embed_dim = embed_dim
        self.patch_norm = patch_norm
        # stage4输出特征矩阵的channels
        self.num_features = int(embed_dim * 2 ** (self.num_layers - 1))
        self.mlp_ratio = mlp_ratio

        # split image into non-overlapping patches    即将图片划分成一个个没有
重叠的patch
        self.patch_embed = PatchEmbed(
            patch_size=patch_size, in_c=in_chans, embed_dim=embed_dim,
            norm_layer=norm_layer if self.patch_norm else None)
        self.pos_drop = nn.Dropout(p=drop_rate)     # PatchEmbed层后面的
dropout层

        # stochastic depth
        dpr = [x.item() for x in torch.linspace(0, drop_path_rate,
sum(depths))]  # stochastic depth decay rule

        # build layers
        self.layers = nn.ModuleList()
        for i_layer in range(self.num_layers):
            # 这里的stage不包含该stage的patch_merging层,包含的是下个stage的
            layers = BasicLayer(dim=int(embed_dim * 2 ** i_layer),   # 传入特
征矩阵的维度,即channel方向的深度
                                depth=depths[i_layer],               # 表示当前
stage中需要堆叠多少Swin Transformer Block
                                num_heads=num_heads[i_layer],        # 表示每一个
Stage模块内的Swin Transformer Block中采用的Multi-Head self-Attention的head
的个数
                                window_size=window_size,             # 表示W-MSA
与SW-MSA所采用的window的大小
```

```
                            mlp_ratio=self.mlp_ratio,                # 表示MLP模
块中，第一个全连接层增大的倍数
                            qkv_bias=qkv_bias,
                            drop=drop_rate,                          # 对应的
PatchEmbed 层后面的
                            attn_drop=attn_drop_rate,                # 对应
Multi-Head self-Attention 模块中对应的 dropRate

drop_path=dpr[sum(depths[:i_layer]):sum(depths[:i_layer + 1])],      # 对应
于每一个 Swin-Transformer 模块中采用的 DropRate，其是慢慢递增的，从 0 增长到
drop_path_rate
                            norm_layer=norm_layer,
                            downsample=PatchMerging if (i_layer <
self.num_layers - 1) else None,   # 判断是否是第4个，因为第4个Stage是没有
PatchMerging 层的
                            use_checkpoint=use_checkpoint)
            self.layers.append(layers)

        self.norm = norm_layer(self.num_features)
        self.avgpool = nn.AdaptiveAvgPool1d(1)    # 自适应的全局平均池化
        self.head  =   nn.Linear(self.num_features, num_classes) if
num_classes > 0 else nn.Identity()

        self.apply(self._init_weights)

    def _init_weights(self, m):
        if isinstance(m, nn.Linear):
            nn.init.trunc_normal_(m.weight, std=.02)
            if isinstance(m, nn.Linear) and m.bias is not None:
                nn.init.constant_(m.bias, 0)
        elif isinstance(m, nn.LayerNorm):
            nn.init.constant_(m.bias, 0)
            nn.init.constant_(m.weight, 1.0)

    def forward(self, x):
        # x: [B, L, C]
        x, H, W = self.patch_embed(x)      # 对图像下采样4倍
        x = self.pos_drop(x)

        # 依次传入各个 stage 中
```

```python
        for layer in self.layers:
            x, H, W = layer(x, H, W)

        x = self.norm(x)  # [B, L, C]
        x = self.avgpool(x.transpose(1, 2))  # [B, C, 1]
        x = torch.flatten(x, 1)
        x = self.head(x)    # 经过全连接层,得到输出
        return x


def swin_tiny_patch4_window7_224(num_classes: int = 1000, **kwargs):
    # trained ImageNet-1K
    # https://github.com/SwinTransformer/storage/releases/download/v1.0.0/swin_tiny_patch4_window7_224.pth
    model = SwinTransformer(in_chans=3,
                            patch_size=4,
                            window_size=7,
                            embed_dim=96,
                            depths=(2, 2, 6, 2),
                            num_heads=(3, 6, 12, 24),
                            num_classes=num_classes,
                            **kwargs)
    return model


def swin_small_patch4_window7_224(num_classes: int = 1000, **kwargs):
    # trained ImageNet-1K
    # https://github.com/SwinTransformer/storage/releases/download/v1.0.0/swin_small_patch4_window7_224.pth
    model = SwinTransformer(in_chans=3,
                            patch_size=4,
                            window_size=7,
                            embed_dim=96,
                            depths=(2, 2, 18, 2),
                            num_heads=(3, 6, 12, 24),
                            num_classes=num_classes,
                            **kwargs)
    return model
```

```python
def swin_base_patch4_window7_224(num_classes: int = 1000, **kwargs):
    # trained ImageNet-1K
    # https://github.com/SwinTransformer/storage/releases/download/v1.0.0/swin_base_patch4_window7_224.pth
    model = SwinTransformer(in_chans=3,
                            patch_size=4,
                            window_size=7,
                            embed_dim=128,
                            depths=(2, 2, 18, 2),
                            num_heads=(4, 8, 16, 32),
                            num_classes=num_classes,
                            **kwargs)
    return model


def swin_base_patch4_window12_384(num_classes: int = 1000, **kwargs):
    # trained ImageNet-1K
    # https://github.com/SwinTransformer/storage/releases/download/v1.0.0/swin_base_patch4_window12_384.pth
    model = SwinTransformer(in_chans=3,
                            patch_size=4,
                            window_size=12,
                            embed_dim=128,
                            depths=(2, 2, 18, 2),
                            num_heads=(4, 8, 16, 32),
                            num_classes=num_classes,
                            **kwargs)
    return model


def swin_base_patch4_window7_224_in22k(num_classes: int = 21841, **kwargs):
    # trained ImageNet-22K
    # https://github.com/SwinTransformer/storage/releases/download/v1.0.0/swin_base_patch4_window7_224_22k.pth
```

```python
    model = SwinTransformer(in_chans=3,
                    patch_size=4,
                    window_size=7,
                    embed_dim=128,
                    depths=(2, 2, 18, 2),
                    num_heads=(4, 8, 16, 32),
                    num_classes=num_classes,
                    **kwargs)
    return model


def swin_base_patch4_window12_384_in22k(num_classes: int = 21841, **kwargs):
    # trained ImageNet-22K
    # https://github.com/SwinTransformer/storage/releases/download/v1.0.0/swin_base_patch4_window12_384_22k.pth
    model = SwinTransformer(in_chans=3,
                    patch_size=4,
                    window_size=12,
                    embed_dim=128,
                    depths=(2, 2, 18, 2),
                    num_heads=(4, 8, 16, 32),
                    num_classes=num_classes,
                    **kwargs)
    return model


def swin_large_patch4_window7_224_in22k(num_classes: int = 21841, **kwargs):
    # trained ImageNet-22K
    # https://github.com/SwinTransformer/storage/releases/download/v1.0.0/swin_large_patch4_window7_224_22k.pth
    model = SwinTransformer(in_chans=3,
                    patch_size=4,
                    window_size=7,
                    embed_dim=192,
                    depths=(2, 2, 18, 2),
                    num_heads=(6, 12, 24, 48),
```

```python
                    num_classes=num_classes,
                    **kwargs)
    return model


def swin_large_patch4_window12_384_in22k(num_classes: int = 21841, **kwargs):
    # trained ImageNet-22K
    # https://github.com/SwinTransformer/storage/releases/download/v1.0.0/swin_large_patch4_window12_384_22k.pth
    model = SwinTransformer(in_chans=3,
                    patch_size=4,
                    window_size=12,
                    embed_dim=192,
                    depths=(2, 2, 18, 2),
                    num_heads=(6, 12, 24, 48),
                    num_classes=num_classes,
                    **kwargs)
    return model
```

第 9 章
地图智能搜索算法应用

9.1 产品介绍

在地图服务中提供了千万级别的 POI（point of interest，兴趣点），在地图表达中，一个 POI 可以代表一栋大厦、一家商铺、一处景点等。地图服务的用户可以在搜索框中通过文本或语音输入关键词，通过 POI 搜索技术，实现找餐馆、找景点、找厕所等目的。如图 9-1 所示，关键词可以是结构化地址，例如，北京市朝阳区望京阜荣街 10 号；也可以是 POI 名称，例如，天安门；也可以是泛词，例如，景点。因此，POI 搜索效果对满足地图用户需求具有至关重要的作用。

POI 搜索是地图服务 App 的核心入口之一，用户通过搜索来满足不同场景下对位置的查找需求。搜索的长期目标是持续优化搜索体验，提升用户的搜索满意度，这就需要我们理解用户搜索意图，准确衡量搜索词与 POI 之间的相关程度，尽可能展示相关 POI 并将更相关的 POI 排序靠前。因此，搜索词与 POI 的相关性计算是 POI 搜索的重要环节。

与经典的网页搜索相比，地图中的 POI 搜索具有两方面的特色和难点：一方面，是地图对时空场景的高度敏感性，使得问题的复杂度提升；另一方面，是特殊产品形态带来的极端技术要求。

搜索列表页，即用户在输入完成、点击搜索后的结果召回。相比于经典网页搜索的知识获取，地图搜索的目标一定程度上可以理解成精准匹配。查询（Query）复杂与否，其大概率是指向确定需求的，如图 9-2 所示。而地图搜索列表其半图半文的特殊产品形态引入了图区展示，图区一方面挤压结果页展示空间，另一方面需要结果页精准，展示的图区会

第 9 章 地图智能搜索算法应用

根据结果列表进行调整。这一切都对头部结果的精准匹配提出了极端的要求，因此地图列表页搜索最核心的优化目标，是保证用户主需求能够排在列表页的首位展示，这就需要能够准确理解用户意图，实现高度精准的相关性匹配。

图 9-1 百度地图 POI 搜索示例

在地图搜索系统中，用户发起一次检索后，会经过如图 9-3 所示的流程。

随着地图搜索系统的不断演进，整体需求满足的核心问题已经集中在长尾上。对于底层召回，有着复杂口语化 Query、输错、跳字输入等场景带来的主需求召回难题；对于上层排序，面临着多元时空场景理解、复杂 Query 多域名中（POI 的名称、地址、别名、类别等多个信息域）带来的相关性匹配难题。不仅如此，地图特有的空间相关性问题也给主需求的精准匹配带来了巨大的难度。例如，图 9-2 中的例子，对于"南方软件园 办税服务大厅"这个 Query，其唯一主需求是"国家税务总局珠海高新技术产业开发区税务局（办税服务厅）"，地址位于南方软件园，这个例子中需要准确理解 Query 中空间描述信息是"南方软件园"，综合多元信息完成主需求的精准相关性匹配。

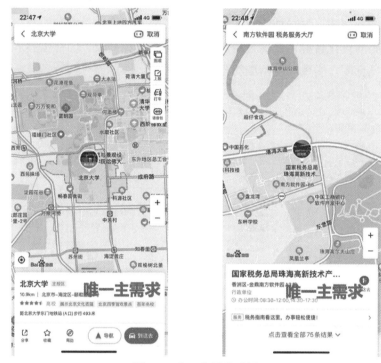

图 9-2 唯一主需求示例

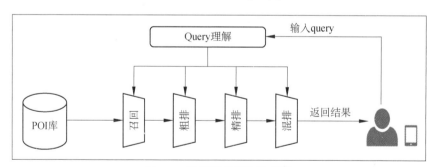

图 9-3 地图搜索系统流程图

为了更好地解决长尾问题，全面提升首位主需求召回，需要深度结合业界最先进的技术，通过对召回和排序的特征设计、模型优化取得下一个阶段的突破性成果，完成从用户输入、搜索到结果展现的体验优化。

本章节主要聚焦介绍地图搜索系统中召回阶段的深度语义召回模型，以及精排阶段的深度语义相关性模型。这两个模型均采用了百度 NLP 自研的基于知识增强的语义理解技术——文心一言 ERNIE，使用的深度学习框架是百度飞桨 PaddlePaddle。

下面介绍使用 pip 安装 PaddlePaddle2.6.0。PaddlePaddle2.6.0 要求操作系统是 64 位版本，处理器架构是 x86_64 架构，CUDA 版本是 11.0-12.0，Python 版本是 3.8/3.9/3.11/3.12，pip 的版本要求是 20.2.2+。安装 CPU 版本的命令如下。

```
python -m pip install paddlepaddle==2.6.0 -i https://mirror.baidu.com/pypi/simple
```

安装 GPU 版本的命令如下。

```
python -m pip install paddlepaddle-gpu==2.6.0 -i https://mirror.baidu.com/pypi/simple
```

9.2 文本匹配任务

如图 9-4 所示，双塔模型相比于单塔模型，最明显的优势在于我们可以在离线的时候获取 Doc Embedding，这样便可以提前将其存入数据库中。所以在使用双塔模型的时候，不需要像单塔模型那样实时计算 Doc Embedding，而只需要从数据库中检索出对应的 Doc Embedding，然后在线与计算的 Query Embedding 进行互操作就可以了，大大提高了计算效率，在实际应用中非常容易落地。但同时，双塔的优点也变成制约自身的缺点。

☑ 缺点 1：双塔模型使用的特征缺少交叉组合类型的特征。

一般在做搜索推荐模型的时候，设计一些 Query 侧特征和 Doc 侧特征的组合特征是非常有效的判断信号。但是，如果使用双塔模型，将缺乏来自两侧的组合特征，会产生效果损失。

☑ 缺点 2：Query 与 Doc 发生特征交叉的时机太晚，可能会丢失一些细节特征。

对于双塔模型，两侧特征只有在 Query Embedding 和 Doc Embedding 发生内积的时候，两者才进行交互，而此时的 Query Embedding 和 Doc Embedding 已经是两侧特征经过多次非线性变换后得到的一个表征 Query 或者 Doc 整体的 Embedding 了，细粒度的特征已经缺失。

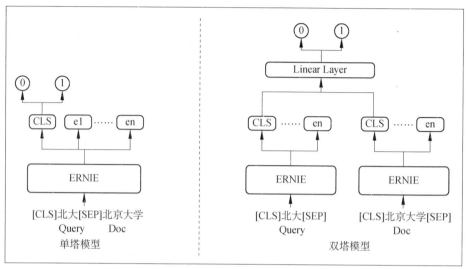

图 9-4 单塔与双塔模型架构

9.3 ERNIE 简介

BERT 的基本模型是 Transformer，它的预训练任务是完形填空和上下句预测，这里的完形填空是指简单的 15% 的随机字的掩码，模型需要去预测被掩码的字是什么。但是这种方法存在一个问题：它只学习到了局部的语言信号，缺乏对句子全局建模，难以学习到词、短语、实体的完整语义。

百度在 2019 年提出的 ERNIE（enhanced representation through knowledge integration）是基于知识融合的新一代语义表示模型，其基本模型也是 Transformer。其创新性地将大数据预训练与多源丰富的知识相结合，通过持续学习技术，不断吸收海量文本数据中的词汇、结构、语义等方面的新知识，实现模型学习效果不断进化，显著提升了产品智能化水平。

ERNIE1.0 的核心思想是知识融合，通过建模海量数据中的词、实体及实体关系，学习真实世界的语义知识。实验发现，相较于 BERT 学习原始语言信号，ERNIE 直接对先验语义知识单元进行建模，增强了模型语义表示能力，比 BERT 具有更好的知识推理能力。

ERNIE 与 BERT 知识推理能力对比如表 9-1 所示。

第 9 章　地图智能搜索算法应用

表 9-1　ERNIE 与 BERT 知识推理能力测试

Cloze Test	ERNIE	BERT	答案
戊戌变法，又称百日维新，是＿＿＿＿、梁启超等维新派人士通过光绪帝进行的一场资产阶级改良	康有为	孙世昌	康有为
＿＿＿＿是中国神魔小说的经典之作，达到了古代长篇浪漫主义小说的巅峰，与《三国演义》《水浒传》《红楼梦》并称为中国古典四大名著	西游记	《小》	西游记
相对论是关于时空和引力的理论，主要由＿＿＿＿创立	爱因斯坦	卡尔斯所	爱因斯坦

ERNIE2.0 提出了持续学习的语义理解框架。在大数据和先验知识的基础上，构建了词法、句法、语义相关的一系列自然语言处理任务，这些任务会在框架内持续训练学习，更新整个 ERNIE 模型，从而对下游任务有一个更好的理解，极大地增强了通用语义表示能力。

ERNIE3.0 基于 Transformer-XL 模型，Transformer-XL 采用了片段递归（segment-level recurrence）机制使其可以处理无尽长度的文本，而 GPT-3 只能处理 2048 长度的文本。该模型使用了一个深层（48 层）网络，隐向量是 4086 维，64 个注意力头。ERNIE3.0 4TB 语料的来源，除了 ERNIE2.0 中的对话、百科、wiki 等语料之外，还加入了百度自有的搜索数据、互联网的 Web 数据、QA 问答的长文本/短文本，以及小说、诗歌、对联、医疗、法律、金融等领域数据，最后还引入了知识图谱的数据，并对优质数据进行了加权以便更好地引入这些数据。ERNIE3.0 模型会产出一个双分支结构的面向任务的表示，在一个模型内能完成理解和生成两个任务，两个任务模型的参数是非共享的，理解任务使用了自编码的方式，生成任务使用了自回归的方式。

ERNIE 框架的下载地址：https://github.com/PaddlePaddle/ERNIE.git。文本匹配任务位于 ./tasks/text_matching。

ERNIE 框架的项目结构如下所示。

```
.
|-- README.md    ### 说明文档
|-- data         ### 示例数据文件夹，包括各任务所需的训练集、测试集、验证集和预测集
|   |-- dev_data
|   |   `-- dev.txt
|   |-- dev_data_tokenized
|   |   `-- dev.txt
|   |-- dict
```

```
|   |   `-- vocab.txt
|   |-- download_data.sh
|   |-- predict_data
|   |   `-- infer.txt
|   |-- predict_data_tokenized
|   |   `-- infer.txt
|   |-- test_data
|   |   `-- test.txt
|   |-- test_data_tokenized
|   |   `-- test.txt
|   |-- train_data_pairwise
|   |   `-- train.txt
|   |-- train_data_pairwise_tokenized
|   |   `-- train.txt
|   `-- train_data_pointwise
|       `-- train.txt
|-- data_set_reader    ### 与匹配任务相关的数据读取代码
|   `-- ernie_classification_dataset_reader.py   ### 使用ERNIE的FC匹配任务专用的数据读取代码
|-- examples    ### 各典型网络的json配置文件，infer.json后缀的为对应的预测配置文件
|   |-- mtch_bow_pairwise_ch.json
|   |-- mtch_bow_pairwise_ch_infer.json
|   |-- mtch_ernie_fc_pointwise_ch.json
|   |-- mtch_ernie_fc_pointwise_ch_infer.json
|   |-- mtch_ernie_pairwise_simnet_ch.json
|   |-- mtch_ernie_pairwise_simnet_ch_infer.json
|   |-- mtch_ernie_pointwise_simnet_ch.json
|   `-- mtch_ernie_pointwise_simnet_ch_infer.json
|-- inference    ### 模型预测代码
|   |-- __init__.py
|   `-- custom_inference.py    ### 文本匹配任务通用的模型预测代码
|-- model    ### 文本匹配任务相关的网络文件
|   |-- base_matching.py
|   |-- bow_matching_pairwise.py
|   |-- ernie_matching_fc_pointwise.py
|   |-- ernie_matching_siamese_pairwise.py
|   `-- ernie_matching_siamese_pointwise.py
```

```
|-- run_infer.py     ### 依靠json进行模型预测的入口脚本
|-- run_trainer.py   ### 依靠json进行模型训练的入口脚本
`-- trainer    ### 模型训练和评估代码
   |-- __init__.py
   |-- custom_dynamic_trainer.py   ### 动态库模式下的模型训练评估代码
   `-- custom_trainer.py   ### 静态图模式下的模型训练评估代码
```

在文心一言中，基于 ERNIE 的模型不需要用户自己分词和生成词表，词表由 ERNIE 提供，./models_hub 路径下各 ERNIE 模型文件夹下存在着对应的词表文件，用户可根据需要进行选择；非 ERNIE 的模型需要用户提前分好词，词之间使用空格分隔，并生成词表文件。所有数据集、词表文件、标签文件等都必须采用 utf-8 格式。

文心一言预置的文本匹配的模型源文件在 ./tasks/text_matching/model 目录下，配置文件在 ./tasks/text_matching/examples 目录下。

9.4 深度语义召回

传统的关键词召回机制通过倒排索引、trie 树索引、geohash 空间索引等技术能够解决简单、规整 Query 的召回问题。但对于表意不完整、冗余、错字或跳字等复杂 Query，关键词召回机制则比较难处理。为了更有效地解决复杂 Query 的召回问题，地图检索召回深度结合预训练模型 ERNIE，训练基于双塔 Pointwise 范式的语义匹配模型，在保障平均响应时间稳定的前提下，通过 ANN 向量索引的机制，提升底层召回率，为上层排序打下坚实的基础。

1. 数据准备

从用户日志中筛选出用户点击的兴趣点 POI 和 Query 作为样本，并组成 Pointwise 格式的千万级训练数据。正样本格式如下所示，每行对应一个样本，由"\t"分隔符分隔成 3 列。

```
北大\t北京大学$pku$大学,学校\t1
雪优花园\t雪优花园$华明海上国际雪优花园$住宅\t1
```

- 第 1 列是用户 Query。
- 第 2 列是用户点击 POI 的名称、别名以及标签，由 "$" 符号分隔。如第一行的第 2 列中，"北京大学"是 POI 的名称，"pku"是别名，"大学，学校"是该 POI 的标签。
- 第 3 列是样本标签，1 表示正样本，0 表示负样本。

难负样本挖掘一直是语义召回的研究热点和核心策略。本项目采用 Matrix-wise 训练策略进行难负样本（hardest negative）挖掘，在一个 batch 内构建正例对 "q1-t1"、"q2-t2"……"qn-tn"矩阵，在 batch-1 个负样本里挑选和 query 相似度最大的 POI 作为最难负例，基于最难负例进行梯度更新。难负样本的好处是只关注难学习的负样本，使得模型梯度更大，收敛更快。Matrix-wise 范式能够在训练时更加逼近真实的召回场景，取得了显著收益。图 9-5 中红色代表正样本，蓝色代表难负样本，灰色表示简单负样本。

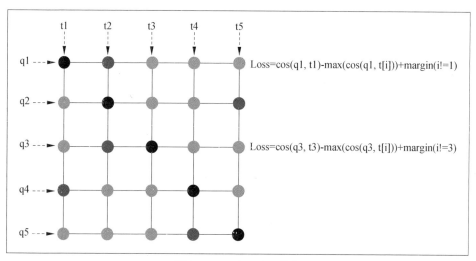

图 9-5　Matrix-wise 范式

2. 技术方案

为了满足上线的性能要求，保证召回 Top100 POI 的 CPU 响应时间控制在 5ms 内，采用结构裁剪后的 3 层 2 头的 ERNIE 模型，隐向量维度为 256。同时，为了进一步提升性能，删除了 Transformer 中复杂度较高的 Feed Forward 层，并将激活函数 ReLU 移动到多头注意力的全连接层上，用于保持模型的非线性能力。

该项目使用的模型文件为 ./tasks/text_matching/model/ernie_matching_siamese_pointwise。

py，其改进了代码以使用 Matrix-wise 范式的难负样本挖掘方式。

```python
# -*- coding: utf-8 -*
"""
ErnieMatchingFcPointwise
"""
import paddle
import numpy as np
import re
from erniekit.common.register import RegisterSet
from erniekit.common.rule import InstanceName
from erniekit.modules.ernie_recall import ErnieRecallModel
from erniekit.modules.ernie_config import ErnieConfig
from model.base_matching import BaseMatching
from erniekit.modules.ernie_lr import LinearWarmupDecay
from erniekit.metrics import metrics
import logging
import collections


@RegisterSet.models.register
class ErnieMatchingSiamesePointwise(BaseMatching):
    """
    ErnieMatchingFcPointwise：使用 TextFieldReader 组装数据，只返回 src_id 和 length，
    用户可以使用 src_id 生成 embedding
    """

    def __init__(self, model_params):
        BaseMatching.__init__(self, model_params)

    def structure(self):
        """网络结构组织
        :return:
        """
        self.num_labels = self.model_params.get('num_labels', 2)  # 模型标签数

        # 获得 ERNIE 模型的超参数文件
        emb_params = self.model_params.get("embedding")
        config_path = emb_params.get("config_path")
        self.ernie_config = ErnieConfig(config_path)

        self.hidden_size = self.ernie_config['hidden_size']  # 隐向量维度
```

```python
        self.ernie_model = ErnieRecallModel(self.ernie_config, name='') # ERNIE 裁剪模型架构
        self.fc_hidden_size = 128 # 输出向量的维度
        initializer = paddle.nn.initializer.TruncatedNormal(std=0.02)
        self.fc_layer = paddle.nn.Linear(self.hidden_size, self.fc_hidden_size)

    def forward(self, fields_dict, phase):
        """前向计算组网部分，必须由子类实现
        :return: loss , fetch_list
        """
        fields_name = ["text_a", "text_b"]
        emb_dict = {}
        target_feed_list = []
        ernie_feed_list = []
        for name in fields_name:
            instance_text = fields_dict[name]
            record_id_text = instance_text[InstanceName.RECORD_ID]
            text_src_ids = record_id_text[InstanceName.SRC_IDS]
            text_sent_ids = record_id_text[InstanceName.SENTENCE_IDS]
            text_task_ids = record_id_text[InstanceName.TASK_IDS]
            cls_embedding, tokens_embedding = self.ernie_model(src_ids=text_src_ids, sent_ids=text_sent_ids, task_ids=text_task_ids)
            if phase == InstanceName.SAVE_INFERENCE:
                target_feed_list.append(text_src_ids)
                target_feed_list.append(text_sent_ids)
                if self.ernie_config.get('use_task_id', False):
                    target_feed_list.append(text_task_ids)
            emb_dict[name] = cls_embedding
        # [batch_size, hidden_size]
        emb_text_a = self.fc_layer(emb_dict["text_a"])
        emb_text_b = self.fc_layer(emb_dict["text_b"])
        # 获得 text_a 和 text_b 的相似度
        cos_sim = paddle.matmul(emb_text_a, emb_text_b, transpose_y=True)
        # 提取对角线元素作为正样本相似度
        pos_sim = paddle.diagonal(cos_sim)
        pos_logits = paddle.stack([pos_sim, 1.0 - pos_sim], axis=1)

        if phase == InstanceName.SAVE_INFERENCE:
            target_predict_list = [pos_logits]
            target_feed_list.extend(ernie_feed_list)
            if self.ernie_config.get('use_task_id', False):
```

```
                target_feed_name_list = ['text_a#src_ids', 'text_a#sent_
ids', 'text_a#task_ids', 'text_b#src_ids', 'text_b#sent_ids', 'text_
b#task_ids']
            else:
                target_feed_name_list = ['text_a#src_ids', 'text_a#sent_
ids', 'text_b#src_ids', 'text_b#sent_ids']
        forward_return_dict = {
            InstanceName.TARGET_FEED: target_feed_list,
            InstanceName.TARGET_FEED_NAMES: target_feed_name_list,
            InstanceName.TARGET_PREDICTS: target_predict_list
        }
        return forward_return_dict

    # 提取非对角线元素最大值作为负样本相似度
    # 创建一个掩码来排除对角线元素
    mask = paddle.ones_like(cos_sim) - paddle.eye(cos_sim.shape[0], 
dtype=paddle.bool)
    # 应用掩码并找到每行的最大值
    neg_sim, _ = paddle.max(cos_sim * mask.astype('float32'), axis=1)
    neg_logits = paddle.stack([1.0 - neg_sim, neg_sim], axis=1)
    # 将正负样本相似度合并
    predictions = paddle.stack([pos_logits, neg_logits], axis=0)
    # 计算损失函数
    cost = paddle.mean(pos_sim - neg_sim + self.margin)
    # 构建标签
    pos_labels = paddle.ones((cos_sim.shape[0], 1))
    neg_labels = paddle.zeros((cos_sim.shape[0], 1))
    labels = paddle.stack([pos_labels, neg_labels], axis=0)

    forward_return_dict = {
        InstanceName.PREDICT_RESULT: predictions,
        InstanceName.LABEL: label,
        InstanceName.LOSS: cost
    }

    return forward_return_dict

    def set_optimizer(self):
        """
        :return: optimizer
        """
```

```python
        # 学习率和权重的衰减设置在 optimizer 中，loss 的缩放设置在 amp 中（在各个
trainer 中进行设置）。
        # TODO:需要考虑学习率衰减、权重衰减设置、 loss 的缩放设置
        opt_param = self.model_params.get('optimization', None)
        self.lr = opt_param.get("learning_rate", 2e-5)
        weight_decay = opt_param.get("weight_decay", 0.01)
        use_lr_decay = opt_param.get("use_lr_decay", False)
        epsilon = opt_param.get("epsilon", 1e-6)
        g_clip = paddle.nn.ClipGradByGlobalNorm(1.0)
        param_name_to_exclue_from_weight_decay = re.compile(r'.*layer_norm_scale|.*layer_norm_bias|.*b_0')

        parameters = None
        if self.is_dygraph:
            parameters = self.parameters()
        if use_lr_decay:
            max_train_steps = opt_param.get("max_train_steps", 0)
            warmup_steps = opt_param.get("warmup_steps", 0)
            self.lr_scheduler = LinearWarmupDecay(base_lr=self.lr, end_lr=0.0, warmup_steps=warmup_steps, decay_steps=max_train_steps, num_train_steps=max_train_steps)
            self.optimizer = paddle.optimizer.AdamW(learning_rate=self.lr_scheduler,parameters=parameters, weight_decay=weight_decay, apply_decay_param_fun=lambda n: not \nparam_name_to_exclue_from_weight_decay.match(n), epsilon=epsilon, grad_clip=g_clip)
        else:
            self.optimizer = paddle.optimizer.AdamW(self.lr, parameters=parameters, weight_decay=weight_decay, apply_decay_param_fun=lambda n: not param_name_to_exclue_from_weight_decay.match(n), epsilon=epsilon, grad_clip=g_clip)
        return self.optimizer

    def get_metrics(self, forward_return_dict, meta_info, phase):
        """
        :param forward_return_dict: 前向计算得出的结果
        :param meta_info: 常用的 meta 信息，如 step, used_time, gpu_id 等
        :param phase: 当前调用的阶段，包含训练和评估
        :return:
        """
        predictions = forward_return_dict[InstanceName.PREDICT_RESULT]
        label = forward_return_dict[InstanceName.LABEL]
        # paddle_acc = forward_return_dict["acc"]
```

```python
        if self.is_dygraph:
            if isinstance(predictions, list):
                predictions = [item.numpy() for item in predictions]
            else:
                predictions = predictions.numpy()
            if isinstance(label, list):
                label = [item.numpy() for item in label]
            else:
                label = label.numpy()
        metrics_acc = metrics.Acc()
        acc = metrics_acc.eval([predictions, label])
        metrics_pres = metrics.Precision()
        precision = metrics_pres.eval([predictions, label])
        if phase == InstanceName.TRAINING:
            step = meta_info[InstanceName.STEP]
            time_cost = meta_info[InstanceName.TIME_COST]
            loss = forward_return_dict[InstanceName.LOSS]
            if isinstance(loss, paddle.Tensor):
                loss_np = loss.numpy()
                mean_loss = np.mean(loss_np)
            else:
                mean_loss = np.mean(loss)
            logging.info("phase = {0} loss = {1} acc = {2} precision = {3} step = {4} time_cost = {5}".format(
                phase, mean_loss, acc, precision, step, round(time_cost, 4)))
        if phase == InstanceName.EVALUATE or phase == InstanceName.TEST:
            time_cost = meta_info[InstanceName.TIME_COST]
            step = meta_info[InstanceName.STEP]
            logging.info("phase = {0} acc = {1} precision = {2} time_cost = {3} step = {4}".format(
                phase, acc, precision, round(time_cost, 4), step))
        metrics_return_dict = collections.OrderedDict()
        metrics_return_dict["acc"] = acc
        metrics_return_dict["precision"] = precision
        return metrics_return_dict
```

改造./erniekit/modules/ernie.py 为./erniekit/modules/ernie_recall.py，代码如下。

```
# -*- coding: utf-8 -*
"""
ERNIE 裁剪网络结构
"""
```

```python
import logging

import paddle
from paddle import nn
from paddle.nn import functional as F

# 激活函数
ACT_DICT = {
    'relu': nn.ReLU,
    'gelu': nn.GELU,
}

class ErnieRecallModel(nn.Layer):
    """ ernie recall model """

    def __init__(self, cfg, name=''):
        """
        Fundamental pretrained Ernie model
        """
        nn.Layer.__init__(self)
        self.cfg = cfg
        d_model = cfg['hidden_size']  # 模型的隐向量维度
        d_emb = cfg.get('emb_size', cfg['hidden_size'])  # embedding 向量维度
        d_vocab = cfg['vocab_size']  # 词表大小
        d_pos = cfg['max_position_embeddings']  # 最大长度
        if cfg.has('sent_type_vocab_size'):
            d_sent = cfg['sent_type_vocab_size']
        else:
            d_sent = cfg.get('type_vocab_size', 2)

        self.n_head = cfg['num_attention_heads']  # 注意力头数
        self.return_additional_info = cfg.get('return_additional_info', False)
        self.initializer = nn.initializer.TruncatedNormal(std=cfg['initializer_range'])  # 参数初始化方法
        self.ln = _build_ln(d_model, name=append_name(name, 'pre_encoder'))  # 层归一化函数
        # 词嵌入
        self.word_emb = nn.Embedding(
            d_vocab,
            d_emb,
```

```
            weight_attr=paddle.ParamAttr(name=append_name(name,
'word_embedding'), initializer=self.initializer))
        # 位置嵌入
        self.pos_emb = nn.Embedding(
            d_pos,
            d_emb,
            weight_attr=paddle.ParamAttr(name=append_name(name,
'pos_embedding'), initializer=self.initializer))
        # 句子序号嵌入
        self._use_sent_id = cfg.get('use_sent_id', True)
        if self._use_sent_id:
            self.sent_emb = nn.Embedding(
                d_sent,
                d_emb,
                weight_attr=paddle.ParamAttr(name=append_name(name,
'sent_embedding'), initializer=self.initializer))
        # 任务嵌入
        self._use_task_id = cfg.get('use_task_id', False)
        if self._use_task_id:
            self._task_types = cfg.get('task_type_vocab_size', 3)
            logging.info('using task_id, #task_types:{}'.format(self._task_
types))
            self.task_emb = nn.Embedding(
                self._task_types,
                d_emb,
                weight_attr=paddle.ParamAttr(name=append_name(name,
'task_embedding'), initializer=self.initializer))
        # dropout 正则化
        prob = cfg['hidden_dropout_prob']
        self.dropout = nn.Dropout(p=prob)
        # 多层多头注意力机制
        self.encoder_stack = ErnieEncoderStack(cfg, append_name(name,
'encoder'))

        if cfg.get('has_pooler', True):
            self.pooler = _build_linear(cfg['hidden_size'], cfg['hidden_
size'], append_name(name, 'pooled_fc'),
                self.initializer)
        else:
            self.pooler = None
```

```python
        self.train()

    def train(self):
        """ train """
        if paddle.in_dynamic_mode():
            super(ErnieRecallModel, self).train()
        self.training = True
        for l in self.sublayers():
            l.training = True
        return self

    def forward(self,
                src_ids,
                sent_ids=None,
                pos_ids=None,
                input_mask=None,
                task_ids=None,
                attn_bias=None,
                past_cache=None,
                use_causal_mask=False):
        """
        Args:
            src_ids (`Variable` of shape `[batch_size, seq_len]`):
                Indices of input sequence tokens in the vocabulary.
            sent_ids (optional, `Variable` of shape `[batch_size, seq_len]`):
                aka token_type_ids, Segment token indices to indicate first and second portions of the inputs.
                if None, assume all tokens come from `segment_a`
            pos_ids(optional, `Variable` of shape `[batch_size, seq_len]`):
                Indices of positions of each input sequence tokens in the position embeddings.
            input_mask(optional `Variable` of shape `[batch_size, seq_len]`):
                Mask to avoid performing attention on the padding token indices of the encoder input.
            task_ids(optional `Variable` of shape `[batch_size, seq_len]`):
                task type for pre_train task type
            attn_bias(optional, `Variable` of shape `[batch_size, seq_len, seq_len] or False`):
                3D version of `input_mask`, if set, overrides `input_mask`; if set not False, will not apply attention mask
```

```
                past_cache(optional, tuple of two lists: cached key and cached
value,
                each is a list of `Variable`s of shape `[batch_size, seq_len,
hidden_size]`):
                cached key/value tensor that will be concated to generated
key/value when performing self attention.
                if set, `attn_bias` should not be None.

    Returns:
        pooled (`Variable` of shape `[batch_size, hidden_size]`):
            output logits of pooler classifier
        encoded(`Variable` of shape `[batch_size, seq_len, hidden_
size]`):
            output logits of transformer stack
        info (Dictionary):
            addtional middle level info, inclues: all hidden stats, k/v
caches.
    """
    # src_ids 必须是[batch_size, seq_len]的形式
    assert len(src_ids.shape) == 2, 'expect src_ids.shape = [batch,
sequecen], got %s' % (repr(src_ids.shape))
    assert attn_bias is not None if past_cache else True, 'if
`past_cache` specified; attn_bias must not be None'
    # 句子长度
    d_seqlen = paddle.shape(src_ids)[1]
    if pos_ids is None: # 生成位置id
        pos_ids = paddle.arange(0, d_seqlen, 1, dtype='int32').reshape
([1, -1]).cast('int64')

    if attn_bias is None:
        if input_mask is None:
            input_mask = paddle.cast(src_ids != 0, 'float32')
        assert len(input_mask.shape) == 2
        input_mask = input_mask.unsqueeze(-1)
        attn_bias = input_mask.matmul(input_mask, transpose_y=True)
        if use_causal_mask:
            sequence = paddle.reshape(paddle.arange(0, d_seqlen, 1,
dtype='float32') + 1., [1, 1, -1, 1])
            causal_mask = (sequence.matmul(1. / sequence, transpose_y=
True) >= 1.).cast('float32')
            attn_bias *= causal_mask
    else:
```

```python
        assert len(attn_bias.shape) == 3, 'expect attn_bias tobe rank 3, got %r' % attn_bias.shape

        attn_bias = (1. - attn_bias) * -10000.0
        attn_bias = attn_bias.unsqueeze(1).tile([1, self.n_head, 1, 1])  # avoid broadcast =_=

        if sent_ids is None:
            sent_ids = paddle.zeros_like(src_ids)

        src_embedded = self.word_emb(src_ids) # 词嵌入
        pos_embedded = self.pos_emb(pos_ids) # 位置嵌入
        embedded = src_embedded + pos_embedded # 将词嵌入和位置嵌入求和
        if self.use_sent_id: # 句子序号嵌入
            sent_embedded = self.sent_emb(sent_ids)
            embedded = embedded + sent_embedded
        if self.use_task_id:
            task_embedded = self.task_emb(task_ids)
            embedded = embedded + task_embedded

        embedded = self.dropout(self.ln(embedded)) # 对嵌入层进行层归一化和dropout处理

        encoded, hidden_list, cache_list = self.encoder_stack(embedded, attn_bias, past_cache=past_cache)

        if self.pooler is not None:
            pooled = F.tanh(self.pooler(encoded[:, 0, :]))
        else:
            pooled = None

        additional_info = {
            'hiddens': hidden_list,
            'caches': cache_list,
        }

        if self.return_additional_info:
            return pooled, encoded, additional_info
        return pooled, encoded


class ErnieEncoderStack(nn.Layer):
```

```python
    """ ernie encoder stack """

    def __init__(self, cfg, name=None):
        super(ErnieEncoderStack, self).__init__()
        n_layers = cfg['num_hidden_layers'] # 层数
        self.block = nn.LayerList([
            ErnieBlock(cfg, append_name(name, 'layer_%d' % i))
            for i in range(n_layers)
        ])

    def forward(self, inputs, attn_bias=None, past_cache=None):
        """ forward function """
        if past_cache is not None:
            assert isinstance(
                past_cache, tuple
            ), 'unknown type of `past_cache`, expect tuple or list. got %s' % repr(type(past_cache))
            past_cache = list(zip(*past_cache))
        else:
            past_cache = [None] * len(self.block)
        cache_list_k, cache_list_v, hidden_list = [], [], [inputs]

        for b, p in zip(self.block, past_cache):
            inputs, cache = b(inputs, attn_bias=attn_bias, past_cache=p)
            cache_k, cache_v = cache
            cache_list_k.append(cache_k)
            cache_list_v.append(cache_v)
            hidden_list.append(inputs)

        return inputs, hidden_list, (cache_list_k, cache_list_v)


class ErnieBlock(nn.Layer):
    """ ernie block class """

    def __init__(self, cfg, name=None):
        super(ErnieBlock, self).__init__()
        d_model = cfg['hidden_size']
        self.attn = AttentionLayer(cfg, name=append_name(name, 'multi_head_att'))
        self.ln1 = _build_ln(d_model, name=append_name(name, 'post_att'))
```

```python
        prob = cfg.get('intermediate_dropout_prob', cfg['hidden_dropout_
prob'])
        self.dropout = nn.Dropout(p=prob)

    def forward(self, inputs, attn_bias=None, past_cache=None):
        """ forward """
        attn_out, cache = self.attn(inputs, inputs, inputs, attn_bias,
past_cache=past_cache)  # self attention
        attn_out = self.dropout(attn_out)
        hidden = attn_out + inputs
        hidden = self.ln1(hidden)  # dropout/ add/ norm
        return hidden, cache


class AttentionLayer(nn.Layer):
    """ attention layer """

    def __init__(self, cfg, name=None):
        super(AttentionLayer, self).__init__()
        initializer = nn.initializer.TruncatedNormal(std=cfg['initializer_
range'])
        d_model = cfg['hidden_size']
        n_head = cfg['num_attention_heads']
        assert d_model % n_head == 0
        d_model_q = cfg.get('query_hidden_size_per_head', d_model //
n_head) * n_head
        d_model_v = cfg.get('value_hidden_size_per_head', d_model //
n_head) * n_head

        self.n_head = n_head
        self.d_key = d_model_q // n_head

        self.q = _build_linear(d_model, d_model_q, append_name(name, 'query_
fc'), initializer)
        self.k = _build_linear(d_model, d_model_q, append_name(name, 'key_
fc'), initializer)
        self.v = _build_linear(d_model, d_model_v, append_name(name, 'value_
fc'), initializer)
        self.o = _build_linear(d_model_v, d_model, append_name(name, 'output_
fc'), initializer)
        self.dropout = nn.Dropout(p=cfg['attention_probs_dropout_prob'])
        self.act = ACT_DICT[cfg['hidden_act']]()
```

```python
    def forward(self, queries, keys, values, attn_bias, past_cache):
        """ layer forward function """
        assert len(queries.shape) == len(keys.shape) == len(values.shape) == 3
        q = self.q(queries)
        k = self.k(keys)
        v = self.v(values)

        cache = (k, v)
        if past_cache is not None:
            cached_k, cached_v = past_cache
            k = paddle.concat([cached_k, k], 1)
            v = paddle.concat([cached_v, v], 1)

        # [batch, head, seq, dim]
        q = q.reshape([0, 0, self.n_head, q.shape[-1] // self.n_head]).transpose([0, 2, 1, 3])
        # [batch, head, seq, dim]
        k = k.reshape([0, 0, self.n_head, k.shape[-1] // self.n_head]).transpose([0, 2, 1, 3])
        # [batch, head, seq, dim]
        v = v.reshape([0, 0, self.n_head, v.shape[-1] // self.n_head]).transpose([0, 2, 1, 3])
        q = q.scale(self.d_key ** -0.5)
        score = q.matmul(k, transpose_y=True)

        if attn_bias is not None:
            score += attn_bias
        score = F.softmax(score)
        score = self.dropout(score)

        out = score.matmul(v).transpose([0, 2, 1, 3])
        out = out.reshape([0, 0, out.shape[2] * out.shape[3]])
        out = self.o(out)
        out = self.act(out)  # 在注意力的输出全连接层增加非线性函数
        return out, cache

def _build_linear(n_in, n_out, name, init):
    """
    """
    return nn.Linear(
```

```python
        n_in,
        n_out,
        weight_attr=paddle.ParamAttr(
            name='%s.w_0' % name if name is not None else None,
            initializer=init),
        bias_attr='%s.b_0' % name if name is not None else None)


def _build_ln(n_in, name):
    """
    """
    return nn.LayerNorm(
        normalized_shape=n_in,
        weight_attr=paddle.ParamAttr(
            name='%s_layer_norm_scale' % name if name is not None else None,
            initializer=nn.initializer.Constant(1.)),
        bias_attr=paddle.ParamAttr(
            name='%s_layer_norm_bias' % name if name is not None else None,
            initializer=nn.initializer.Constant(0.)))


def append_name(name, postfix):
    """ append name with postfix """
    if name is None:
        ret = None
    elif name == '':
        ret = postfix
    else:
        ret = '%s_%s' % (name, postfix)
    return ret
```

对训练模型的配置文件./examples/mtch_ernie_pointwise_simnet_ch.json进行改进，该配置文件由三部分组成，分别为dataset_reader、model、trainer，其说明和文件内容如下。

- ☑ dataset_reader部分是对训练集train_reader、测试集test_reader及验证集dev_reader的配置说明。对于使用ERNIE模型训练的数据集，其文本域的类型取值是ErnieTextFieldReader，用户不需要自己分词，内部使用的分词类是FullTokenizer，默认实现算法是WordPiece，并自动添加padding、mask、position等信息，词汇表的下载脚本为./model_hub/download_ernie_2.0_base_ch.sh。config中说明了数据集的路径、批大小batch_size、训练轮次epoch、是否打乱样本顺序shuffle等。

- ☑ model 部分是对模型超参数等的说明，type 是模型类名，is_dygraph 是否开启动态图，optimization 中设置了模型超参数，如学习率 learning_rate，embedding 中的 config_path 是裁剪后 ERNIE 模型的参数，内容如下。

```
{
 "attention_probs_dropout_prob": 0.1,
 "hidden_act": "relu",
 "hidden_dropout_prob": 0.1,
 "hidden_size": 256,
 "initializer_range": 0.02,
 "max_position_embeddings": 513,
 "num_attention_heads": 2,
 "num_hidden_layers": 3,
 "sent_type_vocab_size": 4,
 "vocab_size": 18000
}
```

- ☑ trainer 部分是对训练过程的说明，PADDLE_PLACE_TYPE 设置为 cpu 或 gpu，save_model_step 表示每若干步保存一次模型参数，pre_train_model 非空列表表示使用预训练模型，output_path 表示保存模型的路径。

```
{
"dataset_reader": {
  "train_reader": {
    "name": "train_reader",
    "type": "BasicDataSetReader",
    "fields": [
      {
        "name": "text_a",
        "data_type": "string",
        "reader": {
          "type": "ErnieTextFieldReader"
        },
        "tokenizer": {
          "type": "FullTokenizer",
          "split_char": " ",
          "unk_token": "[UNK]",
          "params": null
        },
        "need_convert": true,
     "vocab_path": "../../models_hub/ernie_2.0_base_ch_dir/vocab.txt",
```

```
      "max_seq_len": 512,
      "truncation_type": 0,
      "padding_id": 0
    },
    {
      "name": "text_b",
      "data_type": "string",
      "reader": {
        "type": "ErnieTextFieldReader"
      },
      "tokenizer": {
        "type": "FullTokenizer",
        "split_char": " ",
        "unk_token": "[UNK]",
        "params": null
      },
      "need_convert": true,
      "vocab_path": "../../models_hub/ernie_2.0_base_ch_dir/vocab.txt",
      "max_seq_len": 512,
      "truncation_type": 0,
      "padding_id": 0
    },
    {
      "name": "label",
      "data_type": "int",
      "reader": {
        "type": "ScalarFieldReader"
      },
      "tokenizer": null,
      "need_convert": false,
      "vocab_path": "",
      "max_seq_len": 1,
      "truncation_type": 0,
      "padding_id": 0,
      "embedding": null
    }
  ],
  "config": {
    "data_path": "./data/train_data_pointwise",
    "shuffle": false,
    "batch_size": 8,
    "epoch": 5,
```

```
            "sampling_rate": 1.0,
            "need_data_distribute": true,
            "need_generate_examples": false
        }
    },
    "test_reader": {......},
    "dev_reader": {......},
"model": {
"type": "ErnieMatchingSiamesePointwise",
"is_dygraph": 1,
"optimization": {
"learning_rate": 5e-05,
"use_lr_decay": true,
"warmup_steps": 0,
"warmup_proportion": 0.1,
"weight_decay": 0.01,
"use_dynamic_loss_scaling": false,
"init_loss_scaling": 128,
"incr_every_n_steps": 100,
"decr_every_n_nan_or_inf": 2,
"incr_ratio": 2.0,
"decr_ratio": 0.8
},
"embedding": {
"config_path":
"../../models_hub/ernie_2.0_base_ch_dir/ernie_config.json"
}
},
"trainer": {
"type": "CustomDynamicTrainer",
"PADDLE_PLACE_TYPE": "gpu",
"PADDLE_IS_FLEET": 0,
"train_log_step": 10,
"use_amp": true,
"is_eval_dev": 0,
"is_eval_test": 1,
"eval_step": 100,
"save_model_step": 200,
"load_parameters": "",
"load_checkpoint": "",
"pre_train_model": [],
"output_path": "./output/mtch_ernie_2.0_recall_pointwise_simnet_ch",
```

```
"extra_param": {
"meta":{
"job_type": "text_matching"
}
}
}
}
```

训练模型的命令如下。

```
python run_trainer.py --param_path ./examples/mtch_ernie_pointwise_simnet_ch.json
```

预测模型的命令如下。

```
python run_infer.py --param_path ./examples/mtch_ernie_pointwise_simnet_ch_infer.json
```

9.5 深度语义相关性

随着地图检索系统的演进，相关性排序问题主要集中在长尾 Query 上。为了更好地解决长尾问题，需要在排序的核心特征等方面取得突破性进展。针对该问题，可基于 ERNIE 建设深度语义相关性作为核心特征，通过简单鲁棒的模型完成对 Top10 POI 的重排序，最终提升 TOP1 主需求排序效果。下面主要介绍深度语义相关性特征的建设。

1. 数据准备

人工标注 1 万条高精样本，每行样本由 3 列组成，列与列之间以"\t"分隔。第一列是 Query，表示用户查询词；第二列是 POI，表示真实物理世界的地点，具有名称、详细地址、别名、类别等多种文本信息；第三列是标签，表示 Query 和 POI 的相关性，按照相关程度可分为四个等级，0 表示不相关、1 表示弱相关、2 表示强相关、3 表示用户主需求。样本示例如下。

```
北大\t 北京大学$pku#北京市海淀区颐和园路 5 号#大学,学校\t3
北大\t 北京大学-文史楼##北京市海淀区颐和园路 5 号#教学楼\t2
北大\t 北京大学第三医院#北医三院#北京市海淀区花园北路 49 号#三甲医院,综合医院\t1
```

北大\t北京航空航天大学#北航#北京市海淀区学院路37号#大学,学校\t0

2. 技术方案

考虑到模型上线到 CPU 机器，并且要求预测时延小于 10ms，采用先训练出教师模型，再基于数据蒸馏训练出满足上线时延要求的学生模型的技术方案。如图 9-6 所示，基于少量的高精度人工标注数据，采用 ERNIE-Base2.0 预训练模型的单塔模型进行微调，可以显著提升排序相关的 nDCG@1 指标；以通用的 ERNIE 3.0-Tiny 模型作为数据蒸馏的热启动模型，最终产生效果接近教师模型的学生模型（评价指标 nDCG@1 相差 1%以内），同时满足效果和上线时延的要求。

3. 微调

大模型微调（fine-tuning）是指在已经预训练好的大型语言模型基础上，使用特定领域的数据集对模型进行进一步的训练，以使模型适应特定任务或领域。

预训练模型已经可以完成很多任务，如回答问题、总结数据、编写代码等。但是，并没有一个模型可以解决所有问题，尤其是行业内的专业问答、关于某个组织自身的信息等，这些是通用大模型所无法触及的。在这种情况下，就需要使用特定的数据集，对合适的预训练模型进行微调，以完成特定的任务、回答特定的问题等。

微调主要分为全微调和部分微调两种方法。

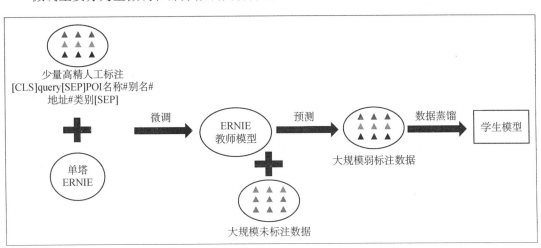

图 9-6　深度语义相关性技术方案

☑ 全微调（full fine-tuning）：是指对整个预训练模型进行微调，包括所有的模型参数。

在这种方法中，预训练模型的所有层和参数都会被更新和优化，以适应目标任务的需求。全微调需要较多的计算资源和时间，但可以获得更好的性能。
- ☑ 部分微调（repurposing）：是指在微调过程中只更新模型的顶层或少数几层，而保持预训练模型的底层参数不变。这种方法的目的是在保留预训练模型的通用知识的同时，通过微调顶层来适应特定任务。部分微调通常适用于目标任务与预训练模型之间有一定相似性的情况，或者任务数据集较小的情况。由于只更新少数层，部分微调相对于全微调需要较少的计算资源和时间，但在某些情况下性能可能会有所降低。

深度语义相关性模型基于 ERNIE-Base2.0（采用 12 层 12 头 768 维的 Transformer 基础模型）预训练模型，下载脚本为 ./models_hub/download_ernie_2.0_base_ch.sh，在人工标注的高精数据集上进行全微调。

进入 models_hub 目录命令如下。

```
cd ./applications/models_hub
```

运行预训练模型下载脚本命令如下。

```
sh download_ernie_2.0_base_ch.sh
```

模型文件为 ./tasks/text_matching/model/ernie_matching_fc_pointwise.py，内容如下。

```python
# -*- coding: utf-8 -*
"""
ErnieMatchingFcPointwise
"""
import sys
sys.path.append("../../../")
import paddle
import re
import numpy as np
from erniekit.common.register import RegisterSet
from erniekit.common.rule import InstanceName
from erniekit.modules.ernie import ErnieModel
from erniekit.modules.ernie_config import ErnieConfig
from model.base_matching import BaseMatching
from erniekit.modules.ernie_lr import LinearWarmupDecay
from erniekit.metrics import metrics
import logging
import collections
```

```python
@RegisterSet.models.register
class ErnieMatchingFcPointwise(BaseMatching):
    """ErnieMatchingFcPointwise:使用 TextFieldReader 组装数据,只返回 src_id 和
    length,用户可以使用 src_id 自己生成 embedding
    """

    def __init__(self, model_params):
        BaseMatching.__init__(self, model_params)

    def structure(self):
        """网络结构组织
        :return:
        """
        # ERNIE 模型超参数配置文件
        emb_params = self.model_params.get("embedding")
        config_path = emb_params.get("config_path")
        self.cfg_dict = ErnieConfig(config_path)
        self.hid_dim = self.cfg_dict['hidden_size']

        # ERNIE 网络结构
        self.ernie_model = ErnieModel(self.cfg_dict, name='')
        initializer = paddle.nn.initializer.TruncatedNormal(std=0.02)
        self.dropout = paddle.nn.Dropout(p=0.1, mode="upscale_in_train")
        self.fc_prediction = paddle.nn.Linear(in_features=self.hid_dim, out_features=1,
weight_attr=paddle.ParamAttr(name='cls.w_0', initializer=initializer), bias_attr='cls.b_0')
        # 使用均方误差损失函数
        self.loss = paddle.nn.MSELoss()

    def forward(self, fields_dict, phase):
        """前向计算组网部分,必须由子类实现
        :return: loss , fetch_list
        """
        instance_text = fields_dict["text_a"]
        record_id_text = instance_text[InstanceName.RECORD_ID]
        text_a_src = record_id_text[InstanceName.SRC_IDS]
        text_a_sent = record_id_text[InstanceName.SENTENCE_IDS]
        text_a_mask = record_id_text[InstanceName.MASK_IDS]
        text_a_task = record_id_text[InstanceName.TASK_IDS]
```

```python
        instance_label = fields_dict["label"]
        record_id_label = instance_label[InstanceName.RECORD_ID]
        label = record_id_label[InstanceName.SRC_IDS]
        cls_embedding, tokens_embedding = self.ernie_model(src_ids=text_a_src,
sent_ids=text_a_sent, task_ids=text_a_task)

        cls_feats = self.dropout(cls_embedding)
        predictions = self.fc_prediction(cls_feats)
        if phase == InstanceName.SAVE_INFERENCE:
            target_predict_list = [predictions]
            target_feed_list = [text_a_src, text_a_sent]
            target_feed_name_list = ["text_a#src_ids", "text_a#sent_ids"]
            if self.cfg_dict.get('use_task_id', False):
                target_feed_list.append(text_a_task)
                target_feed_name_list.append("text_a#task_ids")
            forward_return_dict = {
                InstanceName.TARGET_FEED: target_feed_list,
                InstanceName.TARGET_FEED_NAMES: target_feed_name_list,
                InstanceName.TARGET_PREDICTS: target_predict_list
            }
            return forward_return_dict
        cost = self.loss(predictions, label)
        forward_return_dict = {
            InstanceName.PREDICT_RESULT: predictions,
            InstanceName.LABEL: label,
            InstanceName.LOSS: cost
        }
        return forward_return_dict

    def set_optimizer(self):
        """
        :return: optimizer
        """
        # 学习率和权重的衰减设置在 optimizer 中, loss 的缩放设置在 amp 中（在各个trainer 中进行设置）。
        # TODO:需要考虑学习率衰减、权重衰减设置、loss 的缩放设置
        opt_param = self.model_params.get('optimization', None)
        self.lr = opt_param.get("learning_rate", 2e-5)
        weight_decay = opt_param.get("weight_decay", 0.01)
        use_lr_decay = opt_param.get("use_lr_decay", False)
```

```python
        epsilon = opt_param.get("epsilon", 1e-6)
        g_clip = paddle.nn.ClipGradByGlobalNorm(1.0)
        param_name_to_exclue_from_weight_decay = \
re.compile(r'.*layer_norm_scale|.*layer_norm_bias|.*b_0')

        parameters = None
        if self.is_dygraph:
            parameters = self.parameters()

        if use_lr_decay:
            max_train_steps = opt_param.get("max_train_steps", 0)
            warmup_steps = opt_param.get("warmup_steps", 0)
            self.lr_scheduler = LinearWarmupDecay(base_lr=self.lr, end_lr=
0.0, warmup_steps=warmup_steps,
decay_steps=max_train_steps, num_train_steps=max_train_steps)
            self.optimizer = paddle.optimizer.AdamW(learning_rate=self.lr_
scheduler, parameters=parameters, weight_decay=weight_decay, apply_decay_
param_fun=lambda
                                                  n: not param_name_to_exclue_
from_weight_decay.match(n),
                                                  epsilon=epsilon,
                                                  grad_clip=g_clip)
        else:
            self.optimizer = paddle.optimizer.AdamW(self.lr,
                                                  parameters=parameters,
                                                  weight_decay=weight_decay,
                                                  apply_decay_param_fun=lambda
                                                  n: not param_name_to_exclue_
from_weight_decay.match(n),
                                                  epsilon=epsilon,
                                                  grad_clip=g_clip)
        return self.optimizer

    def get_metrics(self, forward_return_dict, meta_info, phase):
        """
        :param forward_return_dict: 前向计算得出的结果
        :param meta_info: 常用的meta信息,如step, used_time, gpu_id等
        :param phase: 当前调用的阶段,包含训练和评估
        :return:
        """
        predictions = forward_return_dict[InstanceName.PREDICT_RESULT]
```

```
            label = forward_return_dict[InstanceName.LABEL]
            # paddle_acc = forward_return_dict["acc"]
            if self.is_dygraph:
                if isinstance(predictions, list):
                    predictions = [item.numpy() for item in predictions]
                else:
                    predictions = predictions.numpy()
                if isinstance(label, list):
                    label = [item.numpy() for item in label]
                else:
                    label = label.numpy()
            metrics_acc = metrics.Acc()
            acc = metrics_acc.eval([predictions, label])
            metrics_pres = metrics.Precision()
            precision = metrics_pres.eval([predictions, label])
            if phase == InstanceName.TRAINING:
                step = meta_info[InstanceName.STEP]
                time_cost = meta_info[InstanceName.TIME_COST]
                loss = forward_return_dict[InstanceName.LOSS]
                if isinstance(loss, paddle.Tensor):
                    loss_np = loss.numpy()
                    mean_loss = np.mean(loss_np)
                else:
                    mean_loss = np.mean(loss)
                logging.info("phase = {0} loss = {1} acc = {2} precision = {3} step = {4} time_cost = {5}".format(
                    phase, mean_loss, acc, precision, step, round(time_cost, 4)))
            if phase == InstanceName.EVALUATE or phase == InstanceName.TEST:
                time_cost = meta_info[InstanceName.TIME_COST]
                step = meta_info[InstanceName.STEP]
                logging.info("phase = {0} acc = {1} precision = {2} time_cost = {3} step = {4}".format(
                    phase, acc, precision, round(time_cost, 4), step))
            metrics_return_dict = collections.OrderedDict()
            metrics_return_dict["acc"] = acc
            metrics_return_dict["precision"] = precision
            return metrics_return_dict
```

下面训练模型的配置文件./examples/mtch_ernie_fc_pointwise_ch.json。dataset_reader 的类型取值分别是 ErnieClassificationDataSetReader 和 ErnieClassificationFieldReader，用于将 text_a 和 text_b 拼接为［CLS］text_a［SEP］text_b［SEP］，作为单塔模型的输入。

trainer 中的参数 pre_train_model 设置了预训练模型的路径。

```
{
  "dataset_reader": {
    "train_reader": {
      "name": "train_reader",
      "type": "ErnieClassificationDataSetReader",
      "fields": [
        {
          "name": "text_a",
          "data_type": "string",
          "reader": {
            "type": "ErnieClassificationFieldReader"
          },
          "tokenizer": {
            "type": "FullTokenizer",
            "split_char": " ",
            "unk_token": "[UNK]",
            "params": null
          },
          "need_convert": true,
          "vocab_path": "../../models_hub/ernie_2.0_base_ch_dir/vocab.txt",
          "max_seq_len": 512,
          "truncation_type": 0,
          "padding_id": 0
        },
        {
          "name": "text_b",
          "data_type": "string",
          "reader": {
            "type": "ErnieClassificationFieldReader"
          },
          "tokenizer": {
            "type": "FullTokenizer",
            "split_char": " ",
            "unk_token": "[UNK]",
            "params": null
          },
          "need_convert": true,
          "vocab_path": "../../models_hub/ernie_2.0_base_ch_dir/vocab.txt",
          "max_seq_len": 512,
          "truncation_type": 0,
```

```json
        "padding_id": 0
      },
      {
        "name": "label",
        "data_type": "int",
        "reader": {
          "type": "ScalarFieldReader"
        },
        "tokenizer": null,
        "need_convert": false,
        "vocab_path": "",
        "max_seq_len": 1,
        "truncation_type": 0,
        "padding_id": 0,
        "embedding": null
      }
    ],
    "config": {
      "data_path": "./data/train_data_pointwise",
      "shuffle": false,
      "batch_size": 8,
      "epoch": 5,
      "sampling_rate": 1.0,
      "need_data_distribute": true,
      "need_generate_examples": false
    }
  },
  "test_reader": {......},
  "dev_reader": {......},
"model": {
"type": "ErnieMatchingFcPointwise",
"is_dygraph": 1,
"optimization": {
"learning_rate": 5e-05,
"use_lr_decay": true,
"warmup_steps": 0,
"warmup_proportion": 0.1,
"weight_decay": 0.01,
"use_dynamic_loss_scaling": false,
"init_loss_scaling": 128,
"incr_every_n_steps": 100,
"decr_every_n_nan_or_inf": 2,
```

```
"incr_ratio": 2.0,
"decr_ratio": 0.8
},
"embedding": {
"config_path":
"../../models_hub/ernie_2.0_base_ch_dir/ernie_config.json"
}
},
"trainer": {
"type": "CustomDynamicTrainer",
"PADDLE_PLACE_TYPE": "gpu",
"PADDLE_IS_FLEET": 0,
"train_log_step": 10,
"use_amp": true,
"is_eval_dev": 0,
"is_eval_test": 1,
"eval_step": 100,
"save_model_step": 200,
"load_parameters": "",
"load_checkpoint": "",
"pre_train_model": [
{
      "name": "ernie_2.0_base_ch",
      "params_path": "../../models_hub/ernie_2.0_base_ch_dir/params"
    }
],
"output_path": "./output/mtch_ernie_2.0_base_fc_pointwise_ch",
"extra_param": {
"meta":{
"job_type": "text_matching"
}
}
}
}
```

训练模型的命令如下。

```
python run_trainer.py --param_path ./examples/mtch_ernie_fc_pointwise_ch.json
```

预测模型的命令如下。

```
python run_infer.py --param_path ./examples/mtch_ernie_fc_pointwise_ch_infer.json
```

4. 数据蒸馏

基于预训练语言模型 ERNIE 微调获得的模型预测精度高，但是由于其参数量庞大，不符合在线预测的性能要求，无法部署到检索系统使用。知识蒸馏是一种经典的模型压缩方法，其核心思想是将复杂、学习能力强的教师模型在少量高精标注语料上学习的知识，传递给参数规模小、学习能力弱的学生模型上，即在教师模型的指导下训练学生模型，它可以以轻微的性能损失为代价将复杂教师模型的知识迁移到简单的学生模型中。

在模型训练过程中，通常以最优化训练集的准确率作为训练目标。但是，真实目标应该是最优化模型的泛化能力。在知识蒸馏中，学生模型是将教师模型产生的所有类的概率作为训练目标，最优化其关于教师模型的泛化能力，这样就可以得到不差于教师模型性能的学生模型。

数据蒸馏是知识蒸馏中常用的一种方法。本项目使用教师模型在亿级未标注数据上进行预测，获得大规模弱标注数据，该数据的标签是教师模型预测的分数，使用通用的 4 层 12 头 312 维的 ERNIE 3.0-Tiny 模型作为热启动模型，在该大规模弱标注数据上进行训练得到最终的学生模型。

该项目使用的模型文件为./tasks/data_distillation/model/ernie_classification.py。

```python
# -*- coding: utf-8 -*
"""
基于 ernie 进行 finetune 的分类网络
"""
import re
import paddle
from paddle import nn
from erniekit.common.register import RegisterSet
from erniekit.common.rule import InstanceName
from erniekit.modules.ernie import ErnieModel
from erniekit.modules.ernie_config import ErnieConfig
from erniekit.modules.ernie_lr import LinearWarmupDecay
from model.base_cls import BaseClassification

@RegisterSet.models.register
class ErnieClassification(BaseClassification):
    """ErnieClassification"""
```

```python
def __init__(self, model_params):
    """
    """
    BaseClassification.__init__(self, model_params)

def structure(self):
    """网络结构组织
    :return:
    """
    # 模型参数的配置文件
    emb_params = self.model_params.get("embedding")
    config_path = emb_params.get("config_path")
    self.cfg_dict = ErnieConfig(config_path)

    # 隐向量的维度
    self.hid_dim = self.cfg_dict['hidden_size']
    # ERNIE 模型架构
    self.ernie_model = ErnieModel(self.cfg_dict, name='')
    # 参数初始化方法
    initializer = nn.initializer.TruncatedNormal(std=0.02)
    # dropout 正则化
    self.dropout = nn.Dropout(p=0.1)
    # 全连接
    self.fc_prediction = nn.Linear(in_features=self.hid_dim, out_features=1,
        weight_attr=paddle.ParamAttr(name='cls.w_0',  initializer=initializer),
        bias_attr='cls.b_0')
    # 均方误差损失函数
    self.loss = paddle.nn.MSELoss()

def forward(self, fields_dict, phase):
    """ 前向计算
    :param fields_dict:
    :param phase:
    :return:
    """
    fields_dict = self.fields_process(fields_dict, phase)
    instance_text_a = fields_dict["text_a"]
    record_id_text_a = instance_text_a[InstanceName.RECORD_ID]
    text_a_src = record_id_text_a[InstanceName.SRC_IDS]  # 词 id
    text_a_sent = record_id_text_a[InstanceName.SENTENCE_IDS]  # 句子序号 id
    text_a_mask = record_id_text_a[InstanceName.MASK_IDS]  # 位置 id
    text_a_task = record_id_text_a[InstanceName.TASK_IDS]  # 任务 id
```

```python
# 使用ERNIE模型获得深层编码的句向量、词向量
cls_embedding, tokens_embedding = self.ernie_model(src_ids=text_a_src,
sent_ids=text_a_sent, task_ids=text_a_task)
cls_embedding = self.dropout(cls_embedding)
# 使用全连接层获得每种标签的概率
prediction = self.fc_prediction(cls_embedding)

if phase == InstanceName.TRAINING or phase == InstanceName.EVALUATE or phase == InstanceName.TEST:
    "train, evaluate, test"
    instance_label = fields_dict["label"]
    record_id_label = instance_label[InstanceName.RECORD_ID]
    label = record_id_label[InstanceName.SRC_IDS]
    cost = self.loss(probs, label)  # 计算损失函数
    # tips: 训练模式下,一定要返回loss
    forward_return_dict = {
        InstanceName.PREDICT_RESULT: probs,
        InstanceName.LABEL: label,
        InstanceName.LOSS: cost
    }
    return forward_return_dict

elif phase == InstanceName.INFERENCE:
    "infer data with dynamic graph"
    # 预测阶段仅返回预测值
    forward_return_dict = {
        InstanceName.PREDICT_RESULT: probs
    }
    return forward_return_dict
elif phase == InstanceName.SAVE_INFERENCE:
    "save inference model with jit"
    target_predict_list = [probs]
    target_feed_list = [text_a_src, text_a_sent]# 以json的形式存入模型的meta文件中,在离线预测的时候用,field_name#field_tensor_name
    target_feed_name_list = ["text_a#src_ids", "text_a#sent_ids"]
    if self.cfg_dict.get('use_task_id', False):
        target_feed_list.append(text_a_task)
        target_feed_name_list.append("text_a#task_ids")
    forward_return_dict = {
        InstanceName.TARGET_FEED: target_feed_list,
        InstanceName.TARGET_PREDICTS: target_predict_list,
```

```python
            InstanceName.TARGET_FEED_NAMES: target_feed_name_list
        }
        return forward_return_dict

    def set_optimizer(self):
        """
        :return: optimizer
        """
        # 学习率和权重的衰减设置在 optimizer 中，loss 的缩放设置在 amp 中（在各个
trainer 中进行设置）。
        # TODO:需要考虑学习率衰减、权重衰减设置、loss 的缩放设置
        opt_param = self.model_params.get('optimization', None)
        self.lr = opt_param.get("learning_rate", 2e-5) # 学习率
        weight_decay = opt_param.get("weight_decay", 0.01) # 权重衰减参数
        use_lr_decay = opt_param.get("use_lr_decay", False)
        epsilon = opt_param.get("epsilon", 1e-6)

        g_clip = paddle.nn.ClipGradByGlobalNorm(1.0)

        param_name_to_exclue_from_weight_decay = re.compile(r'.*layer_norm_scale|.*layer_norm_bias|.*b_0')
        parameters = None
        if self.is_dygraph:
            parameters = self.parameters()
        if use_lr_decay:
            max_train_steps = opt_param.get("max_train_steps", 0)
            warmup_steps = opt_param.get("warmup_steps", 0)
            self.lr_scheduler = LinearWarmupDecay(base_lr=self.lr, end_lr=0.0, warmup_steps=warmup_steps,
                decay_steps=max_train_steps, num_train_steps=max_train_steps)
            # 最优化方法：Adamw
            self.optimizer = paddle.optimizer.AdamW(learning_rate=self.lr_scheduler, parameters=parameters, weight_decay=weight_decay, apply_decay_param_fun=lambda
                n: not param_name_to_exclue_from_weight_decay.match(n), epsilon=epsilon, grad_clip=g_clip)
        else:
            self.optimizer = paddle.optimizer.AdamW(self.lr, parameters=parameters, weight_decay=weight_decay, apply_decay_param_fun=lambda
                                            n: not param_name_to_exclue_from_weight_decay.match(n), epsilon=epsilon, grad_clip=g_clip)
        return self.optimizer
```

训练模型的配置文件./examples/cls_ernie_fc_ch.json。其中，dataset_reader 的类型取值分别是 ErnieClassificationDataSetReader 和 ErnieClassificationFieldReader，用于将 text_a 和 text_b 拼接为［CLS］text_a［SEP］text_b［SEP］，作为 ERNIE-3.0 Tiny 模型的输入。

trainer 中的参数 pre_train_model 设置了预训练模型的路径。

```json
{
  "dataset_reader": {
    "train_reader": {
      "name": "train_reader",
      "type": "ErnieClassificationDataSetReader",
      "fields": [
        {
          "name": "text_a",
          "data_type": "string",
          "reader": {
            "type": "ErnieClassificationFieldReader"
          },
          "tokenizer": {
            "type": "FullTokenizer",
            "split_char": " ",
            "unk_token": "[UNK]",
            "params": null
          },
          "need_convert": true,
          "vocab_path": "../../models_hub/ernie_3.0_tiny_ch_dir/vocab.txt",
          "max_seq_len": 512,
          "truncation_type": 0,
          "padding_id": 0
        },
        {
          "name": "text_b",
          "data_type": "string",
          "reader": {
            "type": "ErnieClassificationFieldReader"
          },
          "tokenizer": {
            "type": "FullTokenizer",
            "split_char": " ",
            "unk_token": "[UNK]",
            "params": null
          },
```

```
          "need_convert": true,
          "vocab_path": "../../models_hub/ernie_3.0_tiny_ch_dir/vocab.txt",
          "max_seq_len": 512,
          "truncation_type": 0,
          "padding_id": 0
        },
        {
          "name": "label",
          "data_type": "int",
          "reader": {
            "type": "ScalarFieldReader"
          },
          "tokenizer": null,
          "need_convert": false,
          "vocab_path": "",
          "max_seq_len": 1,
          "truncation_type": 0,
          "padding_id": 0,
          "embedding": null
        }
      ],
      "config": {
        "data_path": "./data/train_data_pointwise",
        "shuffle": false,
        "batch_size": 8,
        "epoch": 5,
        "sampling_rate": 1.0,
        "need_data_distribute": true,
        "need_generate_examples": false
      }
    },
    "test_reader": {......},
    "dev_reader": {......},
"model": {
"type": "ErnieMatchingFcPointwise",
"is_dygraph": 1,
"optimization": {
"learning_rate": 5e-05,
"use_lr_decay": true,
"warmup_steps": 0,
"warmup_proportion": 0.1,
"weight_decay": 0.01,
```

```
"use_dynamic_loss_scaling": false,
"init_loss_scaling": 128,
"incr_every_n_steps": 100,
"decr_every_n_nan_or_inf": 2,
"incr_ratio": 2.0,
"decr_ratio": 0.8
},
"embedding": {
"config_path":
"../../models_hub/ernie_3.0_tiny_ch_dir/ernie_config.json"
}
},
"trainer": {
"type": "CustomDynamicTrainer",
"PADDLE_PLACE_TYPE": "gpu",
"PADDLE_IS_FLEET": 0,
"train_log_step": 10,
"use_amp": true,
"is_eval_dev": 0,
"is_eval_test": 1,
"eval_step": 100,
"save_model_step": 200,
"load_parameters": "",
"load_checkpoint": "",
"pre_train_model": [
{
    "name": "ernie_3.0_tiny_ch",
    "params_path": "../../models_hub/ernie_3.0_tiny_ch_dir/params"
}
],
"output_path": "./output/mtch_ernie_3.0_tiny_base_fc_pointwise_ch",
"extra_param": {
"meta":{
"job_type": "text_matching"
}
}
}
}
```

训练模型的命令如下。

```
python run_trainer.py --param_path ./examples/cls_ernie_fc_ch.json
```

预测模型的命令如下。

```
python run_infer.py --param_path ./examples/cls_ernie_fc_ch_infer.json
```

总结一下，首先，本章对地图检索产品进行简要介绍，POI 搜索的长期目标是准确理解用户搜索意图，精准衡量搜索词与 POI 之间的相关程度，尽可能展示相关 POI 并将更相关的 POI 排序靠前。其次，介绍了自然语言处理典型任务——文本匹配，检索系统中搜索词与 POI 的相关性计算就属于文本匹配的典型应用场景，并介绍了常见的数据集范式 Pointwise 和 Pairwise，以及单塔模型和双塔模型的优缺点。再次，介绍了本章节使用的文心一言框架 ERNIE 的发展历程，以及其中文本匹配任务的目录结构。最后，重点讲述了深度语义召回模型与深度语义相关性模型的技术方案。

第 10 章 AI 大模型与 ChatGPT

10.1 大模型发展的驱动力

从 AI 的发展历程来看,模型和算法是其不断成长的核心驱动力。从大模型发展历程来看,人类遵循的是"第一性原理",从追求底层逻辑的本质出发,并不断进行实践。因此,ChatGPT 的发展,是概率论的发展,也是贝叶斯定理的发展。只有洞悉原理,才能预见未来。

10.2 语言模型的定义及作用

语言模型是对语言世界的建模,通过构建词汇或短语之间的关联性,来理解和描述人类语言的本质。我们看牛顿第二定律,F=MA,是用一种非常量化和形式化的方法来描述力的作用效果。同样地,语言模型也具有量化和形式化表示的特性。

简单来说,语言模型主要做三件事。一是判断一句话是否符合人类语言习惯。二是预测下一个词,赋能语言应用。三是作为打分函数对多个候选答案进行打分排序。

10.3 语言模型的发展历程

2013 年,谷歌的一位工作人员做出了 Word2Vec,将语言模型从符号主义推进到联结主义，正式进入深度学习时代。

2017 年，颠覆性的 Transformer 横空出世，可利用自注意力机制解决长距离依赖问题，OpenAI 随即立刻采用了 Transformer，研发出初代 GPT，同时谷歌也做出了双向预训练的 BERT，两者开始互相竞争。一开始 BERT 非常流行，而 GPT 并不受欢迎，但是 OpenAI 没有放弃信念和生成式的初心。

2019 年，OpenAI 做出 GPT-2，模型开始显现多任务的泛化能力，并于 2020 年做出了红极一时的 GPT-3，其上下文零样本学习能力大显神通。

2021 年，Open AI 推出 InstructGPT。

2022 年年底，ChatGPT 诞生，成为生产力范式的颠覆性革新。

2023 年和 2024 年，国内外大模型厂商纷纷推出各自的大模型产品，其中包括 GPT-4、Llama、Mistral、ChatGLM 等。

10.4　ChatGPT 是什么

GPT（generative pre-trained transformer）是一种基于 Transformer 架构的生成式预训练模型。

ChatGPT 是基于 GPT-4 的变种，专门用于生成对话和交互式对话。ChatGPT 旨在模拟人类对话，具有交互式和对话式的特性。

GPT-4 是一个大型语言模型 LLM（large language model），大模型=海量数据+深度学习算法+超强算力。数据是训练原材料，深度学习算法是计算法则，算力是硬件计算力，大模型是预测模型。

ChatGPT 是人工智能研究实验室 OpenAI 研发的聊天机器人程序，通俗地讲，ChatGPT 是人工智能里程碑，你可以把它当作一个 AI 聊天软件。可能你会问，这类人工智能产品，市面上不是有吗？有是有，但是跟 ChatGPT 比起来，其他的产品的算力和准确率都是不值一提的。ChatGPT 厉害到什么程度呢？举例：ChatGPT 能把项目文件的要点总结出来，还能附上数据来源，还可以帮你制作图表，还能帮你撰写论文、设计图片、翻译、撰写代码等。因此，ChatGPT 会较快影响各行各业，一是文字类工作首当其冲，特别是内容创作以及归纳性文字工作和数据录入等；二是代码开发相关工作，最近就有个相关话题上了热搜，该话题为"ChatGPT 会不会使底层程序员失业"；三是图形生成领域，特别是平面设计工作；四是智能客服类工作。

10.5 预训练 ChatGPT 的步骤

预训练 ChatGPT 需要分三步完成。

第一步，无监督训练 ChatGPT。通过海量的文本，进行无监督预训练，得到一个能进行文本生成的基座模型。GPT 使用了大量的文本数据进行训练，包括 Wikipedia、Gutenberg 等。训练数据会被分成一些不同的序列，每个序列被看作一个任务，模型需要预测序列中下一个单词的概率分布。

第二步，有监督微调 ChatGPT。通过一些人类撰写的高质量对话数据，对基座模型有监督微调（supervised fine-tuning，SFT），得到一个微调后的模型，对微调后的模型进行测试，以评估其在特定任务上的性能。此时的模型除了续写文本之外，也会具备更好的对话能力。

第三步，强化学习训练 ChatGPT。用问题和多个对应回答的数据，让数据标注师对回答进行质量排序，然后基于这些数据训练出一个能对回答进行评分预测的奖励模型（reward modeling，简称 RM）。接下来，让第二步得到的模型对问题生成回答，用奖励模型给回答进行评分，利用评分作为反馈进行强化学习训练。

下面，详细阐述每一步的知识细节。

（1）第一步：如何训练 ChatGPT？

在第一步的预训练中，首先需要海量文本作为原料，让模型从中学习。比如 GPT3 这个基座模型的训练数据有多个互联网文本语料库，附带书籍、新闻文章、科学论文、维基百科、社交媒体帖子等，训练数据的整体规模是 3000 亿的 token。

补充说明：什么是 token？它一般指的是大语言模型的一个基本文本单位，像短的英文单词，可能一个词是一个 token，而长的词可能被分为多个 token。而中文所占的 token 数量会相对更多，有些字要用一个甚至更多 token 表示。

当有了大量可用于训练的文本后，要采用无监督学习的方式训练模型。和无监督学习相对的是监督学习模型，会接收有标签的训练数据，标签就是期望的输出值，所以每个训练数据点都既包括输入特征，也包括期望输出值。而无监督学习则是让模型在没有标签的数据上进行训练，所以模型要自己找出数据中的结构和模式。以 GPT3 为例，在训练过程中，它会利用海量文本自行学习人类语言的语法、语义，然后再表达结构和模式。具体来说，模型会先看到一部分文本，基于上下文尝试预测下一个 token，然后通过比较正确答案和它的预测，模型会更新权重，从而逐渐根据上文来生成合理的下文，并且随着见过的文本越来越多，它生成的能力也会越来越好。

预训练的结果是得到一个基座模型。基座模型并不等同于 ChatGPT 背后的对话模型，因为此时模型有预测下一个 token 的能力，会根据上文补充文本，但并不擅长对话。你给它一个问题，它可能模仿上文帮你继续生成更多的问题，但不回答你的问题。

预训练并不是一个容易的过程，也是步骤里最耗时费力烧钱的。虽然官方还没有公布准确数据，但大体估计它经过了数月的训练，用了成千上百个 V100 的 GPU，烧了几百万美元。

（2）第二步：如何微调 ChatGPT？

不擅长对话，怎么办？为了解决这点，我们需要进行第二步，对基座模型进行微调。微调就是在已有模型上做进一步的训练，会改变模型的内部参数，让模型更加适应特定任务。换句话说，为了训练出一个擅长对话的 AI 助手，需要给基座模型看更多的对话数据。但微调的成本相比预训练低很多，因为需要的训练数据规模更小，训练时长更短。在这个阶段里，模型不需要从海量文本学习了，而是从一些人类学的专业且高质量的对话里学习。这相当于既给了模型问题，又给了模型我们人类的回答，属于监督学习，所以这一过程被叫作监督微调，完成后会得到一个 SFT 模型，它比基座模型更加擅长对问题做出回答。

☑ 第一种方法：小样本提示工程。目标是提高和 AI 的沟通效率和质量。好处是不需要准备大量标注数据，不需要训练模型。

我们给 AI 聊天助手输入的问题或指令，AI 会根据提示内容给予回应。在进入提示工程之前，我们先要了解 ChatGPT 助手存在的局限性，其背后的大语言模型，是用海量文本训练出来的，因此擅长模仿人类语言表达，也从那些内容里学到了不少知识。它们的回应都是根据提示以及前面已生成的内容，通过持续预测下一个 token 的概率来实现的。但同时，对于它们不了解的业务领域，并不知道自己缺乏业务知识，加上生成过程中也没有反思能力，所以，你会经常看到充满着自信的所答非所问。

为了调教 AI，给出想要的回答，第一个办法是用小样本提示。我们很多时候都是直接丢问题或指令给 AI，这种属于零样本提示就是没有给 AI 任何示范，不一定和我们想要的效果相符。但如果我们让 AI 回答前给它几个对话作为示例，用样本对它进行引导，AI 模型就会利用上下文学习能力，一方面记忆那些内容作为知识，另一方面像示范那样模仿着自己回应问题。有了小样本提示后，再问 AI 类似的问题，它就能给出和提示示范相似的回答了。小样本提示的另一个好处是，由于 AI 回应的内容风格会大概率遵循我们给的示范。我们也就不用多费口舌给 AI 从前面的示范回答里领悟。但是，小样本提示有时也起不了很大的作用。比如 AI 非常不擅长做数学相关的问题，即使我们用样本示范一些正确的结果，它做的时候依然事倍功半，这是因为它没有思维的过程。

因此，提示工程是一个动态且迭代的过程，它要求我们不断地测试、评估和调整提示，以达到最佳的交互效果。有效的提示工程不仅能提高 AI 模型解决问题的能力，还能增强其生成内容的相关性和准确性。实践中，建议采用以下策略。

- 明确并细化目标：清晰定义你想要 AI 完成的具体任务。
- 分步指导：对复杂问题，提供分步骤的指导，以帮助 AI 更好地理解和解决问题。
- 提供背景信息：在需要的情况下，为 AI 提供足够的背景信息，帮助其更准确地理解上下文。
- 迭代优化：根据 AI 的响应不断调整提示，找到最有效的表述方式。

通过这些方法，我们可以有效地利用提示工程，提升生成式 AI 在各种任务中的表现，无论是解决数学问题、创作内容，还是开发新的 AI 驱动产品。

具体操作可以查看百度智能云千帆大模型平台，不用写代码就可以完成小样本提示工程。

☑ 第二种方法：微调大模型，能深入解决个性化任务。

- 加载预训练模型：从预训练模型中加载所需的参数和权重。
- 数据准备：针对新的任务和数据，需要进行数据预处理和标注，以生成适用于微调的输入数据。
- 调整层：在模型的输入和输出层之间添加一个新的调整层，以适应新的任务和数据。这个调整层可以是一个简单的全连接层，也可以是一个卷积层或池化层。
- 训练：使用新的任务和数据对模型进行训练，通过反向传播算法更新模型的参数。在训练过程中，通常会采用较小的学习率和优化器，以避免过拟合和损失收敛。
- 评估：在训练完成后，需要对模型进行评估，以了解其在新任务和数据上的性能。评估通常包括计算模型的准确率、精度、召回率等指标。

需要注意的是，在进行模型微调时，需要确保模型的输入和输出格式与预训练模型保持一致，以便能够正确地加载预训练模型的参数和权重。此外，在训练过程中，还需要合理地设置超参数，如学习率、批量大小、迭代次数等，以获得最佳的性能。

☑ 第三种方法：AI 思维链，提升大模型进行复杂推理的能力。

思维链是谷歌提出的，其作者发现思维链可以显著提升大模型进行复杂推理的能力，特别是在算术常识和符号推理等任务上。运用思维链的方法，我们给 AI 的小样本的提示里不仅包含正确的结果，也展示中间的推理步骤，这样 AI 在生成回答时，也会模仿着去生成一些中间步骤，把过程进行分解。这样做的好处是步子小点，容易接近目标，就像学生被老师点名回答问题时，站起来瞬间就给出正确答案的难度系数很高。但如果多说些话，把思考步骤也讲出来，一方面可以拖时间，有更多思考机会，另一方面也有助于我们分步骤

第 10 章　AI 大模型与 ChatGPT

想，更有机会得到正确答案。思维链也可以用在数学计算之外的很多方面，借助思维链，AI 可以在每一步里把注意力集中在当前思考步骤上，减少上下文的过多干扰，因此针对复杂的任务，有更大概率得到准确的结果。在思维链的相关论文里，作者还提到，即使我们不用小样本的提示，只是在问题后面加一句 let's think step by step（让我们来分步骤思考），也能提升 AI 得到正确答案的概率。这是一种成本非常低的方法，用思维链还需要我们想样本示范，而这种方法只需要加上简单一句话，AI 就会自行推理一次，AI 思维链是理解和实现人工智能技术的基石。它不仅是一系列技术步骤的组合，更是一种全面的思考模式，涵盖了从数据获取到最终决策输出的整个过程。

使用 AI 思维链方法有以下几点好处。

● 增强 AI 的可解释性：通过可视化 AI 的决策过程，思维链提示可以帮助我们更好地理解 AI 是如何做出决策的。这有助于我们评估 AI 的可靠性，并在必要时对其进行调整。

● 检测和纠正 AI 偏见：通过揭示 AI 在做出决策时所依赖的逻辑路径，思维链提示可以帮助我们发现潜在的偏见，并采取适当的措施来纠正它们。

● 提高 AI 决策的透明度和公正性：通过使 AI 的决策过程更加透明，思维链提示可以增加人们对 AI 系统的信任。这有助于提高 AI 在各个领域的广泛应用和接受度。

具体来说，AI 思维链可以被细分为以下几个核心部分。

● 数据获取与处理：这是 AI 思维链的起点。有效的 AI 系统依赖于大量的高质量数据。在这一阶段，关键在于如何收集、清洗和整理数据，以确保数据的准确性和代表性。

● 算法设计：算法是 AI 的心脏。在这一环节中，选择和设计合适的算法对于解决特定问题至关重要。算法设计不仅要考虑问题的性质，还要考虑可用数据的特点和预期结果的需求。

● 模型训练：有了合适的数据和算法后，接下来就是训练模型。这一过程涉及调整算法参数，使模型能够准确地从数据中学习并做出预测。

● 优化与测试：模型训练完成后，并不意味着 AI 思维链的结束。接下来需要对模型进行优化和测试，以确保其在实际应用中的稳定性和准确性。

● 部署与应用：最后一步是将训练好的模型部署到实际应用中。这可能涉及将模型集成到现有的技术系统中，或者根据模型输出进行决策制定。

通过以上这些步骤，AI 思维链将原始数据转化为有价值的洞察和决策，从而在各个行业中发挥其强大的作用。它不仅是技术操作的序列，更是一种跨学科融合的思维方式，它要求我们不仅要理解数据和算法，还要理解这些技术如何服务于实际问题的解决。

（3）第三步：如何强化 ChatGPT？

ChatGPT 回答不准确，怎么办？为了让模型的实力继续被提升，还可以进行第三步，让 SFT 模型进行强化学习。模型在环境里采取行动获得结果反馈，从反馈里学习，从而能在给定情况下采取最佳行动来最大化奖励或最小化损失。要让 ChatGPT 的模型当一个乐于助人的 AI 助手。

我们可以让 ChatGPT 给问题做出回答，然后让人类评估员去给回答打分。打分主要是基于三个原则，helpful 即有用，honest 即真实，harmless 即无害。如果打分高，模型学习后要再接再厉；如果打分低，模型学习后就要予以改正。但是，靠人类给模型的回答一个个打分，成本极高，效率极低，那为何不训练出另一个模型，让模型给模型打分？所以，在这一步骤里需要训练一个奖励模型，它是从模型的回答以及回答对应的评分里学习的。得到评分数据的方式，是让微调后的 GPT 模型，也就是 SFT 模型，对每个问题生成多个回答，然后让人类标注员对回答质量进行排序。虽然还是免不了要借助标注员的劳动，但一旦有了足够的排序数据，就可以把数据用在训练奖励模型上，让奖励模型学习预测回答的评分。奖励模型训练完成就可以用在强化学习上了。强化学习里 ChatGPT 模型的最初参数来自之前得到的 SFT 模型，但随着训练被更新，奖励模型的参数则不再被更新，它的任务就是对模型生成的内容打分。经过一轮又一轮迭代后，模型会不断优化策略，回答的质量会进一步提升，强大的 ChatGPT 就在不断学习中炼成了。2022 年 11 月，ChatGPT 对外发布，至此引爆生成式 AI 元年。

举例：Teacher Model 就是奖励模型，通过前面的学习已经学到，如果答案是一个问句，它不是一个好的答案，给予低分。这个 Teacher Model 输出的高分就是强化学习的奖励 Reward，强化学习通过调整参数，得到最大的 Reward，如图 10-1 所示。

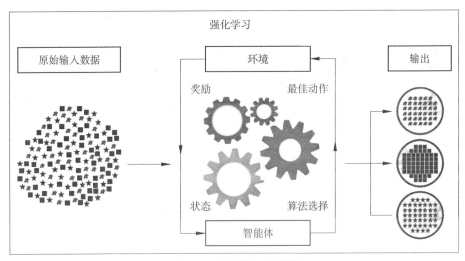

图 10-1　强化学习架构图

10.6　ChatGPT 模型的基本原理

ChatGPT 就是 GPT-4 的变种，我们了解 GPT 的原理就可以。GPT 的实现原理是什么？一句话概括，GPT 是一种基于 Transformer 架构的生成式预训练模型。具体介绍如下。

- ☑ Transformer 架构：GPT 基于 Transformer 模型，Transformer 主要包含了注意力机制，使得模型能够更好地处理序列数据，同时也降低了序列处理任务的计算复杂度。
- ☑ 预训练：GPT 是一种预训练模型，它首先在大规模的文本语料库上进行预训练。在预训练阶段，模型学会了理解文本中的语法、语义和上下文信息，而不需要任务特定的标签。这使得 GPT 能够捕捉到丰富的语言知识和模式。
- ☑ 自回归生成：GPT 是一个自回归模型，它能够生成序列。在预训练期间，模型被训练为根据给定的上下文生成下一个词。这种自回归的训练方式使得模型能够理解并学到长期依赖关系。
- ☑ 多层堆叠：GPT 通常由多个 Transformer 层堆叠而成，每一层包含多头自注意力机制和前馈神经网络。多层结构允许模型对输入进行多层次的表示学习，从而更好地捕捉复杂的语义和文本结构。
- ☑ 位置嵌入：为了使模型能够处理序列数据，GPT 引入了位置嵌入（positional embeddings），以区分不同位置的词在序列中的位置。
- ☑ 微调与下游任务：在预训练完成后，可以对 GPT 模型进行微调以适应特定的下游任务，如文本生成、问答、语言翻译等。在进行微调时，可以使用有标签的数据来调整模型的参数。